環境・安全管理のための基礎知識

エネルギーの考え方を中心に

鈴木茂夫

東京図書出版

は じ め に

　本書は環境と安全の管理や保全業務に関わる人のための多くの分野の基礎知識（エネルギー的な考え方）を学び、現場の実践に活用できるようにすることを目的としております。そのために、様々な企業の中で伝承していくうえで必要な技術的基礎知識をわかりやすく解説したものです。従って、個人が勉強するためにも、教育用のテキストとしても、基礎的な知識を再確認することと知識の伝承にも生かすことができます。環境マネジメントの分野では環境に有害な影響を与える可能性がある源（環境側面という）があり、この源は有害な影響を与えるポテンシャル（エネルギー）を持っています。多くの企業では、この源のエネルギーを伝送して必要な場所や部門で使用しています。しかしながら、エネルギーが源や伝送途中で環境中に流失してしまい環境事故などが起こる可能性があります。こうした異常の状態が起こらないように管理することが環境マネジメント（環境管理）です。一方、安全マネジメントとは安全を脅かすような危険な源（危険源、ハザードという）があり、この源もエネルギーを持っており、環境への影響や危険な状況の両方に関わる場合も多くあります。組織の中で人が作業をしていると、この危険源に近づく場合が多く、危険源からのエネルギーが様々な経路で人に危険な状況をもたらします。こうしたことが起こらないようにするためには、危険の源の性質を知り、源への対策（エネルギーをなくす、エネルギーのレベルを低減する）や源と人との間に保護手段を設けて源からのエネルギーの流れを遮断するなど様々な対策が考えられます。このように環境・安全管理はさまざまなエネルギーについてその性質を知り、エネルギー及びその流れを安全にコントロールすることと言えます。このエネルギーの性質に関わるのが各分野における基礎知識ということになります。

　エネルギーの管理やその種類を知る（第1章）、熱や流体もエネルギーとなる（第2章）、人間工学的な観点からエネルギーを考える（第

I

３章）、機械に関するエネルギー（第４章）、音のエネルギーに関して（第５章）、化学物質の性質を知り管理する考え方（第６章）、静電気が持つエネルギー（第７章）、電気的エネルギー、感電、インバータ運転（第８章）、光や電磁波、放射線とエネルギー（第９章）、一般化学の基礎知識（第10章）、大気や水質への主要な環境影響となる排水処理や大気処理の基礎（第11章）、環境や安全に関する価値創造のためのマネジメント（第12章）からなり、リスクアセスメント手法及びリスクマネジメント（優先目的は重要戦略や価値創造〈ISOマネジメントでは機会という〉、その目的達成が難しい要因〈これをリスクという〉）に基づいたシステム構築の方法など、広範囲の分野の基礎知識と環境・安全に関するマネジメントから構成されています。

　読者皆様の知識上達の一助になれば、幸甚です。

　最後に本書をまとめるにあたり、原稿の詳細検討、丁寧な校正、注意点など有益なご指導いただきました東京図書出版の皆さまに心から感謝いたします。

　2024年11月

鈴 木 茂 夫

目　次

はじめに 1

第1章　環境・安全管理とエネルギーとの関わり 9

1.1　事業所における環境・安全管理の目的 9

1.2　エネルギーについての考え方 11

1.3　エネルギーは2乗で表せることが多い 14

1.4　エネルギーにはどのような種類があるか 16

1.5　エネルギー保存の法則 19

1.6　環境技術はエネルギー低減と制御 20

1.7　リスクアセスメントにかかわる危険源（ハザード）はエネルギー
　　　である 20

1.8　エネルギー伝搬の考え方（環境も安全も共通）..................... 22

1.9　リスクアセスメント（環境アセスメントや環境影響評価）.............. 24

第2章　熱力学と流体力学の基礎 25

2.1　熱の伝わり方に関する基本法則 25

2.2　電気伝導と熱伝導の対比 28

2.3　温度と熱の関係 30

2.4　気体の状態方程式 $PV = nRT$ 34

2.5　熱力学に関する法則 36

2.6　エンタルピーと比エンタルピー（エネルギーの移動を考える）....... 40

2.7　カルノーサイクルのP-V線図とT-S線図 41

2.8　ヒートポンプの原理と効率 45

2.9　圧力に関する基本法則 47

2.10　パスカルの原理 51

2.11　流体力学の知識 53

2.12	流体の状態を表すレイノルズ数	57
2.13	ベルヌーイの定理（エネルギー保存の法則）	58
2.14	送風機の電力	64
2.15	流体の圧力損失	67

第3章 人間工学の基礎 ... 69

3.1	自動車運転における人間工学を考える	69
3.2	人間工学とは、その目的	70
3.3	人間と機械のモデル	74
3.4	視覚特性	77
3.5	骨格と筋肉の働き	84
3.6	人間工学の観点を考慮した実施例	89
3.7	人間工学を用いた環境・安全分野の事故防止の考え方	91
3.8	人間工学原則に基づいたプロセスアプローチ	92

第4章 機械と機械安全に関する基礎 ... 95

4.1	機械の一般的な考え方	95
4.2	力・運動の法則によるエネルギー	98
4.3	材料と力（材料力学）	112
4.4	機械安全の原則	121
4.5	機械加工に使用する切削油	126

第5章 騒音に関する基礎 ... 128

5.1	音に関する基礎知識	128
5.2	音圧とエネルギー流との関係	132
5.3	音の伝搬と減衰	135
5.4	耳の聴覚特性（音圧と周波数による人が受ける音のレベルの差）	139
5.5	騒音が人間に及ぼす悪影響	144

5.6	作業環境測定	148
5.7	騒音低減技術	151
5.8	超音波の基礎	153

第6章　化学物質管理の基礎 156

6.1	化学物質管理の目的	156
6.2	物質の指標	156
6.3	燃焼の基礎	160
6.4	ガスの種類と性質	166
6.5	物理・化学特性に関する指標の見方及び「危険源」、「環境側面」との関連	169
6.6	安全及び環境影響を考慮した化学物質管理の基本	171
6.7	環境・安全技術について	174
6.8	今後の化学物質管理（責任の重い自主管理型） （個別規制の順守からリスクアセスメントをベースにした化学物質管理システム構築によるパフォーマンス順守及び向上）	180

第7章　静電気の基礎 185

7.1	静電気と帯電のメカニズム	185
7.2	電荷から発生する電界（電気的に力を持った電気力線の密度）	187
7.3	クーロン力	189
7.4	静電気のエネルギー	193
7.5	イオナイザーの原理と静電気の低減方法	198

第8章　電気の基礎及び電気安全 200

8.1	交流電気回路の基礎知識	200
8.2	パワーエレクトロニクス分野におけるインバータ	206
8.3	省エネのプロセス	210
8.4	電気安全：人体を流れる電流（低周波数）	211

8.5 感電 (人体を流れる電流の感知) 215

8.6 高電圧 218

8.7 接地の目的、その重要性 220

第9章 光、電磁波、放射線の基礎 226

9.1 電磁波の分類とエネルギー 226

9.2 光の強さに関する基礎知識 230

9.3 色に関する認識 234

9.4 光と目の作用 236

9.5 レーザ光の安全性 238

9.6 色彩に関する知識 (色彩安全、色彩環境) 240

9.7 放射線の歴史と産業への応用 245

9.8 原子の構造と同位体 246

9.9 放射線の特性 248

9.10 X線の発生原理 254

9.11 放射線防護管理の基本 255

第10章 化学の基礎 260

10.1 原子構造がもつエネルギー 260

10.2 電子の授受によるイオン化エネルギーと電子親和力 262

10.3 化学結合 (組み換えの仕方) 266

10.4 物質の3つの状態とプラズマ 272

10.5 気体の状態方程式 $PV = nRT$
(気体に関するエネルギーの基本式) 279

10.6 化学量、化学反応式 281

10.7 酸と塩基、酸化と還元の考え方 284

10.8 化学反応の起こり方 288

10.9 熱化学反応式 292

第11章　排水処理と大気処理の基礎 ⋯⋯⋯⋯⋯⋯⋯⋯⋯295

11.1　排水処理の基本 ⋯⋯⋯⋯⋯⋯⋯⋯⋯⋯⋯⋯⋯⋯⋯⋯⋯⋯⋯295

11.2　排水処理関連の指標 ⋯⋯⋯⋯⋯⋯⋯⋯⋯⋯⋯⋯⋯⋯⋯⋯⋯296

11.3　物理・化学的処理 ⋯⋯⋯⋯⋯⋯⋯⋯⋯⋯⋯⋯⋯⋯⋯⋯⋯⋯298

11.4　酸化と還元、酸化剤と還元剤 ⋯⋯⋯⋯⋯⋯⋯⋯⋯⋯⋯⋯303

11.5　有害物質を含む排水処理 ⋯⋯⋯⋯⋯⋯⋯⋯⋯⋯⋯⋯⋯⋯305

11.6　標準活性汚泥法 ⋯⋯⋯⋯⋯⋯⋯⋯⋯⋯⋯⋯⋯⋯⋯⋯⋯⋯307

11.7　大気汚染防止の基礎 ⋯⋯⋯⋯⋯⋯⋯⋯⋯⋯⋯⋯⋯⋯⋯⋯309

11.8　燃料の種類と特徴 ⋯⋯⋯⋯⋯⋯⋯⋯⋯⋯⋯⋯⋯⋯⋯⋯⋯312

11.9　燃焼管理 ⋯⋯⋯⋯⋯⋯⋯⋯⋯⋯⋯⋯⋯⋯⋯⋯⋯⋯⋯⋯⋯316

11.10　ボイラープロセス ⋯⋯⋯⋯⋯⋯⋯⋯⋯⋯⋯⋯⋯⋯⋯⋯⋯319

11.11　集じん装置 ⋯⋯⋯⋯⋯⋯⋯⋯⋯⋯⋯⋯⋯⋯⋯⋯⋯⋯⋯⋯322

第12章　環境・安全リスクアセスメントとマネジメント
システム ⋯⋯⋯⋯⋯⋯⋯⋯⋯⋯⋯⋯⋯⋯⋯⋯⋯⋯⋯⋯⋯⋯⋯325

12.1　環境・安全を構築するための体系 ⋯⋯⋯⋯⋯⋯⋯⋯⋯⋯325

12.2　産業分野に共通する品質管理と環境・安全リスク管理の
プロセスの考え方 ⋯⋯⋯⋯⋯⋯⋯⋯⋯⋯⋯⋯⋯⋯⋯⋯⋯⋯326

12.3　環境適合設計（製品やサービスのライフサイクルを考慮
した環境側面と環境影響のとらえ方） ⋯⋯⋯⋯⋯⋯⋯⋯328

12.4　産業分野の環境側面及びリスク源の見方 ⋯⋯⋯⋯⋯⋯329

12.5　ISOマネジメントシステムにおける「リスク」と「機会」 ⋯⋯⋯⋯⋯334

12.6　環境及びリスクアセスメント手法とマネジメント ⋯⋯⋯⋯⋯338

12.7　プロセスから見つける「機会」と「リスク」 ⋯⋯⋯⋯⋯⋯⋯344

12.8　リスクマネジメントの必要性 ⋯⋯⋯⋯⋯⋯⋯⋯⋯⋯⋯⋯⋯346

参考文献 ⋯⋯⋯⋯⋯⋯⋯⋯⋯⋯⋯⋯⋯⋯⋯⋯⋯⋯⋯⋯⋯348

第1章

環境・安全管理とエネルギーとの関わり

1.1　事業所における環境・安全管理の目的

⑴ 環境・安全管理の戦略的な価値

　　環境・安全管理の戦略的な価値を高めることは、環境・安全のリスクを最小限にするための管理体制を構築・実施して、環境事故や人的災害事故程度が許容できる小さな範囲に収めることができるようにすることです。このことが健全な工場管理・経営に貢献することであると考えられます。また、適用される環境関連や労働安全衛生に関連する法的要求事項を順守することで事業所として信頼を得ることができます。

⑵ 環境分野や労働安全分野には法的要求事項を満たすための有資格者

　　関連する資格には国家試験を含めて難易度の高いものから比較的容易（特別講習の出席のみ）なものまでさまざまなものがありますが、取得計画を立て着実に人材を育成していくとともに取得を目指していくことが最も近道であると考えられます。

⑶ 環境・安全分野の人材育成

　　上記の状況を考えると、安全・環境保全に係る教育と人材育成（環境・安全管理責任者、リスクマネジメント要員、エキスパートを含めた資格取得者の増員など）が今後、極めて重要となるものと思われます。

⑷ 技術・知識の伝承

　　企業においては、定年退職者や途中での退職者、人事異動などがあるために一時的な引き継ぎでは技術や知識の伝承は難しいため、常日頃から経験ある人からの知識や技術の伝承が重要となります。このような伝承がうまくいくことが、環境・安全分野における企業の継続的

9

な基礎力となります。また、関連する資格取得の拡大教育なども重要と考えられます。

　以上の内容を実践することにより、環境・安全管理の目指すパフォーマンスが向上していきます。
　そのために克服すべき課題やリスクは次のようなことが考えられます。

- 工場管理に係るすべてのエネルギーの最小化及びそれを実現するための制御（人及び機械化）。
- 設備故障・事故（人的な面も含めて）、労働安全衛生に係る事故など特に非定常時のリスク管理能力（リスクをとらえ、管理策を講じ、人を教育し、リスクを監視できる）であると考えられます。
- 環境事故も安全衛生の事故もすべてエネルギーが外部に現れ、エネルギーを受けとる確率やエネルギーの大きさによってその影響度は大きく異なります。人的な知識・技術不足から生じるものと考えられます。

　上記の内容を実現するためには、リスクマネジメントの考え方が必要となります。環境・安全に対する目的があり、その目的を達成・維持又は目的を達成する過程の中で、潜在している価値に気づく、価値を生み出す（ISOでは機会と呼ばれている）、それらのパフォーマンスを向上させていく、目的を達成する上で重要課題や大きな不安材料が「リスク」となります。
　こうしたことを考え、目的を達成して、良好なパフォーマンスを獲得する、リスクを最小限にすることをPlan, Do, Check, Actのマネジメントシステムに展開して実行していくことになります。
　本文では、環境技術や安全に関する基礎知識をできるだけエネルギーという考え方から見ていくことにします。

第1章　環境・安全管理とエネルギーとの関わり

1.2　エネルギーについての考え方

⑴ 力とエネルギーの関係

　力の単位はニュートン［N］であり、エネルギーの単位はジュール［J］です。

　今、図1-1のように手の上に載せた質量 $m = 1\,\text{kg}$ の物体には重力加速度 $g = 9.8\,[\text{m/s}^2]$ がかかるので、手が受ける力は $f = m{\cdot}g = 9.8\,[\text{N}]$ の大きさで下向き方向となります。この1Nの力とは、リンゴ1個の重さを約100gとすれば、このリンゴを手に載せたときに手が受ける力の感覚が約1Nということになります。これに対して、1［J］のエネルギーとは図⒝に示すようにリンゴ1個を1mだけ高い位置に持ち上げるときに要する仕事量＝力×移動距離なので $W = mg{\times}h\,[\text{J}] = 1\,[\text{N}]{\times}1\,[\text{m}]$ となり、仕事をすると人間にとっては労力（疲れ）となります。

　エネルギーという言葉は一般的によく使われますが、エネルギーとは「仕事をすることができる能力（潜在的なものも含めて）である」と定義できます。質量 $m\,[\text{kg}]$ の物体に力 $F\,[\text{N}]$ を加えて、距離 $L\,[\text{m}]$ だけ動かしたとすれば力学的な仕事量 $U\,[\text{J}]$ は次のように表すことができます。

　　　　仕事量＝力×動いた距離　（U ＝ F×L）

　力を加えて、時間 $t\,[\text{s}]$ 後に速度が $v\,[\text{m/s}]$ になったとすれば、加速度 α（時間に対する速度変化）は $\dfrac{v}{t}$ となるので、力と加速度の関係は $F = m\alpha = m{\cdot}\dfrac{v}{t}$ と表すことができます。これより力とは加速度を生じさせるものであるといえます。質量が大きいほど動かすには大きな力が必要となります（図1-2）。見方を変えると力 F も加速度 α も質量 m の大きさもエネルギーに関わる量と考えることができます。

⑵ 仕事の効率とは

　一般的に「仕事の効率がよい」とは、与えられた一定の仕事量をでき

11

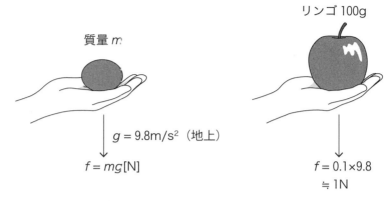

(a) 1N（ニュートン）の力とは

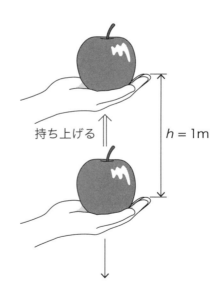

(b) 1J（ジュール）のエネルギーとは

図1-1　力とエネルギー

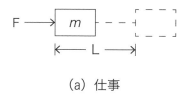

(a) 仕事

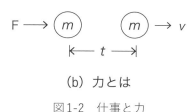

(b) 力とは

図1-2　仕事と力

るだけ短い時間で終了させることであると考えられます。効率＝仕事量÷時間で表すことができるので、時間 t［秒］あたりの仕事量 U［J］を実施したときの効率 W とすれば、$W = \dfrac{U}{t}$［J/s］で単位はワット［W］となります。ここで仕事量 U は力 F×距離 L なので、$W = \dfrac{U}{t} = F \times \dfrac{L}{t}$ となり、距離 L÷時間 t ＝速度 v となるので、仕事の効率は $W = F \times v$（力×速さ）と表すことができます。この式から力を大きく、速くすることが効率を上げる方法であることがわかります（経験上でもこのようになります）。

　＊ワットはニューコメンが開発した蒸気機関（炭鉱を掘るときに水を排除する目的）を改良して効率をよくし、水平方向にも駆動できるようにしたもの（工場の動力、船や自動車などに利用できるようにした）を販売するときに、人力や馬が仕事をする効率に比べて蒸気機関のほうが、効率が良いことをアピールするために効率という指標を考え、その単位をワットとしました。馬が仕事をするときの効率を馬力として、7.5kW が 10 馬力に相当します。10kg の重さのものを 1 秒間で 1m の高さまで持ち上げることができるとすれば、10×9.8×1 ＝ 0.098［kW］となるので、約 0.1 馬力になりますが、瞬間的には 0.6 馬力くらいの力を出すことができるそうです。

（50 kgの重さを1秒間で1 m持ち上げると約0.5 kW〈約0.6馬力〉）

⑶ 運動量と力の関係

効率と関連して運動の力学によれば、力F＝質量m×加速度α（速度v÷時間t）＝$m \times \dfrac{v}{t}$となるので、運動量mvは力F×時間tに等しく、mv＝F·tとなり、運動量（エネルギーを使った時間）は力Fと時間tの積に等しいことがわかります。これも実感するところです。

人が疲れるということは、このように力を出して、ある時間だけ仕事をすることと考えられます。工業分野においても、力を少なく、短時間で仕事をすることが、運動量が最小になることであり、使用エネルギーが最小ということになります。また、負荷の状態によらず、一定のエネルギーを供給するのではなく、負荷が小さいときには供給するエネルギーを小さくすればよいことになります。負荷に応じて供給する電力（エネルギー）を変化させるようにして省エネを図るのが広く普及しているインバータ方式となります。

1.3 エネルギーは2乗で表せることが多い

⑴ エネルギーはなぜ2乗で表せるのか

変位量xを横軸に、変位に比例した量yを縦軸にとると、$y = a \cdot x$（a：比例定数）の関係が成り立ち、仕事量すなわちエネルギーUはyを変位dxで積分した関係になるのでU＝$\int y dx = \int a \cdot x dx = \dfrac{1}{2} a \cdot x^2$となり、エネルギーは変位量$x$の2乗に比例することになります。このため、エネルギーを受ける対象は大きな衝撃を受けることになります。以下のようなエネルギーは2乗の式で表されます。

- 運動エネルギー U＝$\dfrac{1}{2} mv^2$（m：質量、v：速度）

- バネのエネルギー U＝$\dfrac{1}{2} kx^2$（k：バネ定数、x：バネの変位量）

- 回転エネルギー U＝$mr\omega^2$（m：質量、r：回転半径、ω：回転角周

第1章　環境・安全管理とエネルギーとの関わり

波数)

- 電気エネルギー $U = \dfrac{V^2}{R} = I^2 \cdot R$ (V：電圧、R：抵抗、I：電流)

- 静電気エネルギー $U = \dfrac{1}{2}CV^2$ (C：静電容量、V：電圧)

- 電界のエネルギー $U = \dfrac{1}{2}\varepsilon E^2$ (ε：誘電率、E：電界の大きさ)

- 電磁エネルギー $U = \dfrac{1}{2}LI^2$ (L：インダクタンス、I：電流)

- 磁界のエネルギー $U = \dfrac{1}{2}\mu H^2$ (μ：透磁率、H：磁界の大きさ)

- 流体のエネルギー $U = \dfrac{1}{2}\rho v^2$ (ρ：流体の密度、v：流体の速度)

- 振幅 A で変位する正弦波のエネルギー $U = \dfrac{1}{2}a \cdot A^2$ (a：定数、A：振幅)

⑵ エネルギーの法則に関する歴史

エネルギーに関する歴史を下記に示します。

➢マイヤー [ドイツの医師、1814〜1878]

1842 年に熱の仕事当量を初めて発表したときに、理想気体の状態方程式からマイヤーの関係式を導きだしました。マイヤーの関係式とは、理想気体の 2 つの熱容量の関係を与えるもので $C_p = C_v + R$ (C_p：定圧モル比熱、C_v：定積モル比熱、R：気体定数) となります。

➢ジュール [イギリス、物理学者、1818〜1889]

ジュールは力学的な仕事（エネルギー）から熱が発生することを実験によって確かめ、仕事は熱に変換できることを示しました（1842年）。熱量 C [カロリー] と仕事量 W [ジュール] の間には 1 カロリー≒4.2 ジュールの関係があることを明らかにしました。

➢ヘルムホルツ [ドイツ生理学者、物理学者、1821〜1894]

ヘルムホルツは熱力学の第 1 法則とされる「エネルギー保存の法則」を定式化しました（1847 年）。「力学的、熱、化学、電気、光

15

などのエネルギーは、それぞれの形態に移り変わるが、エネルギーの総和は変化しない（保存される）」と主張しました。

➢アインシュタイン［ドイツ、物理学者、1879〜1955］

20世紀（1905年）にアインシュタインによって質量とエネルギーは等価であることが提唱されました（特殊相対性理論による $E = mc^2$）。このことにより、これまで別々であった質量保存の法則（化学者キャベンディッシュ）とエネルギー保存の法則が統合され、質量とエネルギーの区別がなくなったことになります。

1.4　エネルギーにはどのような種類があるか

⑴ エネルギーの種類

マクロの領域とミクロの領域では次のようなものがあります。

- 運動エネルギー
- 位置エネルギー
- 電気エネルギー
- 熱エネルギー
- 回転エネルギー
- 摩擦エネルギー
- 光エネルギー
- 静電エネルギー
- 電磁エネルギー
- 内部エネルギー
- 音のエネルギー（騒音・振動）
- 流体エネルギー
- 蒸気エネルギー
- 原子力エネルギー

など多くの種類のエネルギーの呼び名があります。

第1章　環境・安全管理とエネルギーとの関わり

⑵ 化学物質などの濃度

　化学物質の摂取によって現れる現象には、急性毒性と慢性毒性があり、毒性を示す指標の LD50 は致死量の毒性試験で実験動物の50％が死亡する薬物の量を示しています。

　また、排水や大気系への排出の基準値として環境の水生生物や人間へ障害があるとする基準を環境基準として法律で定められています。工場などから排出される基準値には排水基準が設定されています。有害物質の排水基準値（水質基準値）には次のような値以下であれば、環境中の生物に健康的な面で影響を与えない基準（環境基準）が定められています。排水基準の10倍程度に薄められた排水は水中の生物への影響が少ないと考えられ、環境基準が定められました（下記例）。

	排水基準	環境基準
▪ Pb（鉛）：	0.1 mg/L 以下	0.01 mg/L 以下
▪ 水銀及びその化合物：	0.005 mg/L 以下	0.0005 mg/L 以下
▪ カドミウム及びその化合物：	0.03 mg/L 以下	0.003 mg/L 以下

　このように化学物質が人間や生物に与える影響は濃度（％、ppm、mg/L など）によって決まり、濃度が高いほど反応時のエネルギーが大きいと考えることができます。

⑶ SI単位と指標

　表1-1は SI 基本単位について指標とその単位を示したものです。国際単位系 SI（System International Unit）は、これまで世界中で広く使用されたメートル法の MKS 単位（長さの単位 m、質量の単位 kg、時間の単位 s ）を拡張して、メートル法の後継として国際的に定められたものです（かなり多くの指標があります）。

表1-1　SI 基本単位

指標	単位
長さ	メートル［m］
質量	キログラム［kg］
時間	秒［s］
電流	アンペア［A］
熱力学温度	ケルビン［K］
光度	カンデラ［cd］
物理量	モル［mol］
平面角	ラジアン［rad］
立体角	ステラジアン［sr］
速さ	メートル毎秒［m/s］
面積	平方メートル［m^2］
密度	キログラム毎立方メートル［kg/m^3］
力	ニュートン［N］
周波数	ヘルツ［Hz］
電気抵抗	オーム［Ω］

単位変換
1［m^3］＝1000［ℓ, リットル］
1 パスカル［Pa］＝1［N/m^2］
1 気圧＝0.1 Mpa＝1,013 hPa
1 ヘクトパスカル［hPa］＝100 Pa
絶対温度 T［K, ケルビン］＝273＋t［℃］
t：摂氏温度

1.5 エネルギー保存の法則

エネルギーには様々な呼び名があり、形を変えて移動しますが、それは変換されることであり、その総量は変わりません。例えば、質量 m [kg] のものが高さ h [m] から落ちる場合を考えると（位置エネルギー＋運動エネルギー＝一定）、高さ h で持つ潜在的なエネルギーを位置エネルギーと呼び、重力加速度を g [kg·m/s²] とすれば、その大きさは mgh [J] となります。ここで質量 m が地面（$h = 0$）に落ちたとき、速度 v [m/s] を持っているので、位置エネルギーがすべて運動エネルギー（$\frac{1}{2}mv^2$）に変換されて、つぎのようになります（図1-3）。

位置エネルギー＝運動エネルギー（$mgh = \frac{1}{2}mv^2$）

これより地面に衝突する速度 v を求めることができます（$v = \sqrt{2gh}$）。
今、$m = 60$ kg、$h = 2$ m とすれば速度は $v ≒ 15.5$ [m/s]（時速で約 56 km/h）となります。落下するとき、重いものほど、また高いところにあるものほど大きな運動エネルギーに変換されることになります（変換された運動エネルギーは1176 [J]）。落下物の直撃を受ける場合の被害の目安を想定できます。地面に落ちたときの運動エネルギーはどのよ

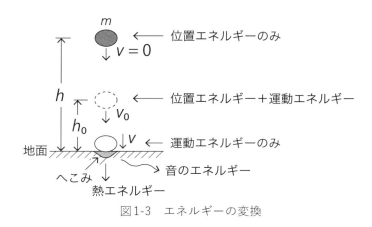

図1-3　エネルギーの変換

うなエネルギーに変換されていくのでしょうか？　地面をへこませる（力を加えて移動する）ことによる仕事［J］、摩擦による熱が発生（熱エネルギー）、大きな音がする、音のエネルギー（空気を振動させる仕事）に変換されます。このようにエネルギーは形を変えて次々に移動していきます。

　　例：野球のピッチャーが重さ100gのボールを時速150km/hで投げたときのボールの運動エネルギーは約130［J］となります。野球の投手は投げた球数だけエネルギーを失うことになります。この速度で100球投げたときには13［kJ］のエネルギーを失うことになります。人が1日にとるカロリーを2500kcalとすれば、これを単純にエネルギーに換算（1cal＝4.2J）すると10.5［kJ］となり、不足するということになります。かなり体力を消耗することが考えられます。

1.6　環境技術はエネルギー低減と制御

　環境技術で省エネ設備設計・導入・改良、電気及び熱制御などはすべてエネルギーの流れを知り、そのエネルギー量を最小にするよう設備的及び人的に制御することになります。熱源によりエネルギーを生み出している場合は、高温の熱源を取り入れて、仕事をして、低温の熱を排出して環境中に捨てます。このとき、低温の熱源を利用することができれば、さらに熱の使用効率（エネルギー効率）は上がります。コンバインドサイクルや廃熱利用ボイラーなどがこれに該当します。電気的な面ではインバータ制御によって電気エネルギーを最小化しています（インバータ制御については第8章8.2を参照）。

1.7　リスクアセスメントにかかわる危険源（ハザード）はエネルギーである

安全マネジメントを実行するために必要となるリスクアセスメントで

は、危険が持つエネルギーを知り、優先順位としては、このエネルギーを取り除く（危険源を取り除く、エネルギーゼロにする）又は手段方法を代替してエネルギーを低減すること、次にエネルギーが人に影響を及ぼさないよう隔離や防護する方法（工学的管理策という）、エネルギーが人に影響を及ぼさないよう作業者に作業手順、注意、必要な保護手段（保護具の使用など）を講じる方法（指令的管理策という）の順になります。

　例えば、保護具（ヘルメット）は飛来してくる物質の運動エネルギーを頭に受けても頭を保護するためのもの、溶接やレーザ作業で使用する保護具は危険源である光のエネルギーを減衰させて、目に障害を受けないようにするためのものです。このように多くの［危険源］はエネルギーを持つことになります。

> ➤ **幾何学形状、物理的作用などは工学的なエネルギーへと変換される**

　　物理的形状の例として、図1-4に示す先端が鋭利なものとそうでないものを比較すると、先端部が鋭利なものAと先端部が鋭利でなく丸まっているものBを同じ力Fで押したとき、鋭利なものは食い込み量が大きく、鋭利でないものは極めて少なくなります。こうしたことから考えると、鋭利なものAのほうが、大きな仕事をする

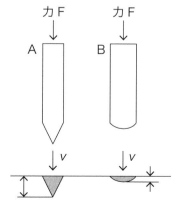

図1-4　物理的形状とエネルギー

ことができると考えられます（エネルギーが大きく損傷の程度は大きい）。

➤ 人間工学の観点もエネルギーバランスやエネルギー損失である

　無理な姿勢でバランスを崩す、適切な作業領域を超えて筋肉に負担がかかる、不安定な姿勢で骨格筋に負担がかかる、重心がずれるなど、心身に加わるエネルギーが増大する方向となります。つかみにくい形状では落としやすくなります（位置エネルギーから運動エネルギーへの変換が容易になってしまう）。人にかかるエネルギーが最小になるよう姿勢や対称性、作業領域など配慮することが必要となります。

➤ 化学的な物質量も質量エネルギーである

　物質量（気体）の単位はモル［mol］で数えます。このことは、ミカン100個を1箱、鉛筆12本を1ダースで数えることと同じです。他にもいくつもの線を束で数えます（光の線：光線、磁気的な線：磁束、放射線をベクレルなど）。モル数が多くなると質量が増加し、体積が増えます。このことは、物質量はエネルギーに係る量であるということです。$PV = nRT$（n：モル数）、物質量 m を分子量 M で割ったのがモル数 n（$n = m/M$）となります。左辺の PV の単位は［J/m^3］なので、右辺もエネルギーに関する量となります。液体が気体になると膨張して体積が大きくなり、気体は仕事をすることができる、このことは、右辺の nT より、温度 T の気体分子 n モルは体積 V を大きくすることができるエネルギーを持っているということです。このエネルギーとは、気体分子が持っている運動エネルギーのことです（温度が高いほど気体分子は激しく動き回り、広がる）。

1.8　エネルギー伝搬の考え方（環境も安全も共通）

⑴ モデル（3つの要素からなる）で考える（図1-5）

- エネルギーとなる源①がある「源」（環境側面と危険源）

第1章　環境・安全管理とエネルギーとの関わり

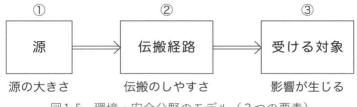

図1-5　環境・安全分野のモデル（3つの要素）

- エネルギーが伝搬する経路②がある「伝搬経路」（非定常時の漏れ）
- エネルギーを受信する対象③がある（定常時や非定常時に環境、環境から人へ、安全は直接に人に）

これから優先順位が次のように決まります。

1．源のエネルギーをなくす（除去する）、低減する（代替など）
2．伝搬経路を頑丈な手段で遮断する、遮断できないときは、経路から離れる方法をあらかじめ設定する
3．受信する対象を経路から避ける、受信してもエネルギーに負けないようにする

(2) アセスメント（評価）との関連

評価方法はシンプルに、多くの人に理解でき、何が重要で、どんな危険源が隠れているのか、マネジメントで何をすればよいか判断できるようにすることです。そのためには、

- 上記1．項に関連して、③が源の大きさ①を受けたときの大きさの程度の評価
- 上記2．項に関連した「源」①から「受信対象」③までの経路②を確実に遮断できるのか、ある程度できるのか、遮断が不十分なのか、起こりうる可能性の評価

23

- 対策の方法は、①に対して、②に対して、③に対して、又は複数に対して考えることができます。

1.9 リスクアセスメント（環境アセスメントや環境影響評価）

- 環境保全技術も安全技術も大きくエネルギーに関連することがわかります。また、これらをマネジメントする力もエネルギーであり、マネジメントする人やエネルギーに関連する業務に従事する人の労力を最小にすることにあります。そのためには、このエネルギー発生の原理・メカニズムを知り、そのエネルギーを最小にコントロール（管理）することが重要となります。
- リスク評価もエネルギーの大きさ、その発生による影響の大きさ、起こりやすさを評価することにあります。具体的なアセスメントの方法は第12章12.6に解説してあります。

第2章

熱力学と流体力学の基礎

2.1 熱の伝わり方に関する基本法則

図2-1は熱の伝わり方を示したもので、図(a)のように熱源からの熱 Q_h が金属を伝導して伝わる熱伝導、この現象は金属内の電子の運動エネルギーが隣接する電子へ衝突することによって熱が伝わります。これは金属に電圧（電界）を加えると電流が流れる（電子が移動する）現象

図2-1　熱の伝わり方

と同じです。図(b)は熱が大気中の空気を伝搬媒質にして伝わる物質の移動による現象（対流）で、温度の高い空気が軽くなって上昇する自然対流です。一方、エアコンから冷気を送り、暖かい空気（顔の熱など）を冷気に移動させることによって冷やす方式は強制対流と呼びます。図(c)は熱量が電磁波によって運ばれ、空間移動する現象で放射（輻射）と呼びます。このように熱の伝わり方には伝導、対流、放射と3つの形態があります。単位時間［s］に移動する熱量［J］を伝熱量［ワット、W = J/s］と呼びます。

(1) フーリエの法則（熱伝導）

図2-2(a)のように物体内部（A面からB面）を伝導する熱量 Q［W/m²］は、温度変化 ΔT が大きいほど、距離 Δx が小さいほど大きくなるので温度勾配（$\Delta T/\Delta x$）に比例します。比例定数を λ とすれば、熱量 Q は次のように表すことができます（−は距離が離れると温度が下がる方向）。

$$Q = -\lambda \cdot \frac{\Delta T}{\Delta x}（フーリエの法則）$$

ここで λ［W/(m·K)］は物質の厚さが1mで両面の温度差が1℃のとき、1mあたりにどのくらいの熱量が伝わるかを示しており、熱の伝わりやすさを示す指標で熱伝導率と呼ばれ、この値（長さあたり）が大きいほど熱が伝わりやすくなります。

(2) ニュートンの冷却法則（対流）

図(b)のように物体の表面積を A［m²］、表面温度を T_s［K］として物体から放熱される熱量を Q［W］、周囲温度を T_a［K］とすれば、放熱される熱量は温度差と放熱表面積に比例するので比例定数を h とすれば、次のようになります。

$$Q = h(T_s - T_a) \cdot A$$

第 2 章　熱力学と流体力学の基礎

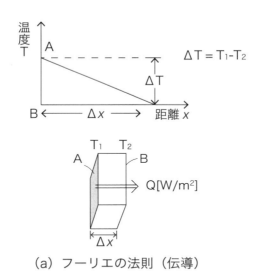

（a）フーリエの法則（伝導）

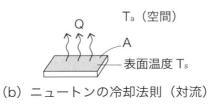

（b）ニュートンの冷却法則（対流）

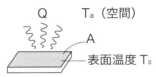

（c）ステファン・ボルツマンの法則（放射）

図2-2　熱の伝わり方に関する基本法則

27

比例定数 h を対流熱伝達率［W/(m²·K)］と呼び、この値（面積あたり）が大きいほど、流体と物体間の熱移動能力は大きくなります。

(3) ステファン・ボルツマンの法則（熱放射）
　図(c)の高温物体の表面温度を T_s［K］、表面積 A［m²］、放射率を α（物体の表面状態によって異なる、$\alpha \leq 1$）とすれば放射される熱量 Q［W］は次のようになります。

$\quad$ Q $= \alpha \cdot \sigma \cdot$ A$\cdot T_s{}^4$
$\quad \sigma$：ステファンボルツマン定数（5.67×10^{-8}［W/(m²·K⁴)］）

　この式より放射される熱は物体の表面積と表面温度の4乗に比例します。温度が低いときには赤っぽく、温度が高くなると白っぽくなって、熱源から放射される波長は赤外線領域（熱線）から可視領域（約0.3〜0.8 μm）に及びます。
　例：表面の放射率 $\alpha = 1$、熱源の温度を100℃［373 K］とし、表面積を1 m²とすれば、放射熱量は約1,084［W］となります。約1 kWの放射源ということになります。

2.2　電気伝導と熱伝導の対比

　今図2-3(a)に示す断面積 S、長さ ℓ、抵抗率 ρ（逆数が電気伝導率 σ）の形状を持った金属（抵抗 R）に電圧 V を印加するとオームの法則に従って電流 I が流れます。
　電気抵抗はオームの法則により、電圧÷電流で求めることができ、その抵抗値は電流が伝導する金属の抵抗率 ρ と形状によって決まり、R $= \rho \cdot \dfrac{\ell}{S} = \dfrac{1}{\sigma} \cdot \dfrac{\ell}{S}$、$\sigma$ は電気伝導率で単位は $\left[\dfrac{1}{\Omega \cdot m} = \text{S/m} \quad \text{S：ジーメンス} \right]$ となります。流れる電流 I は次のようになります。

$\quad$ I $= \sigma \cdot$ S $\cdot \dfrac{V_1 - V_2}{\ell}$

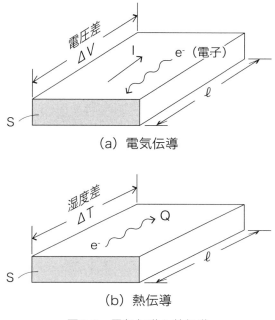

図2-3　電気伝導と熱伝導

　図(b)のように高温側の温度 T_1 から低温側の T_2 に向かって熱量 Q [W] が流れるとすれば、流れる熱量は電圧に相当する温度差を熱抵抗 R_h で割ったものとなるので、$Q = \dfrac{T_1 - T_2}{R_h}$ と表すことができます。熱抵抗は電気抵抗と同じように $R_h = \dfrac{1}{\lambda} \cdot \dfrac{\ell}{S}$、$\lambda$：熱伝導率 [W/(m·K)]、この熱伝導率が大きいほど、熱抵抗 R_h は小さく、熱が伝わりやすいということになります。

　流れる熱量 Q は次のようになります。

$$Q = \lambda \cdot S \cdot \dfrac{T_1 - T_2}{\ell}$$

　電気伝導と熱伝導が同じ法則に基づくのは、電気伝導も熱伝導も金属内の電子の運動によって起こる現象であることに起因しています。

2.3 温度と熱の関係

(1) 気体の状態方程式 PV = nRT はエネルギーを表す基本式

左辺の圧力［N/m²］と体積［m³］の積は［N・m = J］となってエネルギーを表しています。従って右辺の物質量 n（kg やモル）や温度 T［K］もエネルギーに係る量と考えることができます。ここで R は気体によって決まる気体定数［J/(モル・K)］を示しています。

(2) 圧力は気体の分子運動によるエネルギー

圧力 P は気体分子が 1 m² あたりに及ぼす（受ける）力であり、図2-4 のように体積 V の中の気体分子が運動しているとき平均分子の力 F が面積 S［m²］に及ぼしている力が圧力 P［パスカル］なので、$P = \dfrac{F}{S}$［N/m²］と表せます。これを体積あたりの力で考えると圧力の単位は［N・m/m³］=［J/m³］となります。

すなわち、圧力とは体積あたりのエネルギー密度ということになります。従って容器に閉じ込められた気体や液体が大きな運動エネルギーを持つとき容器を破壊することができます。

(3) 気体の分子運動と熱の関係

体積 V の中に質量 m の分子が n モルあり、1 モルの分子はアボガドロ数 $N_A = 6.02 \times 10^{23}$ 個、分子の 2 乗平均速度を v^2 とすれば、圧力 P

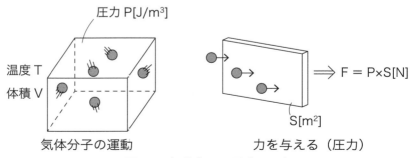

図2-4 気体分子の運動と圧力

は単位体積あたりの分子の運動エネルギー Uk なので、$P = \dfrac{Uk}{V} = \dfrac{1}{3} \cdot$ $\dfrac{mn\mathrm{N_A} \cdot v^2}{V}$ と表せ、この式の P を気体の状態方程式 $PV = n\mathrm{RT}$ に代入すると、$\dfrac{1}{3} \cdot \dfrac{mn\mathrm{N_A} \cdot v^2}{V} \times V = n\mathrm{RT}$ となり、これより $v^2 = \dfrac{3\mathrm{RT}}{\mathrm{N_A} \cdot m}$、R は気体定数 $8.31\,[\mathrm{J/(mol \cdot K)}]$、分子 1 個あたりの平均の運動エネルギー $\dfrac{1}{2}mv^2$ は次のようになります。

$$\frac{1}{2}mv^2 = \frac{3}{2} \cdot \frac{\mathrm{R}}{\mathrm{N_A}} \cdot \mathrm{T}$$

ボルツマン定数 $k = \dfrac{\mathrm{R}}{\mathrm{N_A}}$（$1.38 \times 10^{-23}\,[\mathrm{J/K}]$）とすると、

$$\frac{1}{2}mv^2 = \frac{3}{2}k\mathrm{T}$$

これより、$\dfrac{3}{2}k\mathrm{T}$ は温度 T における分子の運動エネルギーの平均値を示していることになります。従って、絶対温度 T は気体分子 1 個あたりの平均の運動エネルギーに比例することになります。ボルツマン定数 k は気体定数 R をアボガドロ数 $\mathrm{N_A}$ で割った値で分子 1 個当たりの気体定数［J／モル・K］であり、1 モル当たりのエネルギーの値を示していることになります。

⑷ 内部エネルギーを求める

内部エネルギー U［J］は、ある体積をもった容器内やシリンダーなどを運動している気体分子 1 個 1 個の運動エネルギーを全分子にわたって合計したものなので $U = \dfrac{1}{2}mv^2 \times$（全分子数 $n \cdot \mathrm{N_A}$）となり、$v^2 = \dfrac{3\mathrm{RT}}{\mathrm{N_A} \cdot m}$ を代入すると次のようになります。

$$U = \frac{m}{2} \times \frac{3\mathrm{RT}}{\mathrm{N_A} \cdot m} \times n \cdot \mathrm{N_A}$$
$$= \frac{3}{2}n\mathrm{RT}$$

これより、気体の状態方程式 PV = nRT を代入すると、$U = \frac{3}{2}PV$ となり、PV 積が内部エネルギーを表していることになります。また、この比例定数 $\frac{3}{2}R$ を単原子分子の定積モル比熱 C_v [J/(mol·K)] といい、$C_v = \frac{3}{2}R$ より、内部エネルギー U は nC_vT となり、n モルの物質の重さを m [kg]、定積比熱を C_v [J/(kg·K)] とすれば、次のように表すことができます。

$$U = m \cdot C_v \cdot T$$

気体では大きさの単位を［モル］で、液体（水蒸気を含む）の場合は単位を［kg］で表します。絶対温度 T は T [K] ＝ 摂氏温度 t [℃] ＋ 273.15 なので、T = 0 K（t = −273.15 ℃）で熱運動はなくなり（U = 0）、t = 100 ℃の水蒸気では熱運動が激しくなります。物体（固体、液体、気体）に熱を与えるということは、分子に運動のエネルギーを与えることになります。この与えたエネルギーのことを熱量 Q [J] と呼びます。

(5) 内部エネルギーから比熱が定義できる

物質 1 kg を 1 K 温度上昇させるのに必要な熱量を、その物質の比熱 c [J/(kg·K)] と定義しています。このことは、m kg の物質の温度を 1 K 上昇させるには mc [J] の熱量 U を必要とすることになります（図 2-5）。温まりにくい物質ほど多くの熱量 U を必要とするので比熱 c は大きな値となります。

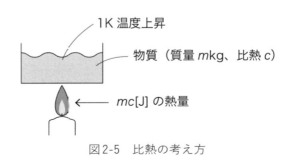

図 2-5　比熱の考え方

第2章　熱力学と流体力学の基礎

＊比熱の例：水4.2、鉄0.45、アルミ0.88、銅0.38、空気1、酸素0.9、水素14.57（特に大きい）

水の比熱は大きく多くの熱量を必要とするので温まりにくく、冷めにくくなります。

質量 m が大きいほど（質量は密度 ρ［kg/m³］と体積 V［m³］の積となる $m=\rho$V）、比熱 c が大きいほど、温度上昇には多くの熱を必要とします。

＊水による消火の例：火災の消火で比熱 c（4.2 kJ/kg·K）の大きい水をたくさん（質量 m を大きく、例えば1トン＝1000 kg）供給すれば、火災で燃焼している熱エネルギー Q_x［J］を奪うことができます。水の温度上昇を ΔT（水の温度を25℃から蒸発点の100℃まで）とすれば、$Q_x=mc\Delta$T より $Q_x=1000×4.2×(100-25)=315$［MJ］の熱エネルギーを奪うことができます。この熱エネルギーはメタン1モル（22.4ℓ）が完全燃焼したときの発生熱量を802 kJ とすれば、315 MJ の熱量に相当するメタンは約393モルなのでメタンを約8,798ℓ 燃焼させたとき、発生する熱エネルギーに等しいことになります。

⑥ 比熱に関するさまざまな呼び方

①モル比熱：気体1 mol を1 K 温度上昇させるのに必要な熱量をその気体のモル比熱 C［J/(mol·K)］といいます（定義）。気体については質量よりモル［mol］単位の方が扱いやすいでしょう。

比熱には一定圧力の開放系に適用する「定圧比熱 C_p」と体積を一定とした密閉系に適用する「定積比熱 C_v」があります。

②定圧比熱 C_p：圧力を一定にしながら加熱したときの比熱

③定積（定容）比熱 C_v：体積を一定にしながら加熱したときの比熱

④比熱比 κ：比熱比 κ は定圧比熱を定積比熱で割った値で κ＝定圧比熱 C_p／定積比熱 C_v、$C_p \geqq C_v$ のため $\kappa \geqq 1$

これらの間には $C_p=C_v+R$ の関係があります。

⑤定積モル比熱 C_v

33

体積を一定に保ったまま（密閉した容器など）、1 mol の気体を
1 K 温度上昇させるのに必要な熱量をその気体の定積モル比熱
C_v［J/(mol·K)］といいます。n［mol］の気体を温度 ΔT だけ上昇
させるには Q = nC_v·ΔT［J］の熱量を要することになります。

⑥定圧モル比熱 C_p

圧力を一定に保ったまま、1 mol の気体を 1 K 温度上昇させるのに
必要な熱量をその気体の定圧モル比熱 C_p［J/(mol·K)］といいます。
n［mol］の気体を温度 ΔT だけ上昇させるには Q = nC_p·ΔT［J］の熱
量を要します。

比熱と比較すると、質量 m、比熱 c の物質を温度 ΔT だけ上昇させ
るのに必要な熱量 Q は Q = mcΔT となります。ここで質量 m の物
質の分子量を M とすれば、n = m/M［モル］となるので、Q = n·
c×ΔT と同じ形になり、状態に応じて比熱 c が定圧比熱や定積比熱
になります。

⑺ 仕事が熱に変換

イギリスの科学者ジュールが1843年に行った実験によって力学的な
仕事が熱に変換されることが定量的に示されました。その結果、力学的
な仕事と熱量が等価であり、次のような関係を実験結果から得ることが
できました。

1 カロリー［cal］の熱量 = 4.186 ジュール［J］の仕事量

2.4　気体の状態方程式 PV = nRT

⑴ PV = nRT から得られること

固体や液体と違って気体は自由に飛び回っており、気体分子は数が
非常に多く、質量がとらえにくいため、モル［mol］という単位で数え
ます。そのため、気体は圧力 P、体積 V、物質量（モル数 n）、温度 T、
気体に特有な定数 R（気体定数8.31［J/(mol·K)］）によって、影響を受

けることが考えられ、これらの間にはすべての気体に適用できる気体の状態方程式があります（気体に関する基本式）。

気体の状態方程式から次のことがわかります。

- 左辺の P×V の単位はエネルギー［J］となります。
- 右辺の物質量 n（分子の量）も絶対温度 T（分子運動のエネルギーの大きさ）もエネルギーに係る量となります。
- 圧力と体積は反比例の関係があり、圧力を 2 倍にすると体積が $\frac{1}{2}$ と小さくなります（ボイルの法則）。
- 圧力 P を一定にすると、$\frac{V}{T}$ が一定となり、体積は絶対温度に比例します（シャルルの法則）。
- 温度を 2 倍にすると、体積が 2 倍になります（圧力を一定に保つには、体積を 2 倍にすると温度 T も 2 倍にしなければならない）。

⑵ P-V 線図は何を意味しているのか

図 2-6 の A 点と B 点の違いは、P×V の面積が A 点の方が B 点より大きいことです。面積はエネルギー（熱量）の大きさを示しています。また、P×V＝nRT なので P×V は温度 T に比例した等温曲線を示しており、カーブ A の方がカーブ B より温度が高い状態を示しています。

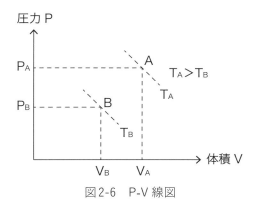

図 2-6　P-V 線図

2.5 熱力学に関する法則

1850年ドイツの物理学者クラウジウスは「高熱源から熱を受け取り、低熱源に熱を移す以外に、何の変化も残さない過程は存在しない」、またイギリスの物理学者ケルビンは「一つの熱源から熱を取り出し、それをすべて正の仕事に変換し続ける熱機関は存在しない（すべての熱を仕事に変えることはできない）」、これらより熱力学の第2法則は、熱は高いところから低いところへ流すことによってエネルギーの変換を可能にしている、何もしないで逆方向にエネルギーは流れないということになります。この現象は熱の流れに方向性があることを示しています。これらのことから熱 Q は仕事 W に変換されるが、100%変換されることはなく、捨てられる熱 ΔQ が損失となります。熱は高い方（高温側）から低い方（低温側）に流れ、使用されて低温になった熱量は利用できなくなります。

(1) エネルギー保存の法則（熱力学の第1法則）

熱力学の第1法則にエネルギー保存の法則であり、図2-7(a)にはある体積の中に閉じ込められたピストンの中の気体に投入した熱 Q によって状態0の気体分子の温度が ΔT（$T_1 - T_0$）だけ上昇して内部エネルギーが ΔU だけ増加して圧力（大気圧 P_0 から ΔP）が大きくなり、この $P_0 + \Delta P$ によってピストン（断面積 S）を距離 Δx だけ外部に動かし仕事 W をします（$\Delta P = 0$ となる）。仕事 W は力×距離なので、$P_0 \cdot S \cdot \Delta x = P_0 \cdot \Delta V$ [J] となります。このことをエネルギー保存の法則（熱力学第1法則）を使うと、加えた熱量は内部エネルギーの増加と仕事の和に等しく、$Q = \Delta U + W = \Delta U + P_0 \cdot \Delta V$ となります。エネルギーは外部から与えた熱 Q →内部温度上昇（T_0 から T_1）→内部圧力上昇（P_0 から $P_0 + \Delta P$）→圧力上昇分 ΔP により体積膨張して仕事（$P_0 \cdot S \cdot \Delta x$）をする流れとなります。

第2章　熱力学と流体力学の基礎

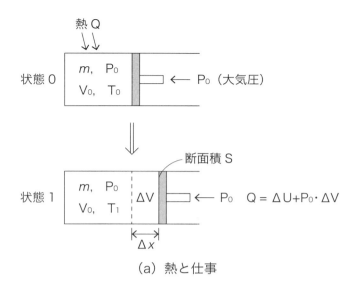

(a) 熱と仕事

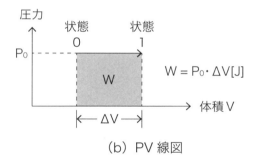

(b) PV線図

図2-7　熱、内部エネルギー、仕事の関係

(2) 内部エネルギーの増加量

図2-7(a)の熱Qを加える前（状態0）の気体の状態方程式は物質量をm、気体定数をRとすれば$P_0 \cdot V_0 = mRT_0$です。次に圧力を一定にしたまま、熱Qを加えると、温度が上昇してT_1となり、気体は膨張してΔVだけ体積が増えます。このときの気体の状態方程式は$P_0 \cdot (V_0 + \Delta V) = m \cdot R \cdot T_1$となります。

状態0では体積V_0を一定にして熱を加えているので定積比熱を

$C_v[J/(kg\cdot K)]$ とすれば、物質 m が受け取った熱量は $m\cdot C_v\cdot\Delta T = m\cdot C_v\cdot$ (T_1-T_0) で、これが内部エネルギーの増加量 $\Delta U = m\cdot C_v\cdot\Delta T$ となります。

　これに対して、外部から加えた熱量 Q は圧力一定のもとで、状態 0 から状態 1 に移行する段階で加えているので定圧比熱を $C_p[J/(kg\cdot K)]$ とすれば、物質に与えられた熱量は $Q = mC_p\Delta T$ となります。これらをエネルギー保存の式 $Q = \Delta U+P_0\cdot\Delta V$ に代入すると、次のようになります。

$$mC_p\Delta T = mC_v\Delta T+P_0\cdot\Delta V$$

　ここで $C_p = C_v+R$（マイヤーの式）なので、これらより仕事 $W = P_0\cdot\Delta V = m\cdot R\cdot\Delta T$ となり、温度変化 ΔT によって決まることがわかります。

⑶ 熱が仕事に変換される割合
　加えた熱 Q が仕事に変換された割合（効率）は、

$$\frac{W}{Q} = \frac{mR\Delta T}{Q} = \frac{mR\Delta T}{mC_p\Delta T} = \frac{R}{C_p} = \frac{C_p-C_v}{C_p} = 1-\frac{C_v}{C_p} < 1 \quad (C_p > C_v)$$

　これより、与えた熱がすべて仕事に変換されないということがわかります（熱力学第 2 法則）。次に熱が内部エネルギーの増加への割合を求めると、$\frac{\Delta U}{Q} = \frac{mC_v\Delta T}{mC_p\Delta T} = \frac{C_v}{C_p}$ となります。これらより加えた熱は内部エネルギーの増大と力学的仕事に、$\frac{C_v}{C_p}$ の割合（比熱比 κ の逆数）で分配（$\frac{W}{Q} + \frac{\Delta U}{Q} = 1$）されることがわかります。
　熱を加えたときの内部エネルギーの増大は分子の運動エネルギーの増大、圧力の増大、仕事（体積増大）へという流れになっています。
　例：モータの系において、外部に力学的な仕事として $W = 15\,kJ/s$ （15 kW）、熱を外部に 2 kJ/s（2 kW）放出したときのモータ内部の毎秒のエネルギー増加分 ΔU は $\Delta U = -2-15 = -17\,[kJ/s]$ （−17 kW）となります。この−17 [kJ/s = kW] を電気エネルギーから供給してモータを駆動していることになります。このことは 17 kW の電気エネルギーに相当する熱量 Q を投入して、内部エ

ネルギーが増加して仕事に変換（P·ΔV）された熱量は15kWであり、内部エネルギー ΔU はそのまま外部空間に漏れてしまった熱量が2kW ということになります。電気エネルギーの仕事への変換効率は15/17 ≒ 88％となり、効率がよいことになります。

(4) エントロピーdS（熱力学の第3法則）：熱の流れ

仕事を熱に完全に変換することはできるが、熱をすべて仕事に変換することはできない。熱は高温側から低温側に移動するがその逆は移動できない。これが熱力学の第3法則です。熱を加えて、その熱を仕事に変換して、変換できなかった熱は捨てるか、再利用するかの方法しかありません。そこで移動した1[K]あたりの熱量 dQ をエントロピーと呼んでいます（定義）。エントロピーの変化分を dS とすれば次のようになります。

$$dS = \frac{dQ}{T} \text{ [J/K]}$$

今、図2-8に示すように、物体に熱量 Q を与えて高温源 T_H になり、高温源が仕事をして低温源に移動した熱量を dQ とすれば、高温源から移動したエントロピーは $S_1 = \frac{dQ}{T_H}$ となります。この熱量 dQ を低温源側 T_L で受け取り、受け取ったエントロピーは $S_2 = \frac{dQ}{T_L}$ となるので、エン

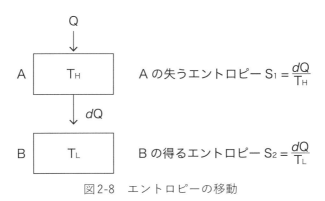

図2-8　エントロピーの移動

トロピーの移動量 dS は次のようになります。

$$dS = \frac{dQ}{T_L} - \frac{dQ}{T_H}$$

$T_H > T_L$ なのでエントロピーの変化量 $dS > 0$ となり、エントロピーは増大する方向になります。エントロピーが増大することは、捨てられる熱エネルギーが増大していくことであり、その熱は宇宙空間に放出されることになります。例えば、熱機関で動作する機器はすべてエントロピーが増大することになります。

2.6 エンタルピーと比エンタルピー（エネルギーの移動を考える）

エネルギーの移動又は移動量を考えるときに、単位量［例：kg、mol］あたりどれだけのエネルギーの変化があったのかを把握するために、内部エネルギーと仕事量をまとめて扱うことが必要となります。そのために下記のような「エンタルピー［J］」と「比エンタルピー［J/kg］」を次のように定義しています。

⑴ エンタルピー

物体の内部エネルギーを U［J］、圧力を P［Pa］、体積を V［m³］とすると、エンタルピー H［J］は次のように定義されます。

$$H = U + P \cdot V$$

エンタルピーは内部エネルギーと機械的仕事（機械的エネルギー）を一緒に考えることになります。

⑵ 比エンタルピー

ここで、単位質量（1 kg）あたりの内部エネルギーを u［J/kg］、体積

を v [m³/kg] とすると、比エンタルピー h は次のように定義されます。

$h = u + P \cdot v$ [J/kg]

いずれも、熱を取り扱うプロセスで単位質量あたりのエネルギーがどれだけ移動したのか、その効率はどのくらいかを計算するために比エンタルピーを考える必要があります。

2.7 カルノーサイクルのP-V線図とT-S線図

1824年、フランス人カルノーによって提案されたカルノーサイクルは、熱機関の効率を知る上で重要な基本サイクルです。カルノーは熱機関の効率は、水力学の「水の落差」が「熱の落差」にも同じように適用できると考え、高温源と低温源の落差によって決まるということを明らかにしました（電気・電子系では電圧の落差、電位差によって流れる電流〈電荷の流体〉も同じ）。

⑴ カルノーサイクル（熱と仕事のサイクル）

理想的なカルノーサイクルは図2-9に示すように、断熱圧縮（熱を加えないで体積を小さくする）、等温膨張（温度を変えないで体積を大きくする）、断熱膨張（熱を加えないで体積を大きくする）、等温圧縮（温度を変えないで体積を小さくする）のサイクルを繰り返すことになります。高温源（T_H）に接した状態で圧縮された状態①から、熱量 Q_H を外部からもらいながら等温膨張して体積が増えた②の状態になります（シリンダー内部の気体は高温 T_H のまま $P_1 \cdot V_1$ から $P_2 \cdot V_2$ へとエネルギーが増大する）。ここから外部の高温源を外して断熱膨張をして③の状態となります（気体のエネルギーを減らして外部に仕事をするので温度が T_L に下がる）。このときのシリンダーの体積は最大となります。次にこの状態から熱を放出（低温源 T_L に接する）しながら等温 T_L のまま圧縮して④の状態にします（シリンダー内部の体積を①に近くする）。ここ

41

から断熱圧縮をしてシリンダー内部の気体にエネルギーを与えるので高温（T_H）になり①の状態にします。この繰り返しを行うサイクルがカルノーサイクルです。

⑵ カルノーサイクルのP-V線図とT-S線図

このサイクルを図2-10(a)のようなP-V線図（エネルギー線図）で見ると、①から②がシリンダー内の気体がした仕事を示し、②から③で気体が膨張して温度がT_Lまで下がり、③から気体が圧縮されて温度が上昇するので熱Q_Lを放出（捨てる）して温度T_Lを維持して④に至ります。④から①の過程では、②から③で失った熱量と等しい分を圧縮して気体に与えて①の温度T_Hに至ります。グレーの部分が、シリンダーが熱量Q_Hをもらって外部にした仕事Wとなります。図(b)は縦軸に温度T、横軸にエントロピーS（$=\dfrac{Q}{T}$）をとると、TS積はPV積と同じくエネルギーを表しています。P-V線図に対応して①～④の過程をT-S線図で表すと、熱Qの出入りと温度変化Tのみで表すことができるので、仕事Wは①②③④で囲まれた長方形の面積となります。

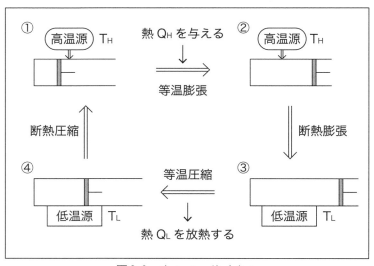

図2-9　カルノーサイクル

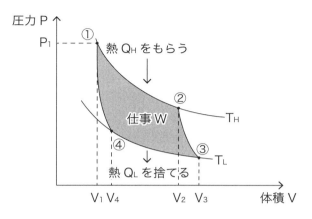

(a) P-V 線図（PV 積がエネルギー）

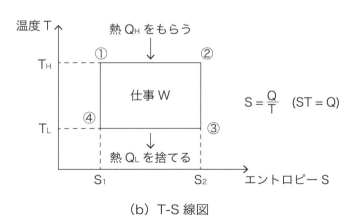

(b) T-S 線図

図2-10　P-V 線図と T-S 線図

⑶ カルノーサイクルの効率（熱を有効に仕事に変換するためには）

　高温源 T_H（熱源）から熱量 Q_H を受け、熱機関で仕事 W をして熱量 Q_L を低温源 T_L（例えば、大気中）に捨てます。このとき熱機関の効率 η は高温源の熱量が仕事に変換された割合を示すので、次のようになります。

$$
\begin{aligned}
\eta &= （受熱量 - 放熱量）\div 受熱量 \\
&= \frac{W}{Q_H} = 1 - \frac{Q_L}{Q_H} \\
&= 1 - \frac{T_L}{T_H}
\end{aligned}
$$

　効率は低温源 T_L と高温源 T_H の比によって決まることになります。効率を最大にするためには、T_H を大きく、T_L を小さくすることが条件となります。

　　　［エネルギー変換効率の例］
- 石炭の化学エネルギーを熱エネルギーに変換（蒸気機関）する変換効率は 8 ％程度
- ガソリンエンジン自動車の変換効率は約30％程度
- 化学的エネルギーを電気的エネルギーに変換する電池の変換効率は90％以上
- 力学的エネルギーを電気エネルギーに変換する発電機などは変換効率90％以上

　電気エネルギーや化学的エネルギーは変換効率が大きく（質が良く）、これに対して熱エネルギーは仕事への変換効率が低く（質が悪く）、残りの熱は空気中に捨てられてしまいます（大気を温める）。しかしながら、熱はどこでも発生しやすいので熱を利用した熱機関は多くあります。

2.8　ヒートポンプの原理と効率

(1) ヒートポンプの原理

　ヒートポンプの原理を図2-11に示します。基本サイクルはエネルギーを投入して、冷媒の圧縮、凝縮、膨張、蒸発の状態変化のサイクルを利用していることです。初めに①では冷媒が圧縮機（コンプレッサー）によって高温・高圧のガス（気体）となります。次に②の凝縮器によって気体が持っていた熱エネルギー（凝縮熱）を放出して高温・高圧の液体になります。ここで放出された熱エネルギーを暖房などに利用します。この高温・高圧の液体は③の膨張器（膨張弁）に入力され体積が増大して、低温・低圧の液体に変換されて、④蒸発器（ここでは液体を気体にする）によって低温の蒸気にします。ここで液体は周囲から熱を奪うので周囲は低温になるので冷房、冷蔵等に利用されます。この圧力が低下した気体は①の圧縮機に吸い込まれて、圧縮機からエネルギーをもらい、高温・高圧の気体（ガス）になってサイクルを繰り返していきます。このように液体と気体の状態変化（潜熱）を利用することによって周囲に熱の放出（暖房）と周囲から熱の吸収（冷房）のサイクル

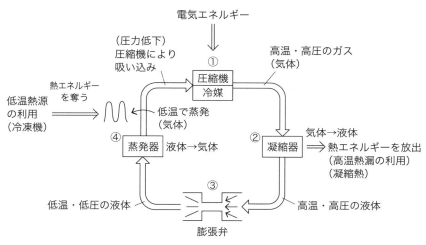

図2-11　ヒートポンプの原理

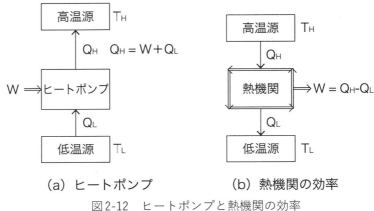

(a) ヒートポンプ　　　（b) 熱機関の効率
図2-12　ヒートポンプと熱機関の効率

を繰り返しています。

(2) ヒートポンプの効率

次に図2-12(a)のヒートポンプの機能は仕事Wによって低温源T_Lから熱Q_Lを効率よく汲み上げて高温源に熱Q_Hを渡すことなので、エネルギー保存の法則は$Q_H = W + Q_L$となります。

ヒートポンプの効率を表す指標には成績係数COPが用いられ、COPは次のようになります。

- 冷房の効率COP（冷）
  外部からの仕事W（電気エネルギーなど）によって低温源T_Lから熱Q_Lを奪い、いかに冷やすかを示すことなので、
  冷房の効率 COP（冷）$= \dfrac{Q_L}{W} = \dfrac{Q_L}{Q_H - Q_L} = \dfrac{T_L}{T_H - T_L}$
- 暖房の効率COP（暖）
  外部からの仕事によって高温側にどれだけ熱Q_Hを運ぶことができるかを示すことなので、
  暖房の効率 COP（暖）$= \dfrac{Q_H}{W} = \dfrac{Q_H}{Q_H - Q_L} = \dfrac{T_H}{T_H - T_L}$

以上のことから、効率を最大（省エネ）にするためには、仕事量W

第 2 章　熱力学と流体力学の基礎

（投入エネルギー）を最小にして、熱量 Q_H と Q_L の差（温度差 T_H-T_L）を最小にすることです。そのためにはヒートポンプはエネルギーロスを最小にする機構でなければならないことになります。

＊環境側面（非定常時）：冷媒（フロンやアンモニア）の漏れ、どこから漏れる可能性があるか、箇所の特定が必要となります。
＊安全面：高圧蒸気の漏れ、高温部への接触、冷媒が有害なものであれば、その漏れが人に対するリスク源となります。

2.9　圧力に関する基本法則

⑴ 圧力について（圧力はエネルギーとなる）

　圧力（パスカル Pa）とは単位面積に働く力なので力 F÷面積 S で単位は［$Pa = N/m^2$］と定義されています。1 Pa の圧力とは 1 m^2 の面積に 1 ニュートンの力が働くことです。

　さらに［$N/m^2 = N \cdot m/m^3 = J/m^3$］とすれば、単位体積あたりのエネルギーとなります（図2-4）。体積 V［m^3］の中にある気体が持つエネルギーは PV［J］となるので圧力と体積の積はエネルギーであることを示しています。

⑵ 大気圧と水圧

　図2-13⒜に示すように大気圧は地上や海面で面積 1 m^2 あたりの上空にある空気の全ての重さの合計（質量×重力、いずれも上空になるほど空気が薄くなり小さくなる）となります。1 気圧とは水銀柱 760 mm が底面に及ぼす圧力に等しいとして定められました（水銀面を大気圧で押すと水銀が 760 mm ＝ 76 cm の高さまで上昇）。水銀の密度 13.6 g/cm^3、重力加速度 $g = 9.8$ m/s^2 として計算すると 760 mm は 101325 N/m^2 となります。従って 1 気圧 ＝ 101325 Pa（≒ 0.1 MPa ＝ 1013 hPa〈ヘクトパスカル〉、昔は 1013 mb〈ミリバール〉）となります。この 1 気圧は 1 m^2 あたりに 101300［N］の力（101300 kg ÷ 9.8 ≒ 10 トン、1 トンの自動車 10 台

47

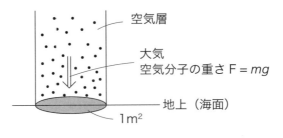

(a) 大気圧

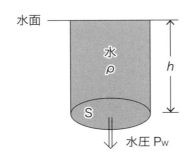

(b) 水圧

図2-13　大気圧と水圧

分となんとすごい力なのか？）がかかっていることになります。1 cm²あたりでは10.13［N］となるので、1気圧は1 cm²あたりに約1 kgの重さが載っているとき（感覚的には親指の爪の上に1 kgのおもりを置いたときと同じ力）の状態となります。この大気圧の存在を初めて明らかにしたのがガリレオの弟子トリチェリ（1608～1647、水銀圧力計の発明）でした。

　同様にして、水圧も水の持つ重さが押す力なので、水面からの深さによって変わることになります。今、図(b)のように水面から深さhのところの水圧Pwを求めるには、水の密度をρ［kg/m³］、底面の面積をS［m²］とすれば、全質量は$\rho h S$［kg］で重力加速度gとすれば、全水圧

は Pw = $(\rho hS)\cdot g/S = \rho gh$ となります。

水圧の計算例：深さ $h = 10$ m、密度 $\rho = 1000$ kg/m³、$g ≒ 10$ とすれば、Pw = 10^6[Pa] = 1[MPa] となり、10気圧となります。

大気圧は、その時点の空気の重さであるので場所や気象条件で変化しますが、地上で標準の1気圧は約0.1 MPa となります。

⑶ 流体の圧力

質量 m[kg]の物体が速度 v で運動しているときの運動エネルギーは $E = \frac{1}{2}mv^2$[J]となりますが、速度 v で流れている流体の場合には、密度 ρ[kg/m³]、体積 V[m³]とすれば、運動エネルギー $\frac{1}{2}\rho v^2$ の単位は[N/m²]となり圧力を示しているので $P = \frac{1}{2}\rho v^2 = \frac{1}{2}\cdot\frac{M}{V}v^2$（流体の質量 M = ρV）と表すことができます（図2-14）。この式は密度 ρ、体積 V を持った流体のエネルギーの流れを表していることになります。

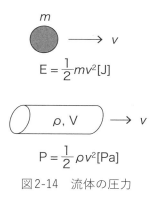

図2-14　流体の圧力

運動エネルギーの式でも物体の質量 m は材質や大きさにより密度と体積を持つので圧力に変換できることがわかります。質量 m は密度が集中している、これに対して流体は密度が体積空間に分布している状態ということができます。

⑷ トリチェリの法則

流体の粘性（流体間の摩擦、流体と流れる円筒管の壁面との間の摩擦）が無視できるなら、容器に入れた流体の表面の高さが h のとき（図2-15）、容器の底に開けた小さな穴から流出する液体の速度 v は位置エネルギー $(\rho hS)gh$ が運動エネルギー $\frac{1}{2}(\rho hS)$

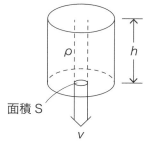

図2-15　トリチェリの法則

49

v^2 に変換されることから等しいとおいて $v^2 = 2gh$ となります。これより液体の流出する速度 v は $v = \sqrt{2gh}$ と求めることができます。

（例：$h = 2$ m、$g = 9.8$ m/s² とすれば、$v = 6.26$ m/s（22.5 km/h）、$h = 4$ m では 45 km/h となり相当な勢いで噴き出すことになり、この水流を受けると危険です）

(5) 圧力の表し方（絶対圧〈圧力〉とゲージ圧〈圧力〉）

圧力の表し方には絶対圧、ゲージ圧、差圧の3種類があります。これらの3つの関係は図2-16のようになります。

絶対圧は真空を基準ゼロとして圧力を表すものであり（図の P_1 や P_2）、ゲージ圧は大気圧を基準にして圧力を表すものです（図の G_1 や G_2）。これらの関係は次のようになります。

絶対圧力＝大気圧＋ゲージ圧力

差圧（ΔP）は2つの他の特定の圧力を基準に表したもので、圧力差を測定する必要がある場合（例えば、フィルターを通過する液体や気体の流量の状態をチェック、フィルターの通過率が悪くなると差圧が大きくなる、フィルターの交換など）の流量の測定に用いられます。

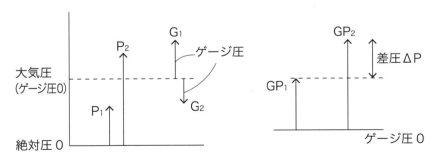

図2-16　圧力の表し方

第2章　熱力学と流体力学の基礎

2.10　パスカルの原理

⑴ パスカルの原理（流体の静力学、流体による力の伝達）

　流体（気体や液体）によってシリンダーやピストンを動かす機構では、密閉された容器内の流体は、その一部に力を加えると、それと同じ強さの圧力がすべての部分に一様の大きさで伝わります。これをパスカルの原理と呼びます。図2-17⑴のように断面積 S_1 のピストンに力 F_1 を加えるとピストンには $P = \dfrac{F_1}{S_1}$ の圧力が生じます。この圧力はつながっているシリンダー2にかかる圧力に等しくなるので、次の式のようになります（力学の「てこの原理」と考え方が同じでまさしく「流体てこの原理」）。

$$P = \frac{F_1}{S_1} = \frac{F_2}{S_2}$$

$$F_2 = \frac{S_2}{S_1} \times F_1$$

　つまり、ピストン1に加えた力 F_1 は、面積比 $\left(\dfrac{S_2}{S_1}\right)$ に拡大されてピストン2に加わることになります。この原理から、ピストン1にポンプやコンプレッサーを使用すると、ピストン2は大きな力（機械的な変位や応力に変換）を得ることができるのでシリンダーやモータを動かすことができます。

⑵ 油圧を用いたシリンダーの動作（パスカルの原理の応用）

　図2-17⑴は流体として油を用いた力によってピストンを往復動作させる基本原理を示しています。今、シリンダーの断面積を S_1 [m²]、ピストンロッドの断面積を S_2 [m²]、ピストンを押し出す力（推力）を F [N]、ピストンの速度を v_1 [m/s]、流体（油）の流量を V [m³/s]（面積 $S \times$ 速度 v）、動力（出力）を w [W＝J/s] とすれば、図⑴の往路において可動部に加わる力 F は $F = P_0 \cdot S_1 - P_1 \cdot (S_1 - S_2) = (P_0 - P_1) \cdot S_1 + P_1 \cdot S_2$ となり、速度 v_1 は $v_1 = V/S_1$ となります。可動部に加わるエネルギー w は力 [N]

51

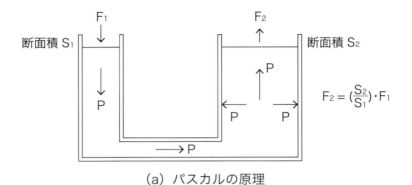

(a) パスカルの原理

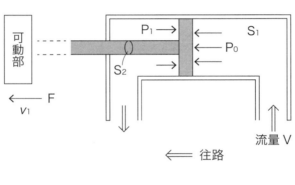

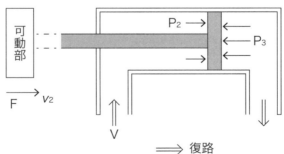

(b) 油圧を用いたシリンダー動作

図2-17　パスカルの原理

×速度[m/s]、つまり w = F·v_1 [J/s = W ワット] となります。図(b)の復路では、力 F は F = (S_1−S_2)·P_2−P_3·S_1 = (P_0−P_1)·S_1+P_1·S_2 となり、速度 v_2 は $\frac{V}{S_1-S_2}$ となるので、可動部に加わるエネルギー w は w = F·v_2 [W] となります。

2.11　流体力学の知識

(1) 慣性力と粘性応力

慣性力とは図2-18(a)に示す円管に圧力 P を加えると、流体は圧力を受けて分子による運動が発生します。このことは加えた圧力[Pa]が運動エネルギーに変換されることであり、この運動エネルギーによる力が慣性力 I となります。この慣性力 I は流体の密度 ρ と流速 v の 2 乗によって決まり、$\frac{1}{2}\rho v^2$ [Pa] となります。

一方、円管の壁面の面積には速度を持った流体が接触すると壁面をずらせようと力 f が働き、管が動かないように、この力と反対方向に摩擦力（壁面せん断応力）が働き、円管全表面積に対する力を粘性応力 τ [Pa] と呼びます。理想的な流体を考えると投入したエネルギー P が慣性力 I のエネルギーと粘性応力 τ のエネルギーに分配されたと考えることができます。

流体の流れについて、水道の蛇口をひねり水が少し出た状況では流れに乱れがなく層流（水の流れの層間の粘性力が強い状態）であり、蛇口をさらにあけると水の流れが速くなり、粘性力より慣性力が強く流れに乱れが生じた乱流の状態となることが観測されます。空気の流れでも同じ現象が生じます。油のような粘度がある液体は

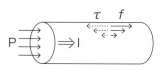

(a) 慣性力 I と粘性応力 τ

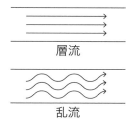

(b) 層流と乱流

図2-18　流体に働く力と流れ方

流れが多少速くなっても流れの乱れは少ない感じがします。このように流体の流れには図(b)に示すように層流と乱流の状態があり、層流と乱流の状態を表現するにはレイノルズ数 Re（オズボーン・レイノルズ、1842～1912、イギリス、物理学者）という無次元の指数が用いられます。

⑵ 流体の速度分布による粘性応力

　図2-19(a)は流体に接触している面積 A の平板に力 F を加えて速度 v で移動させると流体と平板との間及び流体間には接触している面積に比例した摩擦によって発生する粘性応力 τ が力 F と逆方向に働きます。この粘性応力によって流体には速度分布が生じ、流体と平板が接触しているところでは速度変化が大きく、離れると流体同士の接触による粘性応力が小さくなります。この粘性応力は深さ方向 D に反比例して（深いほど粘性が少なくなる）、速度 v に比例します。その比例定数を粘性係数（粘度）μ といいます。従って、粘性応力 $\tau\,[\mathrm{Pa}=\mathrm{N/m^2}]$ は次のようになります。

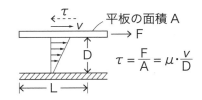

（a）粘性応力 τ

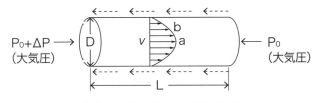

（b）円管に生じる粘性応力

図2-19　粘性応力 τ

第2章　熱力学と流体力学の基礎

$$\tau = \frac{F}{A} = \mu \cdot \frac{v}{D}$$

　粘性係数 μ（温度が高くなるほど小さくなる）は、単位 $[P\cdot s = N\cdot s/m^2]$ から、単位面積当たりの力積（力×時間、運動方程式 $f = m \cdot \frac{v}{t}$ より $f\cdot t = mv$）、つまり運動量変化 mv を表していることになり、ねばねばした液体ほど粘性係数が大きくなります。粘性係数 μ を密度 ρ で割った動粘性係数（動粘度）$\nu [m^2/s]$（温度が高くなるほど小さくなる）が用いられます。

⑶ ハーゲン・ポアズイユの法則（層流の状態）

　管内の流体の流れは人体や一般産業分野にとっても重要となります。人体の血流の流れについてはジャン・ポアズイユ（1799〜1869、フランス、医師、物理学者）は血圧を水銀計で初めて測定した人物と言われており、血流に関する物理的実験により、管の中の流量は圧力差と管の半径の4乗に比例することを発見しました。ほぼ同じ時期にゴットヒルフ・ハーゲン（1797〜1884、ドイツの技術者、水理学）は管の中の流量とその半径の間の関係式を発見しました。ハーゲンは圧縮した流体から動力を生み出す、動力に変換する水理学分野を専門としています。従って、この2人によってそれぞれ独立に発見されたハーゲン・ポアズイユの法則とは、図2-19⒝のように、直径 D、長さ L の円管に圧力差 ΔP を加えると、粘度 μ の流体の流量 Q（層流の状態）は実験的に次のようになります。

$$Q = \frac{K}{\mu} \cdot (D^4/L) \cdot \Delta P$$

　K は流体によらない普遍定数です。流量 Q は ΔP と D^4 に比例して、粘度 μ と管の長さ L に反比例します。
　一方、円管に流体が流れると管の表面には図の点線のように粘性応力 τ が生じます。
　この粘性応力は圧力差 ΔP を管の面積に加えた力に等しくなるので、

55

次のようになります。

$$\Delta P \cdot \pi \cdot \left(\frac{D}{2}\right)^2 = 2\pi \cdot \left(\frac{D}{2}\right) \cdot L \cdot \tau$$

$$\tau = \frac{D}{4L} \cdot \Delta P$$

この式にハーゲン・ポアズイユの式の ΔP を代入すると、

$$\tau = \frac{1}{4K} \cdot \frac{\mu}{D^3} \cdot Q$$

　この式から、管内の粘性応力は流体の粘度 μ と流量 Q に比例して、管径 D の３乗に反比例することがわかります。体内の血液の流れにおいても、血液の粘度（水の３倍くらいか）を適度な水分をとることにより小さく、管壁にコレステロールが付着して管径 D が小さくなると、３乗で粘性応力が大きくなるのでコレステロールをはがす力が大きくなる（脅威）、流量は圧力（つまり血圧）に比例するので、血圧が高くなると流量 Q が大きくなると考えられます。産業分野でもこの粘性応力を最小にするように流体の種類（粘度）、加える圧力 ΔP による適度な流量 Q、及び管径 D を適切に選ぶことが重要となります。流体が流れる配管にさまざまな付着物が付き、配管径 D が小さくなると粘性応力が大きくなり、付着物を剥がしてしまい、剥がれた付着物は他の配管や関連する装置に入り込み、異常な状態や装置故障などを生じさせてしまいます（血管の作用と同じ現象）。

⑷　円管を流れる流体の速度分布
　図(b)のように円形の管内を流体が流れるときの速度分布は放物線状となり、中央の a の部分では直径 D 方向に対する速度勾配は小さくなり、円形管の壁面に近いところの速度勾配は大きくなります。これは川の流れを見ると岸に近い方は岸辺との摩擦のために速度が遅く、中央付近が一番速くなっているのと同じ現象です。例えば、流体の流れによっ

て発生する静電気の量は摺動した面積に比例し、粘性が小さいほど、流体の流れは速くなるので多く発生することが考えられます（SDS の物理・化学特性に粘度のデータが記載されているときは考慮する必要があります）。

2.12　流体の状態を表すレイノルズ数

⑴ レイノルズ数Re

　流体の流れによる慣性力 I は流体の密度を ρ と流速 v の 2 乗によって決まり ρv^2［Pa］であり、粘性力 τ は $\mu \cdot \dfrac{v}{D}$ と表せるので、この慣性力に対する粘性力の比が無次元のレイノルズ数 Re で次のように表すことができます。

　　　Re ＝ 慣性力 I ／粘性力 τ

　慣性力が小さく、粘性力が大きい場合は、Re が小さく流体は層流（静かな流れ）となり、粘性力が小さく、慣性力が大きい場合は Re が大きく、流れは乱流（乱れた流れ）の状態になります。Re は流速 v、流体の密度 ρ、流れの形状（管の径）D に比例して（ρvD の単位［Pa・s]）、粘性係数 μ に反比例します。動粘性係数 v の単位は［m²/s］なので、粘性方向の面積［m²］の移動速度を示していることになります（流体そのものの動きにくさ）。動粘性係数 v を用いるとレイノルズ数 Re は次のようになります。

$$\begin{aligned}
\text{Re} &= \frac{\rho v^2}{\mu \cdot \left(\dfrac{v}{D}\right)} \\
&= \frac{\rho v D}{\mu} \\
&= \frac{v D}{v}
\end{aligned}$$

ρ：流体の密度［kg/m³］

例、空気：1.2（20℃）、軽油：860、エタノール：789

D：管の内径［m］

v：速度［m/s］

μ：粘性係数［Pa·s］（単位面積あたりの運動量）

例、空気：18×10⁻⁶、エタノール：1.55×10⁻⁶

ν：動粘性係数（動粘度）μ/ρ［m²/s］

例、空気：15×10⁻⁶（20℃）、水：1.0×10⁻⁶（20℃）、軽油：2.7×10⁻⁶

以上、エタノール：2.0×10⁻⁶（7℃）

⑵ 層流と乱流の境とRe数

レイノルズ数 Re が小さいときは、慣性力に比べて粘性力が大きいのでねばねばした状態で層流が支配的となります。レイノルズ数 Re が大きい場合は、粘性力に比べて慣性力（運動エネルギー）が大きくなるので流れは乱れ、乱流となります。Re ≒ 2300 が臨界のレイノルズ数とされています。Re が2000から4000を境に層流から乱流に変化します。乱流が生じると運動エネルギーが大きくなり、圧力損失は速度の2乗に比例して増加します。

＊環境側面と安全面：流体に乱流の状態が生じると運動エネルギーの増大から局所的な王力増大による漏れ、ダメージ、破壊、騒音の増加などによる電力の増大（大きな消費）などの現象が生じます。流体の静電気の発生も配管と流体との粘性が影響します。

2.13 ベルヌーイの定理（エネルギー保存の法則）

⑴ エネルギー保存則からベルヌーイの定理を求める

ベルヌーイの定理はダニエル・ベルヌーイ（1700〜1782、スイスの数学者、物理学者）によって求められました。流体の特徴は多くの粒子や塊（質量 m）が何らかの力（圧力）を受けて、速度 v 又は流速 V で移動することなので、力学の法則、質量保存の法則、エネルギーの保存則

第2章　熱力学と流体力学の基礎

を適用することができます。一般に流体は運動エネルギー、圧力エネルギー、位置エネルギー、熱エネルギー（摩擦を含めて）をもちます。これらのエネルギーの組み合わせを考えてベルヌーイの定理を求めることができます。粘性がない場合にも適用できます。粘性があると運動エネルギーの一部が熱エネルギー（摩擦）に変換されるので複雑になります。熱エネルギーを除くと各エネルギーの和は一定となり、次のように表すことができます。

運動エネルギー＋位置エネルギー＋圧力エネルギー＝一定値

ここで運動エネルギーは $\frac{1}{2}mv^2$、位置エネルギーは mgh、圧力エネルギーは圧力 P と体積 V の積なので $PV = P \cdot \frac{m}{\rho}$ [J]（m：質量、ρ：流体の密度）となるので、ベルヌーイの定理は次のように表すことができます。

$$\frac{1}{2}mv^2 + mgh + P \cdot \frac{m}{\rho} = 一定値$$

この式の両辺に $\frac{\rho}{m}$ を掛けると圧力 P の次元で表現することができます。

▪ 圧力の次元［単位はPa］

$$\frac{1}{2}\rho v^2 + \rho gh + P = 一定値$$

このように表現すると流体の運動エネルギーも位置エネルギーも圧力と同じ次元となります。次に、圧力次元の式を ρg で割ると、次の位置（高さ）の次元で表現することができます。

59

▪ 位置（高さ）の次元［単位はm］

$$\frac{v^2}{2g}+h+\frac{P}{\rho g}＝一定値$$

運動エネルギーも位置エネルギーも高さに変換して表すことができます。

(2) 静圧と動圧
　我々が住んでいるところでは、空気の圧力を静圧（個々の気体分子のランダムな運動による圧力）といい、1気圧（atm）です。静圧とは、流体中で流れに平行に置かれた平面に垂直に働く力（図2-20(a)のP_1）です。動圧とは、一方向の流体（分子）の運動エネルギーによって生み出される力で流体中の流れに垂直に置かれた平面に働く力（図のP_0）で$\frac{1}{2}\rho v^2$［Pa］となります。このことは流体が持っているエネルギーは管路の上下を押す圧力P_1と流れの方向に押す圧力P_0の和ということになります。

(3) 静圧と動圧の変化（エネルギー保存則）
　図2-20(b)のように、径の太い管内を速度v_1、静圧P_1の流体の流れが細い管路に流れて静圧がP_2、速度がv_2になったとすれば、細い管内の流れの速度v_2はv_1より速くなるので、運動エネルギーが増加し、静圧P_2はP_1より低くならなければなりません。ベルヌーイの定理により全圧力P_Tは同じなので静圧と動圧の変化は図のようになり、圧力の次元で表すと次の式となります。

$$P_1+\frac{1}{2}\rho v_1{}^2＝P_2+\frac{1}{2}\rho v_2{}^2$$

　今、図2-21のような管内を密度ρの流体が基準面からh_1の高さで、圧力P_1、断面積S_1、流速v_1で流れ、この流体が少し太くなって高さh_2の断面積S_2の管内を圧力P_2、流速v_2で流れているとすれば、位置の次

第2章　熱力学と流体力学の基礎

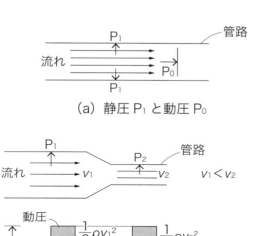

図2-20　動圧と静圧

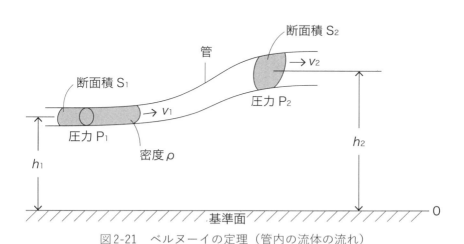

図2-21　ベルヌーイの定理（管内の流体の流れ）

元で考えると次のように表すことができます。

$$\frac{\rho v_1^2}{2g} + h_1 + \frac{P_1}{\rho g} = \frac{\rho v_2^2}{2g} + h_2 + \frac{P_2}{\rho g}$$

(4) ベルヌーイの定理の身近な例

ベルヌーイの定理から考えられる現象は、ピッチャーの投げるボールの回転、高速物体の接近、ビル風など多くあり、図2-22(a)では飛行機の翼にかかる力（揚力）の例を示します。図(a)には飛行機の翼に左から空気が流れています。飛行機の翼は曲線状になって、上面のほうが、下面より長くなっています。このため空気の流れは上面のほうが下面に比べて速くなります。そのため上面の静圧 P_u は減少して、下面の静圧 P_D のほうが大きくなります。これにより $P_D > P_u$ となり上面方向に力（揚力）が生じて飛行機は浮上することができます（翼に雪が積もると空気の流れが変わるので揚力発生に影響する可能性あり）。図(b)では薄い紙（例えば、ティッシュペーパーなど）の左側に速度 v で空気を吹き付けると動圧が高くなった分だけ静圧 P_2 が減少します。反対側の静圧 P_1 より小さくなり、P_1 の静圧が勝るため紙は空気を吹き付けたほうに曲がることになります（簡単に実験できるので試すことができます）。

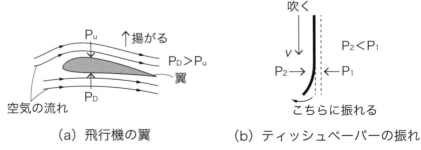

(a) 飛行機の翼　　(b) ティッシュペーパーの振れ

図2-22　ベルヌーイの定理による力

(5) ピトー管による流速の測定

ベルヌーイの定理を利用して静圧と全圧を測定して動圧を得ることによって流体の速度を測定することができます。図2-23はピトー管を用いて流速を測定する原理を示しています。Aは静圧管、Bは全圧管であり、静圧管のa点の位置における流体の速度をv_a、静圧をP_a、全圧管のb点の位置では流速がゼロ（速度ヘッド差hのとき）で静圧をP_bとすれば、a点とb点の位置ヘッドは等しいのでベルヌーイの定理は次のようになります。

$$\frac{v_a^2}{2g} + \frac{P_a}{\rho g} = \frac{v_b^2}{2g} + \frac{P_b}{\rho g}$$

$v_b = 0$なので $\dfrac{v_a^2}{2g} = \dfrac{(P_b - P_a)}{\rho g}$

これより流速は $v_a = \sqrt{\dfrac{2(P_b - P_a)}{\rho}}$ となります。

また、速度ヘッドの差がhなので $\dfrac{v_a^2}{2g} = h$ より $v_a = \sqrt{2gh}$ となります。

実際の流速はピトー管の係数cを乗じて、$v = c \times \sqrt{\dfrac{2(P_b - P_a)}{\rho}}$ で求めることができます。cはほぼ1：速度係数又はピトー管係数（ピトー管の形状、レイノルズ係数によって変化）。

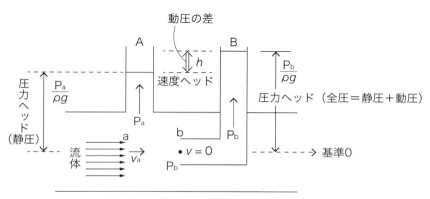

図2-23　流速の測定原理（ピトー管）

2.14 送風機の電力

(1) 送風機の回転エネルギー

図2-24に示すように、ファンやブロワーとは電気エネルギー W_1 [J] を入力として、回転エネルギー W_2（トルクと回転力）によって流体のエネルギー W_3（P·V [J]）を作り出します。つまり回転エネルギーを効率よく流体のエネルギーに変換する役割をしています。広い範囲の空気を吸い込んで指向性がそろった流れにします。

ファンの回転エネルギー W_2 [W·rad] は次のように表すことができます。

$$W_2 [W·rad] = トルク T [N·m] × 角速度 \omega [rad/s]$$

流体の流れを作り出すまでの伝達系は電気エネルギー→回転エネルギー（電動機、ファン）→流体のエネルギー→流体の粘性による抵抗（圧力損失、摩擦エネルギー）となります。

(2) 流体のエネルギー

流体のエネルギー（仕事）は作用した力 F×距離 L で表すことができ

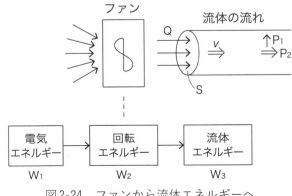

図2-24　ファンから流体エネルギーへ

第2章　熱力学と流体力学の基礎

るので、単位時間当たりの流体エネルギーを動力 W_3［W］とすれば、

動力 W_3［W］＝作用した力 F×距離 L／時間 t ＝力（圧力 P×面積 S）×流速 v

　　　　　＝圧力 P［Pa］×流量 Q［m³/s］（Q＝vS）

となります。動力によって送風すると風が流れる方向と反対方向に送風による抵抗（摩擦）が生じます。送風機の吸い込み側の圧力 P_{in}［Pa］、吹き出し側の圧力を P_{out}［Pa］、流量 Q［m³/s］とすれば、送風機動力 W＝P·Q＝（P_{in}－P_{out}）·Q［W］となります。

　送風する気体の密度を ρ［kg/m³］、吹き出し速度を v［m/s］とすれば、吹き出し側の全圧力 P_{out}［Pa］＝静圧 P_1＋動圧 $P_2\left(\frac{1}{2}\rho v^2\right)$ となります。

⑶ 送風機の回転速度と特性
　送風機について、回転速度 N は流速 v に比例し、体積流量 Q は Q＝vS なので、回転速度 N に比例します。全圧力である風圧 P は回転数 N の2乗に比例します。従って、送風機の軸動力は W＝P·Q＝$\left(\frac{\rho v^2}{2}\right)$·($v$S)∝N³ となり、軸動力は回転数の3乗に比例します。

　負荷が少ないときに回転数を20%低減すると、電気エネルギーは $0.8^3＝0.512$ と約半分になります。このため回転数を制御して軸動力を最小にコントロールすることが省エネ運転につながることになります。現在、この省エネのための技術が広く普及しているインバータ技術です。

⑷ ファン出力と効率
　ファンの出力 W_3［W］は流体の流れと垂直方向の静圧力 P_1 と流体の流れの方向の動圧力 P_2 の和に体積流量 Q［m³/s］を掛けたものとなります。また動圧力は空気の密度 ρ［kg/m³］、流量 Q［m³/s］、吐出口面積 S とすれば $P_2＝\left[\frac{1}{2}\rho\left(\frac{Q}{S}\right)^2\right]×Q$ なので、ファンの出力は次のようになります。

65

$$W_3 = \left[P_1 + \frac{1}{2}\rho\left(\frac{Q}{S}\right)^2\right] \times Q$$

従って、ファン効率 η は入力の回転エネルギー W_2 に対するファン出力 W_3 なので次のようになります。

$$\text{効率}\ \eta = W_3/W_2$$
$$= \left(\left[P_1 + \frac{1}{2}\rho\left(\frac{Q}{S}\right)^2\right] \times Q\right)/(T \times \omega)$$

(5) ファンの特性

ファンの動力は圧力 P と流量 Q の積で決まるので、横軸に流量 Q [m³/s]、縦軸に圧力 P [Pa] をとると図2-25に示す特性となります。流量 Q = 0 で最大の圧力の A 点（最大静圧）は負荷が最大で流速 $v = 0$、つまり最大の静圧の状態（密閉された）と同じです。一方、B 点は静圧がゼロで流量が最大となる、つまり負荷がない状態（損失なし）を示しています。A 点が密閉状態に対して全く何もない開放状態となります。ファンからの流路にはインピーダンスがあるので、ファンの動作点は曲線 AB 上に存在することになります。ファンからみて流体が流れる経路のインピーダンスが大きい場合は、①に示す曲線となり、インピーダン

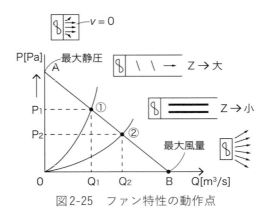

図2-25　ファン特性の動作点

スが小さい場合は、②に示すようなカーブとなります。このカーブとファンの動作曲線が交差したところが動作点となります。

2.15 流体の圧力損失

(1) ダクト入口形状による損失

　流体が流れる管路の損失には、形状による損失、入口の形状によって生じる入口損失があります。図2-26(a)は流体が流れるダクトの入口の形状による圧力損失に関わる抵抗係数の概略値です。ダクト内の平均流速をv、抵抗係数をkとすれば、圧力損失ΔPは$\Delta P = k \cdot \frac{1}{2}\rho v^2$と表すことができます。入口をダクトそのままの形状のときを$k=1$とすれば、フランジがあると$k ≒ 0.5$となり、丸みのあるフランジの場合は$k ≒ 0.05$となり損失を約1/20に抑えることができます。外気取り込みを丸みのあるフランジにするのはそうした圧力損失を低減するためです。

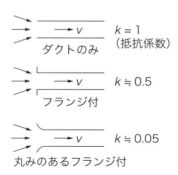

(a) ダクト入口形状による圧力損失

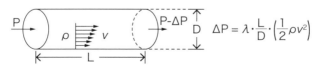

(b) 管路の圧力損失（壁面摩擦）

図2-26　流体の損失

⑵ 摩擦、開口による圧力損失

　流体が流れる経路の損失には、管路途中の形状変化による損失、管路の出口形状による出口損失、開口部があるときの開口部損失があります。図(b)のように断面が円形の管路（断面直径 D、管路長 L）では、圧力 P が印加されると密度 ρ の流体は速度 v で管路内を進みます。管路内での流体と管路の摩擦、流体間の粘性によって出口の圧力は減少して圧力損失を生じます。運動エネルギー $\frac{1}{2}\rho v^2$ が減少することによって生じる圧力損失 ΔP は摩擦係数 λ と管路の形状 $\left(\frac{L}{D}\right)$ によって決まり、$\Delta P = \lambda \cdot \frac{L}{D} \cdot \left(\frac{1}{2}\rho v^2\right)$ となります。

第3章

人間工学の基礎

人間工学とは人とモノや装置との関わりの中で、エネルギーのバランス、配分の状況を適切にして、人へのエネルギー負荷を最小にしていくことであり、そのためには様々な方法が考えられます。人間工学を考えていくときにエネルギー的な見方・考え方が必要となります。

3.1 自動車運転における人間工学を考える

自動車を運転するドライバーについて人間がどのような機能を使うか考えてみることにします。昼間、例えば、スーパーへの買い物に出かけるときに自動車で行くとしましょう。

運転席に座り、いすの高さ、ハンドルとの位置関係、ルームミラー、両側のミラーの状況をチェックします。比較的長く運転すると「尻」や「腰」に負担がかかります（筋肉負担）。手でハンドルを握り（手の力）、運転姿勢による首、肩、背中の筋肉を使います。運転中、ドライバーから見える範囲に監視装置があります。速度やガソリンをチェックするためのメータ、安全確認のためにルームミラー、左右側面のミラーを見る（視覚）、運転中に手が操作する範囲（ハンドル、ギヤ変更、雨の日のワイパー操作、エアコン状態、カーナビ、カーラジオなど）、足による操作はブレーキ、アクセルを動かします（足の筋肉、下半身の血流）。このようにハンドルを操作している運転者は車の状態と外の状況を常に視覚情報を用いてチェックして体の一部を動かして（姿勢をとって）正しい状態になるようコントロールしています。いつもフィードバックシステムを働かせていることになります。このときの主たる情報は「目（視覚）」から入力され、脳で判断され、行動（操作、姿勢）が行われていることがわかります。ところが、これが長時間運転になると、視覚情報

69

の扱い量が多くなり、姿勢による様々な筋肉を使う、血流の状況も悪くなる、目の応答が遅くなる、それぞれの筋肉の疲労による行動姿勢への遅れとなり安全性への影響を及ぼすことが考えられます。特に、雨の夜の運転（周囲の環境状況の変化）など、目（視覚）にかかる負担はさらに多くなり、目の疲れから（個人の目の視力も含めて）、行動姿勢への応答はさらに遅れることが考えられます（目が悪い人はできるだけ雨の夜の運転は避けたいものです）。このように自動車を運転するドライバーへの負担を最小にするためには、長時間運転でも疲れないような「各種計器の配置」、「表示機器の監視やハンドル操作など最適に行える上下、前後に移動できる座席構造や座り心地の良さ」などが配慮されています。要は、ドライバーが疲れないで、快適にハンドル操作、監視機器のチェックなどができ、やりにくいところがないようにすることです。

　また、運転する距離が長くなると運転時間が長くなり、無理な姿勢、不安定な姿勢、長時間運転による体の疲れ、目の疲れによって安全領域からはみ出て、交通事故などの可能性があります。適度な時間での休憩が必要となります。以上は自家用車で考えましたが、産業分野におけるバスの運転手、貨物自動車などのあらゆる輸送業、製品を作る製造工場（人の作業姿勢、監視や操作する箇所の位置など）にも適用できるものです。すべてが「マン（人）とマシン（様々な機械）」とのインターフェース（相互関係）であり、集約すれば、人間工学とは、この相互関係を人間に適した快適な状態にすることと考えることができます。

3.2　人間工学とは、その目的

⑴ 人間工学の始まり・背景

　20世紀半ばに出現したエルゴノミクス「Ergonomics」という言葉は、作業（ergon）と慣習・法律（nomos）の合成で、ギリシャ語が語源であり、1950年頃、あるヒューマンファクターに関する会議のときに作り出されました。

第3章　人間工学の基礎

　ヒューマンファクターとは、人々が自然に感じられるように周囲の環境を整えることに関する研究で、第二次世界大戦で航空機の安全性を高めるために、その設計や運用を研究したことに起源があります。1950年頃は、人間が機械を操作する、つまり人間が主で、機械が従でしたが、それぞれ対等な関係で扱う考え方となってきました。この背景には産業革命の成果が多くの国に普及する19世紀中頃から20世紀にかけて機械文明（機械工学の分野）は量産機械の普及、機械性能の向上などにより格段に技術が進歩したことがあります。

⑵　人間工学の目的

　人間工学とは、字のごとく人間の特性とあらゆる分野の工学特性を結び付けて、人間と工学で構築された機械が快適な環境で、作業効率、操作性がよく、人間特有の疲労感が少なく、安全であることが究極的な目的と考えることができます。

　ここで作業効率について簡単な数式を使って考えることにしましょう。人が力を出して仕事をするエネルギー量（仕事量）を W[J]、この仕事量を成し遂げる時間を t[s（秒）] とすれば、効率 μ は仕事量を成し遂げた時間で割ったものとなり、$\mu = \dfrac{W}{t}$ [W（ワット）] となります。この式から短い時間で仕事を成し遂げることが μ の値が大きくなり、効率がよいということになります。ここで仕事 W とは力 F[N] を加えて、ある重さ m[kg] のものを L[m] だけ動かしたとき、仕事量[J]＝力×距離と定義されているので、W＝F×L[J] となります。この式を効率の式の中に代入すると効率 $\mu = \dfrac{W}{t}$ ＝F×$\dfrac{L}{t}$ となり、$\dfrac{L}{t}$ は距離／時間なので速度 v ということになります。従って、効率 μ ＝力F×速度 v で表せることになります。ここで力 F を加えて重いもの（質量 m）を動かし、時間 t[s] 後の速度が v[m/s] になったとすれば、力 F＝質量 m×加速度$\left(\dfrac{v}{t}\right)$となるので、この力を効率の式に代入すると、$\mu = F×v = \left(\dfrac{m}{t}\right)×v^2$ が得られます。かっこ内の $\dfrac{m}{t}$ は、重さが動く速度を妨げている力であり、この妨げる力（邪魔する力：抵抗）のことをインピーダンス Z といいます。このインピーダンスが小さいほど動かし

71

やすいと言えます。従って、効率は $\mu = Z \times v^2$ となり、インピーダンス Z と速さ v の 2 乗に比例するので、速く仕事をするということは、2 乗で効く（速さが 2 倍になると効率は 4 倍）ということになります。人間工学では、この動きを妨げるインピーダンスを最小にすることや、動く速度を最大にする、力を最小にして目的の仕事を成し遂げるようにすることがエネルギー最小となります。特にインピーダンスとなるものが何かをとらえて、それを取り除く、又は小さくすることが人間工学的な対策となります。人間工学とは、人間が可能な限り無理のない自然な動きや状態で作用できるように物（操作対象、例えば機械装置など）や環境（温度、湿度、空気の流れ、最適レイアウトなど）を設計し、実際のデザインに活かす学問と言えます。人が正しく効率的に動けるように周囲の人的・物的環境を整えて、事故やミスを可能な限り少なくするための環境・安全管理に関する研究も含んでいると考えられます。なぜなら、人間工学の配慮がされていないとその延長には、人のミスによるけがや障害、機械装置の誤動作、故障などによる人への障害や環境事故などのリスクが高まっていくことになるからです。

　そのためには人間のもつ生体特性（筋肉や骨格、神経系統、脳、指令の伝達など）や人体計測（頭、体、手足の寸法）、知覚・感覚や運動の特性（視覚による表示、人の聴覚特性を利用した聴覚表示、音声伝搬、動きやすさ）、楽な姿勢で作業ができる作業領域の範囲、作業姿勢に関すること、人間の制御特性（手足と道具の関係、人間が自動制御できる範囲）、作業負担や疲労（作業負担の最も少ない状態、疲労したときの動作の状況）、人と機械の配置（人が操作しやすい位置、間違いの少ない位置、配置、人間の差、操作上の負担）、人と環境（人が動きやすいこと、温度や湿度に対する反応）、人間の行動特性、情報機器による作業（VDT、タブレット、情報システム機器の取り扱い）などに関する基礎的なデータを集め、分析・改善していかなければなりません。

　人と機械装置との関係であるマンマシンの目指すところをまとめると図3-1のようになります。

第3章　人間工学の基礎

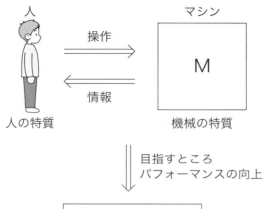

図3-1　マンマシンの目指すところ

(3) マンマシンインターフェース

　図3-2はマンマシンの考え方（マンマシンの基本モデル）であり、人とマシンのつながりは、マシンからの情報に基づき、人がマシンに働きかける操作であり、これがマンマシンのインターフェースとなります。ここで人の特質は、多少無理な状態であっても柔軟に対応ができるということです。これに対してマシンの特質は設計者によって操作方法、使いやすさ、操作の位置、視覚情報などが異なることです。従来は、人間の弱点は人間でカバーするか、マシンを科学技術的な面でカバーするかの考え方がありましたが、最近は快適に仕事ができるように、また安全に操作できるよう安全面を科学工学的な技術で解決していこうとする考え方に移行しています。図では、作業者がソフト系の表示画面を操作して機械系（ハード処理）と入出力のやり取りをするインターフェースを示しています。これより、人間と表示系との相互関係が重要となることがわかります。

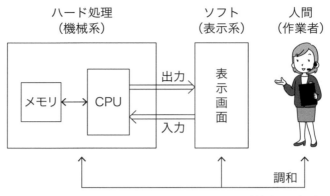

図3-2　マンマシン系のインターフェース（基本モデル）

　マンマシンの目指すところは、作業性の向上、作業効率の向上、長時間の作業でも疲労が低減できる、健康・快適性の向上、安全側面の向上（マン側の安全、マシン側の安全、ともにリスクの低減）などとなります。このことは、人間と機械との間の最適なつながり、最適な回答を見出していく、人間と機械とのより良いシステムを開発していくことにあります。従って、人間工学には、物理学的（振動、騒音、重力特性など）、科学・工学的、生物学的、医学的、さらには人間の心理も含めた心理学的な広範なアプローチが必要となることが考えられます。

3.3　人間と機械のモデル

(1) 人間と機械のつながり

　機械の目指すところは、人間の各部分の寸法、重量、認知・心理的機能、人間の五感の働きなどをもとに人間によってより無理のない操作ができるシステムを設計することにあります。

　コンピュータと人、各種機械とオペレータ、各種制御装置や制御システムとオペレータ、自動車と運転者、飛行機とパイロットなどの関係は人間の特性と機械の特質とその接点がカギとなります。これらは、情報によって人と機械を結び付けているケースが多くなっています。

第3章　人間工学の基礎

　この情報は人間の目から視神経回路を経由して脳に伝わり、情報が判断され、この判断に基づいて行動（操作）が行われます。この操作には、筋肉や骨格が多く使用されます。

　作業域（視野を含む）は楽に手を伸ばして作業ができる範囲のことを言いますが、無理な姿勢で作業域を超えて作業をすると、特定の領域の筋肉や骨格には負担がかかることになり、作業効率が悪くなり、疲れます。例えば、デスクトップパソコンに比べてノートパソコンの画面は小さく、キーボードはパソコンと一体なので、字が小さいために姿勢が画面に近くなり、目と前傾姿勢による首筋の筋肉、背中の筋肉への負担、長時間の固定姿勢（立ったまま、座ったまま、一定姿勢など）による腰痛、下肢の血流が悪くなり、足のだるさや不快感、むくみなどが生じます。この作業域を考えると、人間の姿勢は人の機能や構造と深い関係があることがわかります。立っているとき、座っているとき、操作しているとき、寝ているとき、運転しているとき、それぞれ異なります。人間の手は、識別能力が高く、さまざまな情報のセンシング感度も高い（温かさ、冷たさ、表面状態、振動、手触り感、グリップ感など）ため優れた判断機能を備えています。

⑵　人間とコンピュータのモデル

　人間とコンピュータのモデルを図3-3に示します。人間は、機械からの情報を感覚機能によって取り入れ、判断を行い、手や声などの出力によって機械に働きかけます。

　一方、機械は、人間によって操作されたキーボードやマウスなどから意図した情報（信号）を受け取り、コンピュータ内部の電子回路で処理したものを、表示デバイス（ディスプレイなど）に出力し、人間に伝えます。この人間 ── 機械モデルは、人間の感覚機能（センサー）と人体内部の筋肉・骨格、脳、神経回路、指示系統による操作という一連の流れであることが考えられます。その流れは、人間の感覚機能及び内部人体構造と生体特性、物理的特性（雑音〈ノイズ〉、振動・騒音、重力、環境条件など）、反応特性（仕事の指示に対する応答の速さ〈指示から

75

図3-3 人間とマシン（コンピュータ）のモデル

操作までの遅れ〉、不確かさ〈ミス〉、不安定さ）などの要素となることがわかります。このようにモデル化して考えることにより、機械の設計を最適にするには（装置の大きさ、形状、表示方法や入力方法など）、作業場所の配置やレイアウト設計、保守・メンテナンス性能の向上、最適な作業環境の設計といったことが考慮すべき内容となります。そのためには、よい姿勢、操作の方向（直進、斜め、回転等）、力の入れ方（大きく、適切、小さくなど）、接触の感じ、ストレスなどの生理作用への影響など人間の身体的な側面が大きく関わってきます。このモデルをさらに人間工学のブロック図に置き換えると図3-4のようになります。マシンMから仕事の目的となる操作対象からの情報（Input）が人

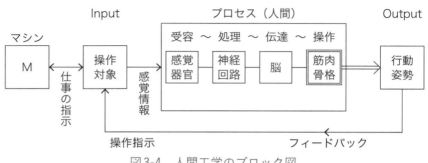

図3-4 人間工学のブロック図

間の感覚器官に入力され、その情報は神経回路を経由して脳に到達し、脳からの指令は筋肉・骨格に伝達され、仕事に必要な行動や姿勢がアウトプットされます。これによってマシンの操作対象に操作指示がフィードバックされ実行されます。つまり、このモデルは人間とマシンによるフィードバック制御システムと考えることができます。人間は多くのセンシング機能を持っています。視覚情報を取り入れる目、音響情報を取り込む耳、正常な匂い、異常な匂い（臭気）を嗅ぎ分ける鼻、味覚を取り入れる口、触って触感を確かめる手など、多くのセンサー機能を持っています。これらの機能が正常にいつでも感度よく働くことが、安定している状態と考えることができます。ここでは、人間が持つ主要な特性について考えることにします。

3.4 視覚特性

人間が受け入れる入力情報のうち80％以上は視覚によって認識され、判断、行動へと実施されます。このため視覚特性は非常に重要となります。

⑴ 色の認識と明暗の認識

図3-5は人間の目の構造を示したもので、外部からの光は、角膜を通過して水晶体、硝子体を経て網膜に達します。網膜では、色や明るさを認識するには円錐状の錐体C（Cone）と棒状の桿体R（Rod）の2種類の光の情報を電気信号に変換するカメラのフイルムや画素数に相当する

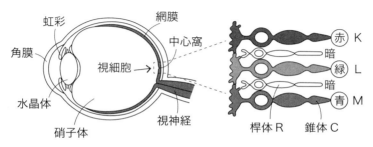

図3-5　目の構造

視細胞があります。錐体は明るいところで働き、色を知覚する細胞で約600万個あります。これに対して桿体は明るい昼間の状況ではほとんど機能しないで、暗いところで働き、明暗を知覚する細胞（約1億2000万個）で網膜全体に分布しています。錐体と桿体については、自動車で明るいところから暗いトンネルに入るとき、しばらくすると目が暗さに慣れた「暗順応」の状態となり、桿体が機能した桿体視となります。一方、トンネルを出ると急にまぶしくなりますが、やがて目が明るさになれる「明順応」の状態となり、錐体が機能した錐体視となります。これらは明暗に対する順応ですが、色に対しては、色順応があります。色順応は色光の分光分布特性（波長に対する光の強さ）を基準にして、3種類の錐体（赤K、緑L、青M）を感度変化させ、色全体の見え方を一定に保つことができます。例えば、赤っぽい照明の中で白い紙を見たときに、はじめは白い紙も赤みがあるように感じられますが、次第に白色と感じるようになります。このことは、人間はオートホワイトバランス機能（光源の色温度が異なっても自動的に白と認識）を備えているためです。ビデオカメラでは例えば、赤（R）フィルター、緑（G）フィルター、青（B）フィルターのそれぞれの光透過特性が異なっていても白は白に見えなくてはならないために赤信号、緑信号、青信号の大きさを等しく調整して白になるよう補正します（このことをホワイトバランスといいます）。

(2) 人間の目の感度特性

人間の目は380 nm（nmは10^{-9} m、青領域）から780 nm（赤領域）までの波長に対して外部から入る光を感じることができます。図3-6は人間の目の感度曲線を示しており、明るいところ（明順応）では曲線のピークは緑の波長555 nmとなっており、暗いところ（暗順応）では青領域にシフトした500 nmくらいのところに最大の感度があります。暗いところで青色の光を見ると明るく感じられるのはこのためです。最近はフォークリフトの照明の色に青色光や青紫光が使用されているのは、工場の内部のように暗い環境のところでは感度が高いためにフォークリ

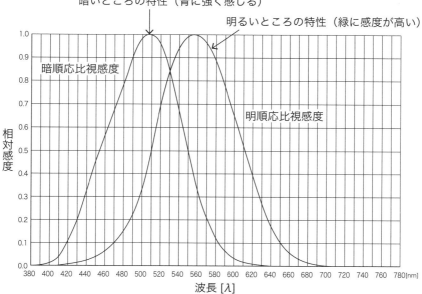

図3-6　人間の目の感度曲線

フトが近づいたときに作業者に気づかせて安全を確保する方法の一つと考えられます。

(3) 感覚特性

　人間の感覚は、視覚、聴覚、嗅覚、味覚などそれぞれの刺激に対して図3-7のように、刺激が直線的に変化しても受容体である感覚器では刺激が少ないときには感度よく、刺激が大きいときには感度が鈍くなるような感覚特性を持っています。その一つが、ウェーバー・フェヒナーの法則で外部刺激の強さ（エネルギー）を I、比例定数を k とすれば、得られる感覚の大きさ E は $E = k \log I$（対数）と表すことができます（第5章5.4(3)参照）。このような刺激は目や耳などセンサーに相当する受容体に入ります。このことは外部の広い範囲の領域（ダイナミックレンジが大きい）に対して感覚としてとらえることができる特性を持っていることになります。ここでダイナミックレンジとは視覚ならば、暗いと

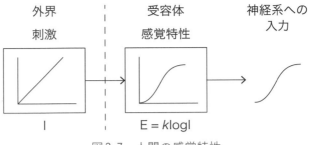

図3-7 人間の感覚特性

ころと明るいところが同時に認識できることであり、人間の目のダイナミックレンジは80 dB（1万倍、$20 \log 10^4 = 80$ dB）くらいで、音に関しては個人差がありますがダイナミックレンジはもっと広く120 dB（100万倍）くらいあると言われています。

⑷ 視角（見やすい角度と視対象の大きさ）

図3-8のようにAという文字の大きさy、見ている距離（視距離）をℓ、視野角をθとすれば、幾何学的に$\tan\theta = \dfrac{y}{\ell}$となります。文字や色、形を正確に認識できる角度を約0.3度とすれば、大きさyと視距離ℓの間には$y ≒ \dfrac{\ell}{191}$の関係があります。

$y = 1$ cmとすれば見る距離ℓは191 cm（1.9 m）の距離が必要ということになります。

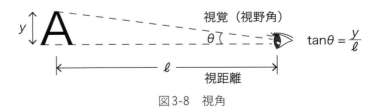

図3-8 視角

第3章　人間工学の基礎

(5) 色の三属性と色の心理的効果

■ 色の三属性

　　人間は色を比較するときに、明度（明るさ）、彩度（鮮やかさ）、色相（色合い、色味）という3つの独立した性質（色の三属性という）によって判断しています。この三属性は独立しており、それぞれ変化させても他の属性には影響を与えないということです。

■ 視覚的な印象への影響（進出色と後退色、膨張色と収縮色）

　　色が変化すると知覚や感情的な印象をもたらす心理的な働きがあります。2つ以上の色を比べた場合に、色によっては見かけの距離が近くに感じる進出色と遠くにあるように感じる後退色があります。寒色系の色（黒、白や青、緑など）は遠くにあるように感じ、暖色系の色（赤、橙、黄など）は近くにあるように感じます。信号機の色を見ても赤はすぐ近くに、青は遠くにあるように感じます。環境や安全にかかわる危険物置き場や保管場所の表示（保管ケースの色も含めて）など、危険なものや注意すべき対象なども遠方からでも近くにあるように感じさせて早期に視覚的にとらえて注意を引けるようにすることができます。危険なものや化学物質が入っている容器などが黄色や赤色に表示してあるのは、一つにはそのような理由によります。

　　また、見かけの大きさが大きく見える色には膨張色（白、黄色、赤）、小さく見える色には収縮色（青や黒）があります。これは色の三属性の明度によって影響され、白が最も明度が高く、次に黄、橙、赤の順に、また青、紫の順に黒が最も明度が低くなります。

　　環境や安全の分野でもこの色彩効果が配慮されています。

(6) 明るさと色の対比（判別のしやすさ）

　視対象をはっきりと認識するためには、適切な明るさ、照度が必要となります。

　対比には視対象とするものと背景との明るさの比を考えなければなりません。一番わかりやすいのが白を背景に黒文字が書いてあるとき

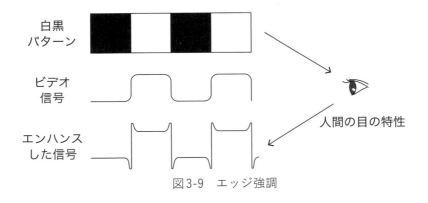

図3-9　エッジ強調

や、白を背景に赤字で書いてある文字や絵などは非常に識別しやすくなります。図3-9のような白黒パターンをビデオカメラで撮影すると白黒パターンのビデオ信号は白黒の変化の部分でなまってしまう（立ち上がりが鈍く人間が見たのと異なる）ためエッジを強調した信号（エンハンス信号）を加えてTV画面（モニター）上の白黒パターンの境がくっきりと見えるようにしています。これに対して人間の目は白黒パターンを見たときに自動的にエンハンスした信号が得られるような特性を持っています。他にも、人間の目は白色についてのオートホワイトバランス機能、自動的に焦点を合わせるオートフォーカス機能など驚くほど優れた機能を持っています。このように境界の変化は人間の目にとっては重要となります。

　色の対比とは、ある色が他の色の影響を受けて、単独に見るときとは異なる見え方をすることです。大きくは、継時対比と同時対比に分けられます。継時対比とはある色をしばらく見続けた後に、他のところに目を移すとその色の刺激が反対色を作り、やわらげるために心理補色が現れます。図3-10(a)で赤色をじっと見て、次に○のところを見ると赤の補色の青緑が残像（補色残像）として現れます。例えば、医師が手術をするとき、手術着が白では出血時の血（赤色）を見たのちに白衣に目を移すと青緑の残像が生じて心理的な動揺や集中力を欠いたりするので手術着を青緑にすれば、残像は気になりません。また赤の補色の青緑の衣

第3章　人間工学の基礎

(a) 継時対比

(b) 同時対比

図3-10　色の対比

装に赤色の血が付くと黒色となります。

同時対比とは、図(b)のように2色以上の色を接した状態で同時に見ると双方が影響しあって単独で見るのと異なった色に見えることになります。

(7) 見ている時間

これは動態視力にも関わりますが、見る時間が少なくちらりと見て判断する場合や、じっくりと凝視するような場合では判断する能力に差が出てきます。

(8) 視野特性

人間は視覚情報によって判断することが非常に多いため、色覚のみならず、図3-11に示したような視野特性も重要となります。視野には、目で認識したものを安定して対処できる能力をもつ範囲の有効視野があります。図(a)の左右の有効視野範囲の角度は20°〜30°程度、図(b)の上下の有効視野範囲の角度は20°〜30°程度となっております。この視野角については動的な視野は静的な視野に比べて狭くなります。

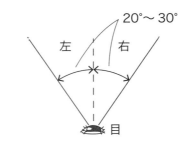

(a) 左右の有効視野

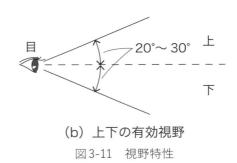

(b) 上下の有効視野

図3-11　視野特性

(9) 物理特性

　物理特性には、ノイズ、重力、環境があり、仕事で必要な会話を交わすときに、それ以外の音声はすべて雑音（ノイズ）となります。重力に関する特性については、人間が座りっぱなしや立ちっぱなしでは血液が足の方に重力特性によって多く流れてしまい、倦怠感やだるさを感じます。人間がマシンと作業する環境には、空気、温度や湿度の環境があり、人間の感覚特性に大きく影響を与えます。

3.5　骨格と筋肉の働き

　作業域や最大作業域での作業をすることに関して、その力となるのが骨格筋によるものです。

第3章　人間工学の基礎

(1) 作業域

　人間が作業する領域には、通常時における通常作業域と最大作業域があります。この作業域とは、一定の場所にいる人間が、手足など身体各部位を動かすために必要な空間領域のことです。手であれば、最大限に伸ばして届く範囲を最大作業域、肘を曲げて楽に動かせる範囲を通常作業域といいます。作業領域では長く作業しても疲れない、安定している、不安定な作業を避けるなど非常に重要となります。頻繁に操作又は使用するものは通常作業域内にあり、操作頻度や使用頻度が少ないものは最大作業域にあるのが適切と考えられます。また、垂直方向に対しては水平から上方向への範囲、下方向への範囲があります。実際の作業での適切な範囲を決めることができるものと考えられます。

(2) 情報の伝達経路である神経系

　中枢神経系は図3-12のように①脳（大脳、小脳、脳幹、間脳など）と②脊髄（知覚系と運動系）を合わせた神経系であり命令と刺激の通路となっています。末梢神経系は脊髄から出て手足など体の各部へ指令を伝える運動神経と手足や体から刺激を受け取る感覚神経を合わせた④体性神経系と、交感神経と副交感神経からなる③自律神経系から構成されています。④体性神経系には⑤皮膚からの刺激を受け取り、痛みなどの感覚を脊髄に伝達する感覚神経と骨格筋を収縮するための⑥筋肉へ命令を伝達する運動神経があります。また、③自律神経系には交感神経と副交感神経があり、自律神経系の中枢である①間脳（視床及び視床下部からなり、視床下部には自律神経系の中枢がある）がその働きを調整します。交感神経では運動時や興奮時にその活動が活発になるのに対して、副交感神経は睡眠のときや休憩しているときに活発になります。

(3) 骨格筋の働きによる動作

　図3-13(a)の骨格筋は骨格に付着して体の運動をさせる源となる筋となり、行動・姿勢のアウトプットとなるので極めて重要な部分となります。骨格筋とは随意筋で筋を素早く収縮、弛緩して自分の意思でコント

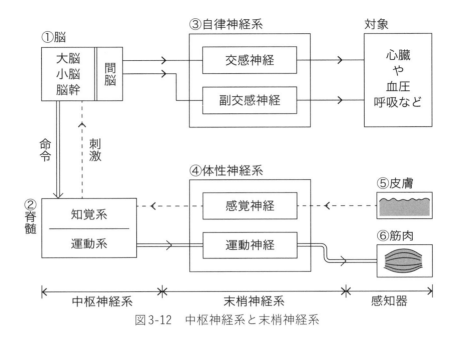

図3-12 中枢神経系と末梢神経系

ロールすることができることが特徴です。これに対して胃や腸などの消化管の壁や血管の壁の中にある内臓の筋は平滑筋で、自分の意思ではコントロールすることができない不随意筋です。心臓の鼓動は筋の収縮運動で平滑筋と同じく不随意筋です。骨格筋は体の中に約400存在します。直径が約10μm～100μmの筋繊維が多数束ねられたものです。筋は長さと幅が変化する「収縮」と「弛緩」（ゆるむ）の状態をとることになります。図(b)(c)では手に力を入れて何か持ち上げる動作を行うときには筋肉Aが収縮して長さが短くなり、筋肉のこぶができます。反対側の筋肉Bは長さが長く弛緩の状態となります。これは何も手のみならず、足の運動も全く同じ動作となります。人が何かを操作するということは、このような筋の収縮と弛緩が繰り返される状況となります。負荷が大きく筋の収縮が過大になることや筋の収縮と弛緩が短い時間で繰り返される場合などでは筋にかかる負担が大きく筋肉破壊、筋肉疲労という症状が生じることになります。

第3章　人間工学の基礎

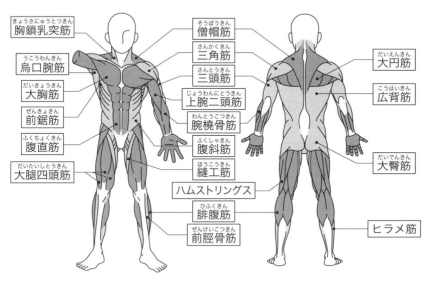

(a) 全身の主な骨格筋（筋肉）

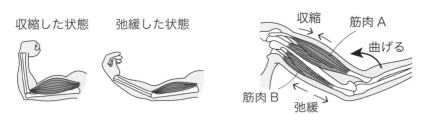

(b) 骨格筋の収縮　　　(c) 腕の筋肉の動き

図3-13　骨格筋と筋肉の動き（身体の動き）

作業域や視野範囲を超えると、不安定、不完全な姿勢になり、筋肉と骨格にひずみを与え、負荷となり疲れが生じ、異常や破壊といった状況を呈することになります。

⑷　情報の入手から操作までの流れ
　図3-14は人間が操作対象から情報を入手して、必要な操作を開始するまでの情報の流れや処理のプロセスを示しています。情報はセンサーの役割をする感覚器（視覚、聴覚等）に入り、感覚神経を通して末梢神経、中枢神経である脳に入力され、脳で判断された指令は中枢神経から末梢神経の運動を支配する運動神経を経由して力（エネルギー）のもとになる骨格筋（一般に筋肉）を動作させます。こうして操作（姿勢の固定）が行われます。この操作や作業姿勢によって人間の体には生理作用が生じることになります。図(a)の伝達経路は一方向でなく双方向とな

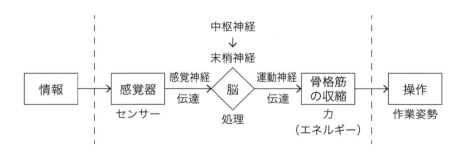

(a) 情報の入力から操作までの流れ

(b) 生理作用

図3-14　人間の情報入手から操作までの流れと生理作用

ります。

(5) 生理作用

　外部からの刺激を作用とすれば、人体はこの作用を受けて対抗する力である反作用が生じます。これは自然現象を扱う物理学における作用・反作用の法則に似ています。この反作用（生体内での適度な防御反応である生体恒常性〈ホメオスタシス〉）が生じて人間の体内の機能を維持しています。例えば、適度のストレスがかかると人間は反作用の結果、ストレスに打ち勝つ力を備えます。このストレスが過大すぎると反作用によっては体内の機能を維持できなくなり、さまざまな悪影響が現れてきます。免疫作用（生体の抵抗力を高める）も同じものです。また、人体内部では、化学反応を活発に行う酵素（化学反応を速める触媒に相当）の働きを維持するためほぼ一定の温度37度を保っています。人間を取り巻く外部環境の気温が高くなると、汗を出して皮膚の表面積を大きくして、高温になった内部の熱を外部空間に放熱していきます。ところが、真夏のように外気温があまり高くなりすぎると体内の熱を放熱することができなくなり体内の温度が上昇して熱中症になってしまいます。この作用に対して反作用が体内の機能を維持するうえで問題がないような状況を維持することが適度な状態であると言えます。疲れも全く同じように考えることができます。

　このように反作用が大きく体内機能をコントロールできないような状況になると、仕事の効率のみならず、操作性、健康状態、安全性などに大きな影響を及ぼすことが考えられます。

3.6　人間工学の観点を考慮した実施例

①人間と情報処理機器（コンピュータ）では視覚と操作によって手、腕の筋肉、背中の広背筋、首の筋肉（広頚筋）などを使用します。負担がかかりにくい使用者の高さとキーボードとの位置関係の最適化、視覚を使い、手で操作をする長時間の作業でも疲れない、ディ

スプレイの位置、明るさ、コントラスト、長時間座っていても疲れない椅子、キーボードの形状、傾き、キーの大きさ、文字配列、マウス形状、パソコンの机上面を広く使用できるようにしたアタッチメント型デスクなど。

②長時間使用しても疲れにくいシャープペンシル、例えば、グリップの改良による持ちやすさ、適度な形状、柔らかさなど、ペットボトルを運ぶ時の持ちやすさなど。

③製造現場において、作業通路の広さ、ゆったりとしたスペースの休憩室、照明の明るさ、快適な温湿度など、適度に傾斜した検査台（見る視野を適正）など。

④人が間違えないように、文字を大きくする、色を変える（クレーンや玉掛、プレス機などの安全点検シール）、製品を保管する倉庫管理の製品ラベルのコード化と色分けなど。

⑤複数の配管があると同じ大きさの配管径ではいくら注意しても接続を間違うので、大きさ（配管形状など）を変えて他の配管では接続できないようにします。配管に色の違う識別用のラベルを使用。

⑥倉庫からの出し入れを人間の目の高さに合わせて品物を配置、荷物カートから品物の出し入れ、人間の背の高さに合わせた自由自在な可変など。人間の大きさや寸法を考慮しなければなりません。

⑦長時間、固定した位置で立ち作業を行うケースでは、足のだるさ、筋肉痛、下腿膨張（静脈血流の流れの妨げによる）などの症状があるので、長時間作業に対して疲れないマットや履物などが選定・使用されています。履物は普段の歩行や運動するときには特に大事で、フィット感がないと靴擦れ、偏ったあたりなどによって足の痛みや疲れにつながることはよく経験することです。

⑧NC マシンのプログラム表示の色を変え間違いを少なくする、人間の目の高さに合わせて、自由に移動（上下左右）できるように配置するなど。

⑨色の遠近感特性を使うことにより、赤系統や黄色系統の色は近づいて見え、青系統から黒へと遠ざかって見えます。

⑩人間の目の特性、暗くなると青系統に対して感度が高くなり、昼間
　では緑系統で感度が高くなります。

⑪デジタル値の入力ではミスが発生しやすくなりますが、アナログの
　グラフのような表示では視覚的にわかりやすく入力ミスが少なくな
　ります。

⑫チェックミスや確認漏れがないように、安全分野では指差し「指差
　し呼称」（声を出す）が行われています。この方法は自分と対象と
　する外部空間の注目点を結びつける行為で、知覚機能、言語能力、
　視覚領域での判断が働き、注目点以外からのノイズの混入を防いで
　いると言えます。最近は、自家用自動車、タクシー、バスの運転者
　もやっています。

⑬自動車ではスピードメータを見やすい位置に配置、視野の広さがと
　れる位置など。

⑭最近の医療や看護の分野などにも対応されています。寝る姿勢を変
　えることができ、看護師の力が自然と入れられるようなベッド、腰
　痛防止のための手段など。

3.7　人間工学を用いた環境・安全分野の事故防止の考え方

(1) 施設を安全にする（環境事故や労働災害を防ぐ）

　安全な設備（フェイルセーフ、フールプルーフなどの本質的安全手段
や囲いやガードなどの工学的安全管理策の実施）にするためには、火災
に対する防御設備の設置（スプリンクラー、自動火災警報装置、誘導
灯、非常用電源など）、非常時や緊急時に対応するための保護具の備え、
施設での仕事の方法に適した配置（レイアウト）、施設の安全のための
日常点検の実施、安全のための表示は視覚特性を利用してわかりやす
く、特に暗いところでも視覚的にわかるようにすることなどが考えられ
ます。

　また、次のような内容も重要となります。

- 危険の除去（製品やシステムに存在する危険の源、環境側面を取り除く）
- フールプルーフ（操作ミスをしても、人間に対して安全になっている設計）
- タンパープルーフ（安全装置を取り外したりするなど、いたずらに対して防止する手段）
- 保護装置（危険隔離）（人間と危険源を隔離する）
- インターロック機能を装備（操作が一連の手順に従わないとできない状況）
- 警告・注意表示（製品に潜んでいる危険について使用者に知らせるための表示）

(2) 安全知識を植え付けるための教育（自覚でき、実際にできる、訓練）

　施設における品質側面（品質リスク）、環境側面（環境リスク）、安全分野のリスク源とリスクアセスメントの情報、ヒヤリハット情報、作業者の不安全行動、施設の災害の発生のメカニズムを知り機械装置を扱う知識を教育していきます。教育の根本は、自覚させ（なぜを理解させ）、実践でき、最終的には作業者自らが、作業のやり方、治工具類、設備の改善提案ができるようにすることです。こうしたところまでいくと教育によって知識・実務とも優れた人材が育成できたことになります。

3.8　人間工学原則に基づいたプロセスアプローチ

(1) 業務プロセスによるアプローチ

　図3-15は環境・安全のための人間工学に基づくアプローチモデルを示したもので、人がマシンを操作するプロセスを考えると、人（操作者OPM）はインプット情報がマシンに入力されアウトプット情報が出力されます。人には対象とするマシンを操作する難易度に応じて最低限の力量が必要とされます。この人は組織の中でマネジメントの対象となり管理者との間で必要な情報交換が行われなければなりません。環境が支

第3章　人間工学の基礎

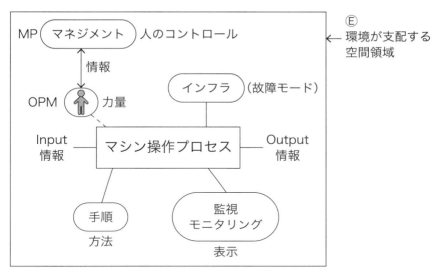

図3-15　環境・安全のための人間工学原則のアプローチモデル

配する空間領域には温度、湿度、明るさ、色彩などがあり、これらが人の感覚機能に作用して何らかの影響を及ぼすことが考えられます。マシンはインフラであり計器の配置の適切性、機器操作のしやすさ、表示の見やすさなど、インフラの故障モード（品質、環境、安全）に何があるか操作者は知っていなければなりません。さらに故障モードに関連する指標について正常値の範囲、異常値を監視・測定して判断できる知識・能力を備えていることが要求されます。マシン操作の手順についてはフロー図やカラー表示など視覚的にわかりやすい方法がとられるのがよいでしょう。監視モニタリングの値は正常値と異常値が視覚的にわかりやすく表示されることが必要となります。そのためにはマシンプロセスを理解して監視測定情報を予想していかなければなりません。こうした積み重ね、思考を通してマシンプロセスと人との関係を改善していくことができます。

(2) 人間工学原則の遵守
　機械安全の国際規格（ISO12100-1, 2）の機械類の安全性──設計のた

めの基本概念、一般原則 —— 第2部：技術原則の4.8人間工学原則の遵守として以下のような遵守事項が記載されています。

①オペレータの精神的又は身体的ストレス及び緊張を低減するため機械類の設計時に人間工学原則を考慮しなければならない。基本設計の段階でオペレータ及び機械に対して機能（自動化の程度）を割り当てるときこれらの原則を考慮しなければならない。（参考：これは、運転の性能及び信頼性の向上につながる。したがって、機械使用の全過程における誤操作の発生の可能性を低減できる）

- 意図する使用者において見られるような人体寸法、力の強さと姿勢、動作の振幅、繰り返し動作の頻度を考慮すること（ISO10075及びISO10075-2参照）
- 制御器、信号又はデータ表示要素のような"オペレータ機械"間のインターフェースに関するすべての要素は、オペレータと機械間で明確かつあいまいでない相互作用が可能であるようにして、容易に理解できるように設計しなければならない。

設計者は、次のような機械設計のための人間工学的側面を考慮することとされている。

②機械を使用中、ストレスの大きな姿勢及び動作を避けること（種々のオペレータに応じて機械の調整ができるような設備を用意すること）。

③機械、特に手持ち機械及び移動機械は、人間の労力、制御装置の操作及び手、腕、脚の身体構造に配慮して容易に運転可能なように設計する。

④可能な限り騒音、振動、温熱の影響（例えば、極端な温度）を回避すること。

⑤オペレータの作業リズムを自動連続運転のサイクルに無理に合わせない。

⑥明るさが十分でない場合、機械上又は機械の中に照明を備える。

⑦手動制御器（アクチュエータ）の選定、配置、識別の方法。

⑧指示器、ダイヤル及び視覚表示ユニットの選択、設計及び配置の方法。

第4章

機械と機械安全に関する基礎

4.1 機械の一般的な考え方

⑴ 機械処理プロセスの基本

　機械とは、材料の加工、処理、移動、梱包等の特定用途のために部品又は構成品と組み合わせたものであって、機械的な作動機構、制御部及び動力部を有し、当該部品又は構成品のうち少なくとも一つが動くものをいう（ISO12100-1　3.1機械の定義）。

　機械が仕事をする流れは、図4-1⒜に示すように電気エネルギーや燃料（ガソリン、軽油、ガスなど）によって発生させる熱エネルギーなどを入力源としてエネルギーの変換（並進運動や回転運動など）をして正確な仕事をするための動力部があり、この動力部で加工されて製品が作られます。切削加工をする場合は、切削油の流量をコントロールします。また、このエネルギー変換部や加工プロセスをコントロールするための制御機構を備えています。機械は、この変換されたエネルギーによってさまざまな加工や処理、移動（機械自体の移動、機械の一部が移動など）をして意図した製品を作り出すことを目的として設計・製造されています。さらに図⒝のように全体を機械処理プロセスと考えると、次のエネルギー保存法則が成り立ちます。

$$P_{in} = P_h + P_{out} + P_r$$

　入力した全エネルギー P_{in} は仕事に必要なエネルギー P_{out} に変換されます。変換によって生じるエネルギーロスには機械内部を動作させる電気エネルギー損失や機械エネルギー損失、摩擦による熱、圧力（空気、液体、気体）損失など熱損失となるエネルギー P_h があります。その他

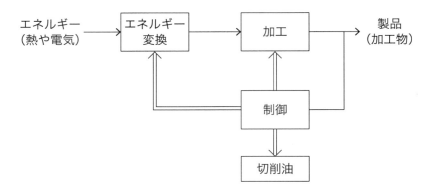

(a) 機械処理プロセス

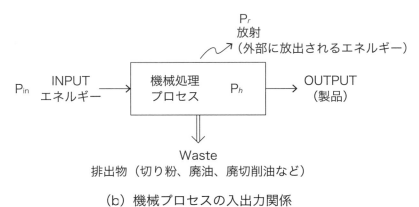

(b) 機械プロセスの入出力関係

図4-1 機械処理プロセスの基本

にも機械の外部に放射される騒音、振動、電磁波、光などの放射エネルギー P_r があります。安全面ではこの機械に人が作用（作業やメンテナンスや保全）すると、これらのエネルギー源や可動部分が危険源（ハザード）となり人に悪影響を与える可能性があります。環境面では機械が使用するエネルギーを最小にすることや、加工時間を短縮する（生産性向上）、放射されるエネルギーを最小にする、機械から排出される潤滑油、切削油などを最小にすることが課題となります。

(2) 機械加工の要素

▪ 機械は動くためのエネルギーを入力して、このエネルギーを使用して意図した仕事をします。このエネルギーに関する式は2乗の形をとることが多く、これは力の積分量が面積となることに起因しています。エネルギーの種類には、力学的な位置エネルギー mgh、運動エネルギー $\frac{1}{2}mv^2$、回転エネルギー $\frac{1}{2}r\omega^2$、ばねのエネルギー $\frac{1}{2}kx^2$、圧力エネルギー $P\cdot V$ など多くあります。このエネルギー使用が環境影響や安全面への影響を与えることになります。2乗で効くために影響が大きくなります。

▪ 材料と加工については、材料を入力して、材料に適した工作の手法によって機械加工を行います。

▪ 機械の構造と仕組みについては、機械が強固の土台を持ち外力によっても壊れず、必要な加工精度を維持するために目的とした加工精度が出るよう機械の要素を組み合わせて制御できるような仕組みが必要となります。この機械が目標とする動きができるようにする操作を制御と呼びます。例えば、フィードフォワード制御、フィードバック制御、サーボ制御などがあり、多くの機械では、コンピュータや電子回路などによって制御が行われます。

▪ 機械装置の中では、仕事をするために「熱」や「流体」（空気、油、水など）の流れがあり、この流れがコントロールされます。

4.2　力・運動の法則によるエネルギー

　機械装置は目的によって力を出して機械処理するためエネルギーを必要とします。そのためには力学と機械的エネルギーについて理解しなければなりません。加わっている力を水平や垂直に分解する、または合成する（力のベクトル）、移動する。例えば、力が加わることにより、さまざまな材料が劣化する、破壊する（材料力学の基礎）、運動している場合は、直進運動や回転運動による回転モーメントを持っている（運動の法則と回転体力学）、力を加えて様々な形状のものを持ち上げる（荷役装置）、バランスをとる必要がある（重心）、力、速度、加速度、エネルギーの理解、流体や熱のエネルギーなど多くの分野に及びます。

⑴　馬力とは
　ニューコメンの蒸気機関（1712年発明、効率が悪い、炭鉱から石炭を採掘することが目的）を改良して格段に効率の良い蒸気機関（1765年発明、復水器を分離することによる効率向上、ピストンの往復運動から回転運動による工業生産や蒸気船、蒸気自動車など用途拡大による本格的な実用、小型化など）を製造して販売したワット（1736〜1819）は蒸気機関の力が当時使用されていた馬の力（馬力）に比べて格段に大きいことを示すために図4-2のような実験を行い、1馬力の効率［W：ワッ

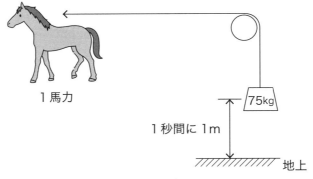

図4-2　1馬力とは

ト］を求めました。当時のニューコメン機関では約10馬力、ワット機関では約50馬力、高圧機関では約100馬力でした。効率とは仕事をどれだけ短い時間で実行できるかを示すもので次のように考えられます。

効率＝仕事÷時間
　　　＝(力×動いた距離)÷時間
　　　＝力×(動いた距離)÷時間
　　　＝力×速度

　この効率を動力（パワー、仕事率）と呼び、単位を［ワット］としました。
　人間が出すことができる力は限られています。ワットは効率を上げるには速度を高める手段、つまり蒸気機関が必要であることを示すために論理的にこの式を導きました。
　図では1頭の馬が質量75kgの物体を地上から1m引き上げるのに1秒の時間がかかったので、重力加速度 g を10m/s^2 として計算すると、

1馬力＝力（N；質量×重力加速度）×速度（m/s）
　　　＝75×10×1
　　　＝750［W］

　馬10頭分の10馬力では7500［W］＝7.5kW となります。これはコンプレッサーの原動機の動力7.5kW がちょうど10馬力に相当することになります。人間ひとりの力は瞬間的におよそ700［W］くらいとなります。

⑵ 仕事（エネルギー）と動力について

　仕事とは、図4-3⒜のように物体を移動させること、物の形状を変化させること、シリンダーに熱を加えて、ピストンを動かすような体積を変化させることができることです。これに対してエネルギーとは、仕事をすることができる能力を持っていることです。動力とは、仕事をどれ

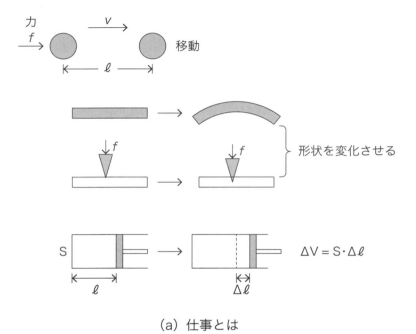

(a) 仕事とは

(b) 動力とは

図4-3 仕事と動力

第4章　機械と機械安全に関する基礎

だけ効率よく実施することができるかの指標で単位時間あたりの仕事で表すことができます。今、図(a)のような直線運動を考えると、ある物質に力 f を加えて、距離 ℓ だけ移動したときの仕事 W は $f \times \ell$ [J] なので、動力（エネルギー効率）P は次のようになります。

$$動力 P = 仕事 W \div 要した時間 t = f \times \frac{\ell}{t} = f \cdot v \, [W]$$

図(b)に示すように軸 O を中心に角速度 ω で回転運動している場合、時間 t の間にトルク T を加えて、角度 θ だけ回転したときの仕事 W_r は $\theta \times$ トルク T（トルクとは固定した回転軸周りの力のモーメント）となるので動力 P_r [W] は次のようになります。

$$P_r = \frac{W_r}{t} = T \cdot \frac{\theta}{t} = T \cdot \omega \quad (\omega：角速度 \langle rad/s \rangle)$$

⑶ 質量と重さの違い

質量は物質によって決まり、質量 m [kg] は 1 m³ あたりの密度 ρ [kg/m³] と体積 V [m³] の積で $m = \rho \cdot V$ となります。これに対して重さとは質量 m [kg] に重力加速度 g [m/s²] をかけたもので $m \cdot g$ [N]（地球上では $g = 9.8$）となります。表4-1にはいくつかの金属と金属以外の

表4-1　質量

種類	1 m³あたりの質量（kg）	g/cm³
鋼	7,800	7.8
銅	8,900	8.9
亜鉛	7,100	7.1
アルミニウム	2,700	2.7
コンクリート	2,300	2.3
砂	1,800	1.8
水	1,000	1.0

1 m³ あたりの質量［kg］と密度［g/cm³］を示しています。水の質量が1なので、この質量の値が比重に等しくなります。

(4) 産業ロボットの加速度

衝撃の強さを表す加速度は衝撃度［G］で表すことができ、1［G］= 9.8［m/s²］となります。

例：時速 60 km/h（約 16.7 m/s）で走っている車が衝突したとき、1秒で止まったときの衝撃度を求めると、16.7 G となります。産業ロボットと衝突したときの衝撃加速度は 90 G から 200 G の範囲にあり、電気式の中型ロボットで約 90 G、油圧式ロボットで約 200 G、飛行機の墜落事故で約 90 G となります。このため産業ロボットとの衝突は非常に危険なのでインターロックや保護柵（隔離の原則と停止の安全原則を基本とする工学的管理策）が用いられています。

(5) 力の合成と分解

図4-4(a)は力 f_1 と f_2 をベクトル合成するとベクトル F の力となります。

このように力には方向と大きさがあるのでベクトルとなります。この場合は2つの力を合成しましたが、力がいくつあっても同じ手法で合成することができます。次に力 F を図(b)のように水平方向 x 軸と垂直の y 軸方向に分解するときも合成と逆の考え方を使用すればよいことにな

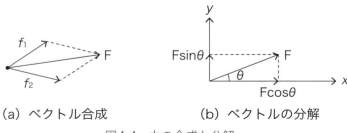

図4-4　力の合成と分解

ります。力 F が x 軸とのなす角度を θ とすれば、水平方向の力 fx の大きさは Fcosθ、y 軸方向の力 fy の大きさは Fsinθ と分解することができます。

この力の合成や分解の考え方は力学の基礎であり、機械工学の分野のみならず人間工学の分野（人間が骨格筋を作用させて仕事をする場合など）でも重要な考え方となります。

(6) 力のつり合い

図4-5の棒の支点 O から距離 ℓ_1 離れたところに質量 M の物体があり、反対方向に ℓ_2 だけ離れたところに質量 m の物体が吊り下げられているとき、時計方向の回転モーメントは $m \times \ell_2$ であり、反時計方向の回転モーメントは $M \times \ell_1$ なので、釣り合うためには左右の回転モーメントが等しいことが必要となり、$M \cdot \ell_1 = m \cdot \ell_2$ となります。棒全体の長さを ℓ とすれば、$\ell = \ell_1 + \ell_2$ なので $\ell_2 = \ell - \ell_1$ を上式に代入すると、ℓ_1 の長さは以下のようになります。

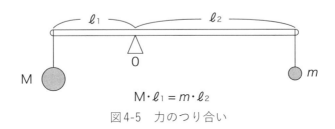

図4-5　力のつり合い

$$\ell_1 = \left(\frac{m}{m+M}\right) \cdot \ell \quad \text{（質量の分割比に比例）}$$

(7) 回転させる力（モーメント）

図4-6(a)はボルトから距離 ℓ だけ離れた位置に力 F を加えたときに、距離 ℓ が長いほどボルトを回す力は少なくて済むことを日常で体験するところです。このとき回転に必要なモーメント M は力 F と距離 ℓ の積

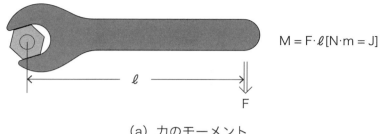

(a) 力のモーメント

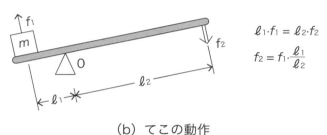

(b) てこの動作

図4-6 回転させる力（モーメント）

により決まり $M = F \cdot \ell\,[\mathrm{N\cdot m = J}]$ となり、モーメントとは回転させるためのエネルギーであることがわかります。距離 ℓ が長いほど、また力 F が大きいほど回転のエネルギーが大きくなることを示しています。

また、図(b)のように「てこの原理」によって重いものを持ち上げる場合には、支点 O から ℓ_1 だけ離れたところの質量 m を持ち上げるとき、力 f_2 を加える位置を支点 O から距離 ℓ_2 のところとすれば、モーメントが等しくなるためには $\ell_1 \times f_1 = \ell_2 \times f_2$ が成り立つので、必要な力 f_2 は $f_2 = f_1 \cdot \left(\dfrac{\ell_1}{\ell_2}\right)$ となり、長さの比（ℓ_1 / ℓ_2）が小さいほど、小さな力で大きな質量を持ち上げることができます。これは右回りのモーメントと左回りのモーメントが等しいとして考えることができます。この「てこの原理」は浮力の発見で有名な古代ギリシャの工学者アルキメデス（紀元前287～紀元前212年）が発見したものです。この原理を使い地球までも持ち上げることができると豪語したそうです。

(8) 重心

　質量のあるものを安定な姿勢に保持して上に持ち上げるとき、重心の位置が不安定であるとバランスをくずして落下してしまいます。重心とは重力の作用が集まっている点（重力の中心）でバランスをとるために考えなければならない重要なことです（様々な重量物の重心を考えて固定する玉掛作業、クレーンによる重量物の持ち上げ、移動など）。エネルギーを利用して物を上下左右の方向に移動させるには重心の安定した位置が重要となります。図4-7(a)の円はどこから見ても線対称、点対称であるので重心の位置は円の中心にあります。図(b)のような多角形はaの方向から吊り上げたときの作用の線（点線）、bの方向か

(a) 円の重心

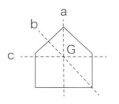

(b) 多角形の重心

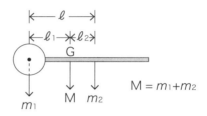

(c) 重心の計算

図4-7　重心（安定性）

ら吊り上げたときの作用の線（点線）、cの方向から吊り上げたときの作用の線（点線）それぞれ3本が交差するところが重心の位置となります。また、図(c)のように円状の質量 m_1 と棒状の質量 m_2 が接続されているときの重心の位置を考えるときに、2つの質量の真の重心の位置をGとして、円状の質量 m_1 の重心がGから ℓ_1 の距離にあり、接続された棒状の質量 m_2 の重心がGから ℓ_2 の距離にあるとすれば、質量 m_1 と質量 m_2 の合計の質量Mの重心がGとなるので、次の式が成り立ちます。

　　$M = m_1 + m_2$
　　$\ell_1 \times m_1 = \ell_2 \times m_2$　（ $\ell_1 + \ell_2 = \ell$ ）── （回転モーメントのつり合い）

これより真の重心の位置は円状の質量 m_1 の重心から距離 ℓ_1 なので、ℓ_1 は次のようになります。

$$\ell_1 = \left(\frac{m_2}{M}\right) \cdot \ell$$
$$= \left(\frac{m_2}{m_1+m_2}\right) \cdot \ell$$

全体の長さ ℓ の m_1 と m_2 の質量の分割割合にした位置となります。

⑼ 慣性モーメント

表4-2は力と運動に関して、直進運動と回転運動に対するそれぞれの運動方程式と運動エネルギーに関するパラメータ（指標）の対応を示します。慣性モーメント I は回転体の質量 m と回転半径 r の2乗の積に比例し、$I = mr^2$ となります。この慣性モーメントは回転運動に対する抵抗を示すもので、慣性モーメントが大きいほど回転を停止するのに時間がかかることになります。回転体の周速度 v は $v = r\omega$ なので回転体の運動エネルギーは $E_r = \frac{1}{2}mv^2 = \frac{1}{2}m(r\omega)^2 = \frac{1}{2}I\omega^2$ となり、回転の角速度の2乗に比例します。回転数が大きくなると回転の運動エネルギーが大きくなるので、巻き込まれたときなどの障害の程度は大きくなります。

⑽ 向心力と遠心力

図4-8⒜は質量 m の物体が中心 O からひもで結ばれ半径 r だけ離れた P 点 $(x、y)$ で速度 v、角速度 ω_0 で等速円運動しているときに速度（ベクトル）は絶えず変化し方向が変わります。P 点の位置は $x = r\cos\theta = r\cos\omega_0 t$、$y = r\sin\theta = r\sin\omega_0 t$ なので x 軸方向の速度は $vx = \frac{dx}{dt} = -r\omega_0\sin\omega_0 t$、$y$ 軸方向の速度は $vy = \frac{dy}{dt} = r\omega_0\cos\omega_0 t$ となり、加速度は $\alpha x = \frac{dv_x}{dt} = -r\omega_0^2\cos\omega_0 t$、$\alpha y = \frac{dv_y}{dt} = -r\omega_0^2\sin\omega_0 t$、合成した加速度は $\alpha = \sqrt{\alpha x^2 + \alpha y^2} = r\omega_0^2 = \frac{v^2}{r}$ となります（図⒝）。この合成した加速度の方向は円の中心に向かい、加速度の変化分に相当する中心に向かう力 F（向心力、$F = m\alpha$）がいつも加わっていなければならな

第 4 章　機械と機械安全に関する基礎

表4-2　直線運動と回転運動の対比

〔直線運動〕	〔回転運動〕
位置 x	角度 θ
速度 $v = \dfrac{dx}{dt}$	角速度 $\omega = \dfrac{d\theta}{dt}$ 周速度 $v = \dfrac{r \cdot \theta}{dt} = r\omega$
加速度 $\alpha = \dfrac{dv}{dt}$	角加速度 $\alpha_r = \dfrac{d\omega}{dt}$
力 $F = m\alpha = m \cdot \dfrac{dv}{dt}$	回転力（モーメント）$M = r \times F$
動かしにくさ 質量 m	回転しにくさ 慣性モーメント $I\ (= mr^2)$
運動量 $\rho = mv$	角運動量 $L = r \times \rho\ (\rho = mv)$
力 $F = \dfrac{d\rho}{dt} = m \cdot \dfrac{dv}{dt}$	回転力 $M = \dfrac{dL}{dt} = r \times \dfrac{d\rho}{dt} = r \times F$
運動エネルギー $E_k = \dfrac{1}{2}mv^2$	回転エネルギー $E_r = \dfrac{1}{2}mv^2 = \dfrac{1}{2}m(r\omega)^2$ $\qquad = \dfrac{1}{2}I\omega^2$
仕事 $W = F \cdot x\ [\mathrm{J}]$	仕事 $W_r = M \cdot \theta\ [\mathrm{J \cdot rad}]$
	回転速度 $n\,[\mathrm{rpm}]$ と角速度 $\omega\,[\mathrm{rad/s}]$ との関係 $n\,[\mathrm{rpm}] = \dfrac{n}{60}\,[\mathrm{回転/s}]$ $\qquad = \dfrac{n}{60} \cdot 2\pi\,[\mathrm{rad/s}]$ $\omega = \dfrac{n}{60} \cdot 2\pi$

いことになります。この力は $F = ma = m \cdot \dfrac{v^2}{r} = mr\omega_0^2$ となります。質量 m の物体は半径 r の方向には動かないので、この向心力に等しく反対方向に $-F$ の力が働いていなければなりません。この力を遠心力（見かけの力）といいます。向心力と遠心力は大きさが等しく反対方向となります。加速度は $a = \dfrac{v^2}{r}$ となるので、例えば、荷を積んだトラックがスピードを出しすぎてカーブを曲がりきれなくて横転するケースは遠心力が大きくなるためです（図では質量 m の物体はひもで結ばれて一定の速さで回転しているので向心力＝遠心力となっています）。

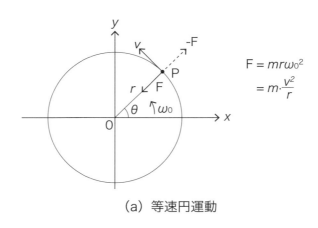

(a) 等速円運動

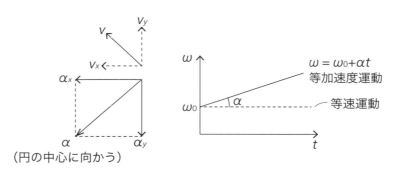

(b) 速度 v と加速度 α のベクトル

図4-8　向心力と遠心力

第4章　機械と機械安全に関する基礎

(11) 回転体に蓄えられるエネルギー

図4-9に示すような全体の質量がM、任意の点と重心G間の距離rのフライホイールが角速度ω[rad/s]で回転しているとき、重心周りの慣性モーメントをI_g、任意の点の周りの慣性モーメントをIとすれば、I = I_g+Mr^2 [kg·m^2] となります。

これより回転体に蓄えられるエネルギーは$E_r = \frac{1}{2} I\omega^2$ [J] となります。

重心周りに質量が分布するとすれば、それぞれの運動エネルギー$\frac{1}{2}mv^2 = \frac{1}{2}m(r\omega)^2$を質量ごとに加算すれば$E_r = \frac{1}{2}I\omega^2$となります。この場合の慣性モーメントIはそれぞれの質量ごとの慣性モーメントの和となります。これより回転体のエネルギーは慣性モーメントIに比例して角速度ωの2乗に比例します。

［電動機の出力とトルク］

回転体の出力P[W]、回転体の角速度ω[rad/s]、回転体のトルクT[N·m]とすれば、P = ωT[W] の関係となります。

ここで、電動機の回転速度をN[1/min]（1分あたりの回転数）とすれば、1回転に要する時間は60/Nとなり、角速度ωは$\omega = 2\pi/(60/N) = 2\pi N/60$ [rad/s] となるので、電動機の出力P[W]は次のようになります。

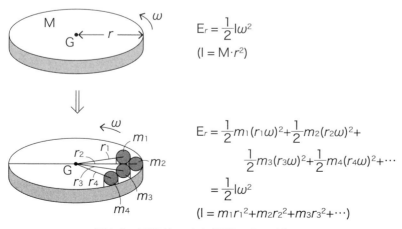

図4-9　回転体の力と運動エネルギー

$$P = \omega T = 2\pi N \cdot T/60 \,[\text{rad/s}]$$

［送風機と圧縮機］

　送風機と圧縮機は流体のエネルギーをコントロールする機械なので省エネを考慮する必要があります。空気機械では、吐出圧力が98 kPa未満は送風機、98 kPa以上のものを圧縮機（コンプレッサー）と呼んでいます（1気圧≒101 kPa）。送風機の所要電力Pは、送風流量をQ $[\text{m}^3/\text{s}]$、風圧をH $[\text{Pa}]$、送風機効率をηとすれば、電気エネルギー×効率＝流体のエネルギー、となるので送風機の所要電力はP×η＝Q・H $[\text{W}]$、流量は流速をvとすれば、Q＝vS $[\text{m}^3/\text{s}]$となり、流速vは回転数Nに比例するので流量Qは回転速度Nに比例することになります。また、風圧Hと流速vとの関係はH＝$\dfrac{v^2}{2g}$なので、風圧Hは回転速度の2乗に比例します。従って、風速機の所要電力P＝Q・Hは回転速度の3乗に比例することになります。そのため、送風機の回転速度の変化はエネルギーに大きく影響することになります（第2章参照）。

⑿ 動力の伝達・変換手段

　図4-10は動力の伝達・変換手段を示したものです。機械における動力の伝達手段には、図(a)のような直線運動を回転運動に変換するには、エンジンなどで使用するピストン・シリンダーによる直線運動をクランクシャフトによって回転運動に変換する、またラックとピニオンによる方式やウォームとウォームホイールによる変換方式などがあります。図(b)では回転運動を直線運動に変換する方式として、カムやラックとピニオンなどがあります。図(c)には回転運動を回転運動に変換する方式として、ロータリーエンジン、平歯車やはすば歯車などを用いた歯車、ベルトとプーリーを用いたものなどがあります。この動力の変換方式には必ず摩擦（摩擦力には静止摩擦、動摩擦、転がり摩擦など）があり、それぞれの方式による変換効率（エネルギー効率）、変換部の特有な劣化などの特性があります。

第4章　機械と機械安全に関する基礎

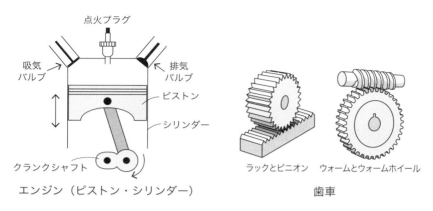

（a）直線運動→回転運動

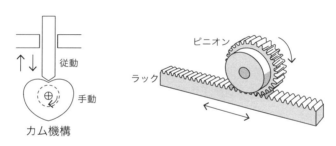

（b）回転運動→直線運動

（c）回転運動→回転運動

図4-10　動力の伝達・変換手段

4.3 材料と力（材料力学）

材料力学の考え方は図4-11に示すように、材料に力（荷重）がかかると材料にはこれに抵抗する力である応力が発生して、荷重が応力を超えると材料は変形します。このとき材料に加わったエネルギーは荷重の力×変形した距離（変位量）となります。

(1) 材料にかかる荷重

図4-12に示すように、材料にかかる荷重には、引張荷重（材料が伸び、細くなる）、圧縮荷重（材料が縮み、太くなる）、せん断荷重（ハサミで切るようにすべりがある）、曲げ荷重（材料を水平に片側を固定した点から距離 ℓ の位置に力 f を加える）は力 f ×距離 ℓ（曲げモーメント）となります。また、ねじり荷重（直径 D の棒材に力 f を加えてねじる）は力 f と直径 D の積 $D \cdot f$（ねじりモーメント）となります。

(2) 応力と強度

図4-13のように断面積 S の部材に荷重 W [N] がかけられたときに、部材の内部では形を保とうと抵抗する内力 W [N] が働き、内力は外力に等しくなります。この内力を断面積 S で割った値 $\dfrac{W}{S}$ [N/m² = Pa]、つまり単位面積あたりの内力 σ を応力（ストレス）といいます。部材が破壊する限界の強度を σ_0 とすれば、応力がこの限界の強度以内であれば破壊に至ることはなく、限界の強度を超えれば破壊に至ります。

(3) ポアソン比

図4-14のように部材に引っ張りの荷重 W を加えると、その方向には、縦ひずみ ε_ℓ（縦方向に伸びる割合）が生じて伸びます。さらに荷重と直角の方向には横ひずみ ε_d（横方向に縮む割合）が生じて断面積は小さくなります。

弾性限界内では、引張荷重をかけると横ひずみと縦ひずみは比例します。この縦ひずみと横ひずみの比を、ポアソン比 μ と呼び、次の式で表

第4章　機械と機械安全に関する基礎

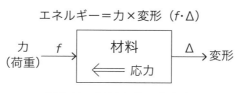

図4-11　材料力学の考え方

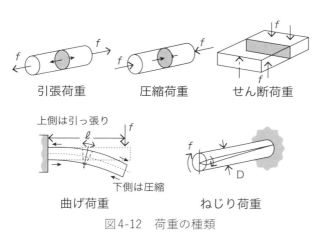

図4-12　荷重の種類

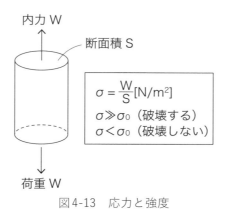

図4-13　応力と強度

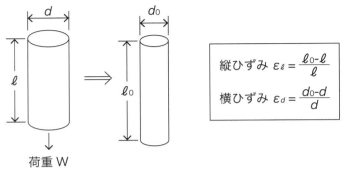

図4-14　ポアソン比

すことができます。

$$ポアソン比 \mu = -\frac{\varepsilon_\ell}{\varepsilon_d}$$

ポアソン比も弾性係数と同じく、材料に固有なもので、鋼などの多くの金属で0.33、ゴムのようなもので0.5程度となります。

(4) 応力－ひずみ線図

図4-15は荷重－伸び線図から応力－ひずみ線図に展開したものです。この応力－ひずみ線図から、材料が力によって破壊されるまでの過程を理解することができます。破壊の現象に至ると危険な状況が発生することが考えられます。破壊したものが飛散して人に当たることや機械の故障による危険性が生じる可能性があります。

(5) 弾性変形と塑性変形

図(b)のA点はひずみに対して応力が直線的に変化するのでA点の左側の領域を「弾性変形」領域（力を取り除いても元の形に戻る）と呼び、A点の右側の領域は力を取り除いても元の形に戻らない「塑性変形」の領域となります。A点が耐力となります。この弾性変形では応力σとひずみεは比例して、$\sigma = E\varepsilon$で表され、比例定数 $E\,[\text{N/m}^2]$ をヤ

第4章　機械と機械安全に関する基礎

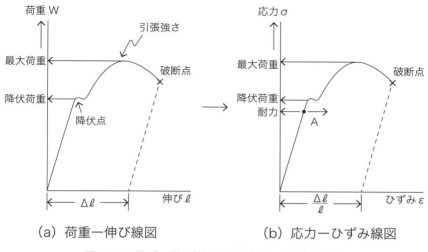

(a) 荷重－伸び線図　　(b) 応力－ひずみ線図

図4-15　荷重－伸び線図から応力－ひずみ線図

ング率と呼びます。このトマス・ヤング（1773～1829、イギリスの医学者、物理学者、考古学者）は目の解剖学的・生理学的研究をはじめとして、光の干渉実験や光の波動説を提起、古代エジプト文字の解読と研究分野は多岐にわたります。

(6) 加工材料と材料の強化（熱処理）

　図4-16は機械で加工する材料の概要を示したものです。加工する材料は大きく分けて金属材料、非金属材料に分けることができます。金属材料の中にも使用量が多い炭素鋼（炭素の含有量が0.02～2.11％の鋼）には炭素が少なく柔らかい軟鋼から炭素が多くて硬い硬鋼や工具鋼など、合金鋼、鋳鉄（炭素を2.11％以上含むものをいう、炭素鋼に比べて硬くてもろい）などの鉄鋼材料（鉄系）とアルミニウムや銅、チタン、マグネシウムなどの非鉄金属材料に分けられます。非金属材料にはプラスチック、セラミックス、ガラスなどがあります。この他にも機能材料や複合材料などの特殊な材料があります。

　熱処理とは機械加工のように形状を変えるのではなく、加熱と冷却

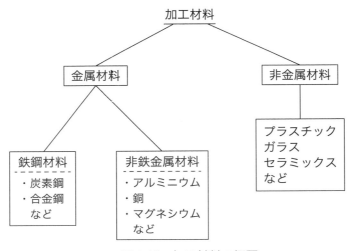

図4-16　加工材料の概要

処理によって材料の性質を変化（粘り強くする、柔らかくする、内部の応力を取り除くなど）させる加工方法です。図4-17は熱処理の方式を示したもので、焼入れと焼戻し（ペアで実施して硬く、粘り強くする）、焼なまし（柔らかく、内部応力を取り除く）、焼ならし（標準状態に戻す）と材料の表面のみ処理する高周波焼入れ（表面を硬くする）、浸炭（炭素を浸み込ませて硬くする）に分類できます。こうした熱処理によって金属の表面を改質して目的とする用途に使用できるようにします。この表面処理には電気エネルギー、ガス燃料、高周波など多量のエネルギーを使用し、熱の再利用、非定常でのガス漏れ、高周波漏れ、ガス爆発など環境側面や危険源が存在します。適切な環境や安全のアセスメントが必要となり、このアセスメントに基づいた管理・監視が求められます。

(7) 応力－ひずみ線図から材料の性質を見る

　図4-18は「応力－ひずみ線図」から材料の性質を見たものです。代表的な材料として弾性限界内で応力が少し加わるとひずみが多くなり破壊に至るA点ではもろい材料の性質を示していて（例えば、ガラスやコ

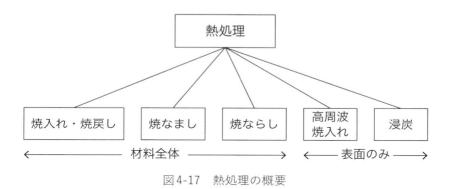

図 4-17　熱処理の概要

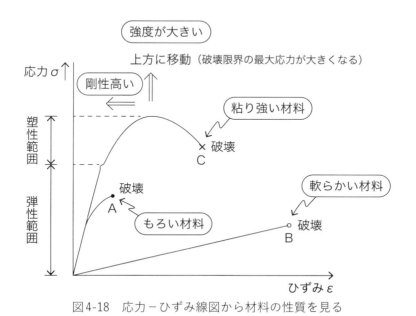

図 4-18　応力－ひずみ線図から材料の性質を見る

ンクリートなど）、次に応力は比較的小さくひずみが非常に大きなＢ点で破壊するような材料は軟らかい材料を示しています（例：ゴム系統）。また、弾性変形から塑性変形を経て最大の荷重を超えＣ点で破壊するような材料は粘り強い材料といえます。応力－ひずみ線図が図のように応力の方向に大きく移動する場合（上向き矢印）は、材料の強度が大きくなります。また、矢印が左方向にシフトする場合は応力が大きくなってもひずみが小さい――（ひずみに対する応力の傾きが大きくなる）ので材料の剛性が高いといえます。

⑻ 破壊

　材料が長い時間をかけて徐々に破壊が進行すると疲労破壊となります。時間経過が伴う破壊には、腐食、応力腐食割れ、クリープ破壊があります。

　疲労破壊とは、材料の強度以下の応力しか働いていなくても時間の経過とともに力が繰り返しかかることで、亀裂が進展して破壊に至ることをいいます。亀裂があると突然壊れることが多いのが疲労破壊の特徴で、構造物の破壊事故の多くが、疲労破壊だといわれています。こうしたことを考えると、亀裂を検出することや疲労破壊を防ぐことが重要な課題となります。疲労破壊は部材に繰り返しの力が加えられることにより、亀裂が生じて破壊に至る現象で、繰り返しの力には、引っ張り、圧縮、曲げ、ねじりなどがあり、それぞれ特有な壊れ方をします。また、加熱と冷却が繰り返されるところでは、熱の変化による膨張と収縮が繰り返されことによる熱疲労も考えなければなりません。高温環境下では時間の経過とともに少しずつ伸びる現象（クリープと呼ぶ）があり、これによる破壊をクリープ破壊といいます。クリープは、その物質の融点を絶対温度［Ｋ］で表すと、融点の６割以上の温度で起きます（例：鉄の融点を1,800Ｋとすれば、その６割の1,080Ｋ以上の温度になるとクリープが起きます）。クリープが進展するとクリープ割れという亀裂が生じて破壊に至ります。

　金属腐食のメカニズムは、金属を取り巻く環境との間で化学的もしく

は電気化学的な反応によって腐食が進み、肉厚や断面積の減少（減肉）となって現れる現象です。

　この破壊の状況を観察・分析して予防するには、破壊の進行の診断方法（例：破断面を観察）や非破壊検査などがあります。

⑼ 材料強度と安全率、安全寿命設計

　材料強度と安全率（安全係数）を考える場合、部材に生じる応力 σ を材料の強度 σ_s（例：破断荷重、引張荷重、降伏強度など）以下になるように決めればよく、$\sigma < \sigma_s$ となります。材料の設計上許容できる応力（例：最大荷重）を $\sigma(max)$ とすれば、安全率 S は次のように表すことができます。

$$S = \frac{\sigma_s}{\sigma(max)}$$

　これより、安全率 S を 4 とすれば、許容応力 $\sigma(max)$ は材料強度の $\frac{1}{4}$ となります。安全率が 2 のときに比べると部材の断面積は 2 倍となります。表4-3に安全率の例を示します。

表4-3　材料の安全率

荷重＼材料	静荷重	動荷重（繰り返し荷重）	衝撃荷重
木材	7	10	20
鉄	4	6	15
鋼	3	5	12
荷重のかけ方	一定の力　　周波数 = 0	一定　　周波数 = f	F　$\frac{dF}{dt}$

119

玉掛ワイヤーの安全係数は6とされています。例えば、破断荷重を15トン、安全係数を6とすれば、許容できる最大荷重は2.5トンとなります。
　この表は、基準の強さを材料の静荷重における破壊の強さととった場合の安全率の設定です。
　脆性破壊しやすい材料ほど安全率は大きくなり、静荷重－繰り返し荷重－衝撃荷重と荷重の種類によっても安全率は大きく変わります。この衝撃荷重を例にとると、落下して物体が衝突すると、その物体を受け止めた部材には落下速度による運動エネルギーが加わり、重量以上の荷重が生じます。疲労限度を基準にして安全率をかけておけば、疲労破壊をしない設計が可能となります。また、使用期間を限定することができれば、破壊までの時間を基準として、使用時間に安全係数をかけて使用中に疲労破壊が起きないように設計することが可能となります。この時の安全係数を寿命安全係数と呼びます。このように、機械や構造物が、その役目を終わるまで疲労破壊をしないように安全率を設定する設計手法が安全寿命設計です。

⑽　フェイルセーフ構造（リダンダント構造）
　安全寿命設計は疲労破壊を起こさないようにする方法ですが、部材は疲労破壊を引き起こす可能性を持つと考えると、その一部が破壊しても構造全体で致命的な事故に至らず、一定期間意図した動作をするようにできる冗長度を持たせた構造（リダンダント）にすることができます（飛行機におけるリダンダント構造、飛行機の外板を溶接でなく、リベット接合による）。図4-19のように力を伝達する部材が複数からなり、それぞれの部材は荷重を分担して受け持っています。1つの部材（番号2）が破壊しても、分担している荷重は多くの部材（番号1, 3, 4, 5）に配分され、構造全体としては

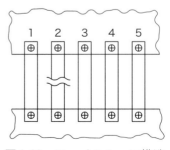

図4-19　フェイルセーフ構造

致命的にならない構造です（フェイルセーフ構造）。破損した部分（番号2）は日常や定期的な点検で容易に検出できます。フェイルセーフシステムをさらに拡大して考えると、システムの一部に何らかの障害が発生した場合に備えて、障害発生後でもシステム全体の機能が維持できるよう、予備装置を平常時からバックアップとして配置し運用しておくことになります。この例では、全体で5本、1～2本故障した場合の予備は3～4本でバックアップすることになります。この考え方は主電源が故障したときに、予備電源を準備しておく方法と同じになります。

4.4　機械安全の原則

1 エネルギー源、伝達経路、エネルギーを受ける人の関係

機械が持っているエネルギーと人との関係を示すと図4-20のようになります。

様々なハザードのエネルギーを持っている機械と人との間には強い関連があり、機械に対する安全対策はこのハザードと人の間、又は人に施されます。

①の経路
　　ハザードが人に直撃する状態が起こる可能性がある（非定常の状態で回転物が飛んでくる、加工製品や機械の一部の破損によって破

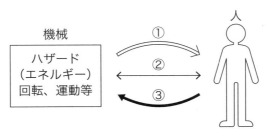

図4-20　機械と人との関係（機械安全）

片が飛んでくるなど多くのケースが考えられる）。

②の経路

　ハザードと人がいつも接近した状態で仕事をしている（頻度が高い）。巻き込まれや挟まれ、打撲等が考えられる。

③の経路

　人がハザードに非定常（定常時以外）の状態のときのみ近づく。故障時やメンテナンスの時など。

　①から③の経路でハザードが人に影響を与えないように機械と人を隔離する方法が有効となります。

② 隔離の原則（人と機械を引き離す）

　隔離の原則を実施する一つの手段として工学的管理策（保護柵〈ガード〉やインターロック機能）を講じることが安全対策となります。次に人への安全対策として人を防護する保護具による方法（例えば、ヘルメット、マスク、メガネ、手袋、防護服などが該当）や人への表示による注意喚起などが対策となります。

③ 機械安全の考え方

　機械安全に対する考え方は次のようになります。

①本質的な安全設計

　機械の設計を工夫することにより、安全防護策の追加設備の設置を行うことなくリスクを低減する安全策をいう（例：故障したときに機械装置が安全側になって停止するフェイルセーフ構造、誤操作や誤設定をしても安全側になるフールプルーフなど）。

②ハード的な工学的管理策（安全防護装置）

　機械装置に人のミスによらない工学的管理策（例：保護柵〈ガー

第4章　機械と機械安全に関する基礎

ド〉やインターロック機能など）やこれらと組み合わされて使用する光線式安全装置、両手操作式安全装置などのリスク低減のための装置をいう。

③注意等の指令的な管理策及び知識

リスクの低減のための手段で、組織が行う作業の実施体制、作業手順の作成と実施、安全防護物（保護具等）の使用、必要な教育訓練の実施など。また、安全管理策のみならず、機械全体の知識、ハザードに関する知識、その他にも使用者が安全に使用するための情報（安全対策の実施状況、保守作業に関する情報、故障・異常時に関する情報、使用の停止、撤去、廃棄等に関する情報）、誤った使い方による警報などの情報も機械装置メーカから提供されなければならない。

④残留リスクの理解

機械の製造者等が実施した設備上の安全策（本質安全、安全防護及び追加の安全策、追加の安全策には残留したエネルギーを除去するための措置、非常停止、脱出又は救助のための措置を可能とする）を講じた後に残るリスクについて理解しておくことが必要となる。残留リスクを低減するために必要な保護具や教育訓練などが考えられる。よく機械装置に注意事項として遵守するよう記載されていることも残留リスクに対する管理策となる。

⑤機械のリスク低減のための手順（リスクアセスメント）

機械装置に関するリスクアセスメントの結果に基づいた安全対策を講じる。

④ 機械装置から放射される危険源

⑴ 騒音による危険源

騒音による影響には永久的な聴力の喪失、耳鳴り、疲労、ストレス、平衡感覚の喪失などの結果が引き起こされます。

⑵ 振動による危険源

　振動は全身（移動機械を使用する場合）及び手並びに腕（手持ち機械及び手案内機械を使用する場合）に伝わり、全身の振動による強い不快感、及び手／腕の振動による白ろう障害のような欠陥障害、神経学的障害、骨・関節障害など引き起こす可能性があります。

⑶ 光、電磁波

　この危険源には下記のようなものがあります。

- 電磁波（例：低周波、ラジオ周波数、マイクロ波領域）
- 電界波、磁界波
- 赤外線、可視光線、紫外線
- レーザ放射
- X線及びγ線
- α線、β線、電子ビーム又はイオンビーム、中性子
- 高輝度放射

　火傷のように直ちに影響が現れる場合もありますが、遺伝上の突然変異のように長期間を経て影響が現れる場合も考えられます。

⑷ 熱の放射

- 火炎又は爆発による火傷及び熱傷
- 熱放射による高温作業環境から生じる健康障害（例：熱射病、熱中症）

⑸ 危険物質の放出

　機械装置の内部に加工油、有機溶剤等の化学物質の使用、これら化学物質が異常温度や圧力によって外部に放射される可能性があります（例：気体〈ガス〉、粉じん、液体など）。

第4章　機械と機械安全に関する基礎

5 機械装置の危険源

(1) 機械的危険源

　機械、機械部品、ワークピース、負荷によって生じる危険源は次のような条件によって引き起こされます。

- 形状（切断要素、鋭利な端部、角ばった部品等）
- 質量及び速度による安定性（位置エネルギー、運動エネルギー）
- 転倒に対する安定性（重心による安定性が重要）
- 加速度や減速度
- 破損や破損を生じさせる不十分な機械的強度
- 要素（ばねの蓄積エネルギー）、加圧下、真空下、液体や気体の蓄積エネルギー
- 作業環境（熱、温度、湿度、空気清浄度など）

(2) 電気的危険源

- 充電部や導電性部分に接触する（直接接触）
- 不適切な状態のとき、絶縁不良（不適切な絶縁も含めて）の結果として充電部に接触（間接接触）
- 高電圧領域に接近、接触
- 帯電部への接触による静電気現象

(3) 熱的危険源

- 極端な温度の物体又は材料と接触
- 熱源からの放熱による火傷及び熱傷
- 熱源からの高温作業環境によって生じる健康障害
- 低温部からの低温作業環境によって生じる健康障害

(4) 圧力的なエネルギー（固体、気体、液体）

　空気や液体による圧力エネルギーの発生、及びその残圧力エネルギー

の発生。

⑸ 化学物質の使用
　化学物質との接触、化学物質による副次的な危険源（溶剤の燃焼）

⑹ 材料及び物質による危険源
　機械類で処理、使用、生産又は排出される材料及び物質、並びに機械を製作するために使用される材料は種々の危険源を生じ得ます。
　　例：有害性、毒性、腐食性、奇形発生性、発がん性、刺激性を有する流体、ガス、ミスト、煙、繊維、粉じん、エアゾルの吸引、皮膚、目及び粘膜に接触すること又は吸入することによる危険源。

　　　■ 火災及び爆発の危険源
　　　■ 生物（例：カビ）及び微生物（ウイルス又は細菌）による危険源

⑺ すべり、つまずき、及び墜落の危険源
　　　■ 床面及び接近手段によって生じ得る

⑻ 機械が使用される環境に関連する危険源
　　　■ 温度、湿度、空気環境（油煙、粉じん、ミスト、温度上昇、CO_2濃度上昇など）

4.5　機械加工に使用する切削油

　機械加工では材料を切削するときに切削油を使用します。この切削油は使用後には廃棄されて廃棄物になりますが、廃棄物を削減する三原則は、使用量を減らす（Reduce）、そのまま繰り返し使用できるようにする（Recycle）、再利用できるようにする（Reuse）ことの3Rとなります。この切削油には油性のもの、水溶性のもの、油水混合、エマルジョンタイプなどがあり、油性や水性のものでも繰り返し使用（Recycle）

して減量したときに追加すればよいものもあります。機械加工で切削油を使用する場合、図4-21に示すように、オイルタンクからポンプによって切削油を送り、ノズルから加工物に注入する方式では、切削油を油性のミスト又は水性のミストにして切削油の使用量を削減する方法が考えられます（油タンクを不要とすることもできる）。このようにすることによりポンプの負荷も軽くなり消費電力を低減することができます。安全面では、ミストの吸入、皮膚への付着などが考えられます。

　金属加工した材料を防錆処理する場合は、防錆油の燃焼性（引火点）、蒸気吸入、付着などによる影響が考えられるので、安全性の確認や保護具の必要性については安全データシート（SDS）を参考にマスク、手袋、衣服などの保護具を含めて適切な処置をとることが必要となります。

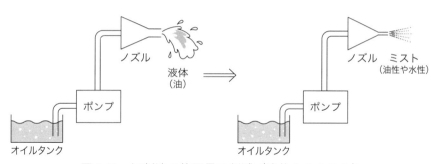

図4-21　切削油の使用量の削減（液体からミスト）

第5章

騒音に関する基礎

5.1 音に関する基礎知識

⑴ 産業分野における騒音源

　産業分野における騒音源は送風機、排気ファン、燃焼炉、ボイラー、コンプレッサー、大型エンジンなどの低周波の音から機械加工分野における板金、鍛造、プレスなどの職場をはじめ建設・土木業で発生する音など、多岐に及びます。騒音は目的とする業務を邪魔（必要でない不要な音である）する要因となり、多くの産業分野に従事する人に心理的な面から健康的な面、さらに大きくは社会的な面まで悪影響を及ぼします。また、工場周辺の地域に環境影響を与えることになります。

⑵ 音の3要素

　音は空気の振動であり（圧縮と膨張の繰り返しである疎密波）、この振動が空気（気体）や液体（水）や固体（鉄）などの媒質を波として伝わるものです。台風のときの海面のゆれのような横波と津波のような縦波がありますが、音の波（以下音波）と呼ぶのは縦波（空気の疎密波の振動と進行方向が同じもの）です。音の特徴は図5-1に示すように、⒜音の大きさ（振動レベル）、⒝周波数特性（周波数ごとに大きさが異なるスペクトル、AとB）、⒞音の波形（なだらかな波形や急峻な波形など）の3つの要素を持っています。それぞれの状態によって受ける感じや程度が異なります。

⑶ 音の大きさ（音圧）の感覚

　音波は空気の振動が大きいほど人の耳には大きな音として聞こえます。空気の振動の大きさは音の力なので音圧と呼び、単位はパスカ

第 5 章　騒音に関する基礎

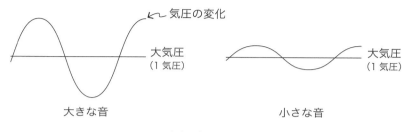

（a）音の大きさ

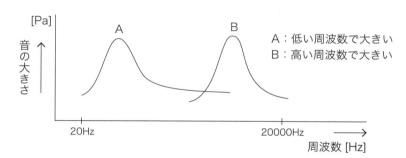

（b）周波数特性

（c）音の波形

図5-1　音の3要素

ル［Pa］で表します。1 Paとは図5-2 (d) に示すように1 m²に均一に100 gの重さ（約1 N）のものを載せたときに感じる力です。これを鼓膜の大きさに近い1 cm²あたりにすると10 mgの重さとなります。あまりにも小さくて感覚がつかめません。これが地下鉄のホームで聞く電車の1 Paの音と同じになります（図 (c)）。人の耳で聞き取れる最小の音圧は図 (a) のように2×10⁻⁵ Pa（20マイクロパスカル：μPa）で、普通の会話の音では音圧10⁻²［Pa］、目覚まし時計10⁻¹［Pa］、ジェット機の騒音が10［Pa］程度となります。このことから小さな音から大きな音まで人間は50万倍程度の範囲の音を聞いていることになります。人間の音圧に対するダイナミックレンジは20 log (50×10⁴)≒114 dBとなります。ここで飛行機に乗った時、地上では1気圧、上空の機内圧力を0.8気圧程度とすれば、その差0.2気圧（1気圧＝0.1 MPa、10万Pa）、つまり20,000 Paの圧力変化（200 g/cm²）を耳で受けていることになります（痛く感じる人もいる）。つまり、音の大きさは、聞こえるうるささ、人によって異なりますが感覚の程度ということになります。

⑷ 音圧は実効値

　音の大きさ（音圧）は図5-3に示すように、空気が振動しているので大気圧（1気圧）が基準で、1気圧からのズレの大きさとなります（このズレが音圧、台風などでは気圧の差、大気圧1013 hPa〈ヘクトパスカル、ヘクトとは100倍〉に対して台風中心が970 hPa、差は43 hPa）。今、周期がTで正弦波状（sin）に変化する音圧は、電気の分野で交流信号の絶対値と等しい直流電圧のレベルを実効値と定めているので、音圧についても同じように考えると実効値で表すことができます。音圧の大きさの最大値を P_{max} とすれば実効値は $\dfrac{P_{max}}{\sqrt{2}}$ で最大値の約70%の大きさとなります。

⑸ 音の強さ（エネルギー）

　音の強さは物理的エネルギーで耳には刺激の程度として感じ、その大きさをデシベルdBで表します。人の耳には、小さな音と大きな音

第 5 章　騒音に関する基礎

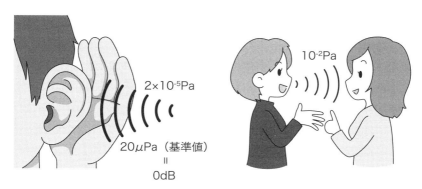

(a) 人が聞きとれる最小の音（基準0dB）　　(b) 普通の会話（60dB）

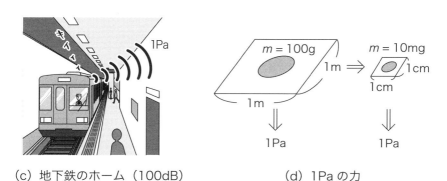

(c) 地下鉄のホーム（100dB）　　(d) 1Pa の力

図5-2　音の大きさ（音圧）

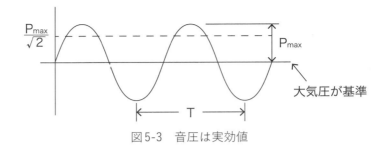

図5-3　音圧は実効値

が100万倍違ってもそのようには感じません。そこで音の強さが人の感覚に近くなるような指標があると便利となります。その指標が音の強さを表す単位でデシベル［dB］が使用されます。ここで人が聞き取れる最小の音のレベル P_0（$2×10^{-5}$パスカル）を基準の 0 dB（音圧の最小値20 µPa を基準）、知りたい音圧を P［dB］とすれば音のエネルギー比は $10 \log P^2/P_0^2$ と表すことができます。音圧比（音の大きさの比）は $20 \log(P/P_0)$［dB］となるので、音圧が1桁増える（10倍）ごとに20 dB 増加、音圧が2倍になると 6 dB 増加、音圧が $\frac{1}{2}$ になると 6 dB 減少することになります。人の話し声（10^{-2}パスカル）の場合は、$20 \log (10^{-2}/2×10^{-5}) ≒ 54$ dB となります。これより騒音規制値の60 dB は人の話し声に 6 dB（2倍）を加えたものと等しくなることがわかります。騒音規制値が40 dB や 50 dB はいかに厳しい値であるかわかります。

5.2　音圧とエネルギー流との関係

(1) 音圧と音の強さの関係

音は音源から空間を伝わるので、単位時間［s］あたり、ある面積［m²］をエネルギー［J］が伝搬すると考えれば音の強さは単位面積あたりのエネルギー流［W/m² = J/(m²·s)］で表すことができます（図5-4(a)）。このエネルギー流を S［W/m²］とすれば、電気回路で電力 $P = \dfrac{V^2}{Z}$（V は電圧、Z はインピーダンス）と表したのと同じように $S = \dfrac{P^2}{Z}$ と表すことができます（音圧が電圧に相当）。

(a) 音圧 P と音の強さ（エネルギー流）S

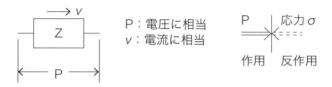

(b) インピーダンス Z の考え方

図5-4　音圧とインピーダンス、エネルギー流の関係

ここで、インピーダンス（音響インピーダンス）は音の変化により空気が圧縮されるときには圧縮を妨げる力（膨張しようとする力）が働き、空気が膨張するときには圧縮しようとする力の働きをいいます。音圧 P によって空気が速度 v で動くときに $Z = \dfrac{P}{v}$ [Pa/(m/s) = kg/(s·m²)] で表すことができるので（図(b)）、エネルギー流 S [W/m²] と音圧 P、インピーダンス Z の関係は次のようになります。

$$S = \dfrac{P^2}{Z} = P \cdot v$$

ここで、空気密度を ρ [kg/m³]、音の速度を v [m/s] とすれば、このインピーダンス Z は $\rho \times v$ に等しくなります。従って、音圧 P と音速 v の関係は $Z = \dfrac{P}{v}$ より、$P = \rho \cdot v^2$ となり、音速 v は音圧 P と空気密度 ρ から求めることができます。

⑵ 音源と音の強さの関係

今、図5-5のように音源の出力Q[W]（音源のエネルギー）があり、音源の中心から半径rの全球面（表面積$4\pi r^2$）あたりの音の強さS[W/m²]は次のように表すことができます。

$$S = \frac{Q}{4\pi r^2}$$

半球面では表面積が半分の$2\pi r^2$となるので、$S = \frac{Q}{2\pi r^2}$となります。

[計算例1]：Q = 7500 [W]（10馬力相当）の音源から、距離r = 10 mにおける音の強さS[W/m²]は、S = 7500/4×3.14×100 = 6.2 [W/m²]、空気中の音の速度をv = 340 [m/s]とすれば音圧P[Pa]はS = P×vから0.018 Paとなります。音源を片側だけですべて受けた場合はこの半分でちょうど人の話し声と同じ程度の音圧となります。

[計算例2]：最小の音圧レベルのエネルギーS₀（最小可聴値、2×10⁻⁵ Pa）を計算すると、S = 6.8×10⁻³ [W/m²]となります（エネルギー流は10馬力の音源に比べて約$\frac{1}{1000}$となります）。

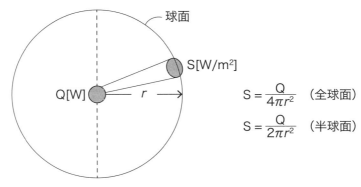

図5-5　音源と音の強さ（エネルギー）の関係

第5章 騒音に関する基礎

5.3 音の伝搬と減衰

⑴ 音の伝搬速度 v [m/s]

音は振動が音波として伝搬するため、伝搬する媒質によって速度が異なります。

気体、液体、固体の順に音速は大きくなり、およそ空気中では340 m/s、水中では1500 m/s、鉄の中では5000 m/s となります。

①気体中の音速

気体の比熱比を γ（定圧比熱 C_p／定積比熱 C_v）、気圧 P [Pa] と密度 ρ [kg/m^3] を用いて速度 v は次のように表すことができます。

$$v = \sqrt{\frac{\gamma p}{\rho}}$$

空気の例：$\gamma = 1.4$（空気では $C_p = 1005$ [J/kg·K]、$C_v = 717$ [J/kg·K]）、1 気圧は、

$$P = 10^5 \text{ [Pa]}、\rho = 1.293 \text{ より } v = 329 \text{ [m/s]}$$

②固体と液体中

音速 v は媒質の体積弾性係数 K [Pa] と密度 ρ [kg/m^3] によって決まり、$v = \sqrt{\frac{K}{\rho}}$ [m/s] となります（圧力 P を加えると媒質内で弾性変形における反作用の応力 σ [Pa] が発生して、ひずみ ε〈無次元〉が生じます。このひずみに対する応力の比 σ/ε の値を体積弾性係数 K と呼びます。弾性係数は媒質の変形しにくさを示す物性値で応力 [Pa] と同じ次元を持ちます）。従って、媒質の速度は音圧が大きいほど、媒質の密度が小さいほど、音速が速くなることになります。

音速の計算例：

- 空気の場合、$\rho = 1.2 \text{ kg/m}^3$、$K = 1.4 \times 10^5 \text{ Pa}$、$v = 341 \text{ m/s}$

- 水の場合、$\rho = 1000\,\text{kg/m}^3$、$K = 2.2\,\text{GPa}$（20℃）、$v = 14823\,\text{m/s}$
- 純鉄の場合、$\rho = 7.87 \times 10^3\,\text{kg/m}^3$、$K = 169.8\,\text{GPa}$、$v = 4644\,\text{m/s}$

(2) 音の減衰

音の距離に対する減衰（距離減衰）は音源の状況、つまり点音源、線音源、面音源によって異なります。

①点音源（音源が集中している）

点音源の音圧を $P\,[\text{Pa}]$ とすれば、音圧の減衰量 $A\,[\text{dB}]$ は距離の2乗に比例して減衰します（音源からのエネルギーは球面上に放射、球面上のエネルギーをすべて足し合わせると音源のエネルギーに等しいことから）。図5-6(a)のように基準点Aを r_0 とすれば距離 r だけ離れたB点での音の減衰量 $At\,[\text{dB}]$ は次のようになります。

$$At = 20 \log \left(\frac{r}{r_0} \right)^2$$

このことから距離が10倍離れる $\left(\frac{r}{r_0} = 10 \right)$ と音圧は $40\,\text{dB} \left(\frac{1}{100} \right)$ と大きく減衰します。

②線音源（音源が長さを持っている）

線音源からの減衰量 At は距離に比例して減衰します（音源からのエネルギーが長さ L に対して半径 r の円柱状に放射するとして、円柱上のエネルギーをすべて足し合わせると線音源のエネルギーに等しいことから）。図(b)のように基準点を r_0 とすれば離れた距離 r（距離 r から見て線音源に見えるとき）における減衰量 At は次のようになります。

$$At = 20 \log \left(\frac{r}{r_0} \right)$$

距離が10倍離れる $\left(\frac{r}{r_0} = 10 \right)$ と音圧は $20\,\text{dB} \left(\frac{1}{10} \right)$ 減衰します。

距離が大きく離れ、線音源を見たときに点音源とみなすことがで

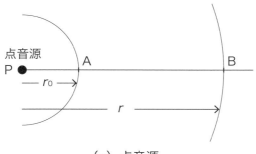

(a) 点音源

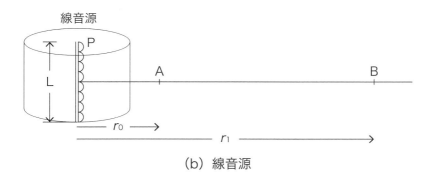

(b) 線音源

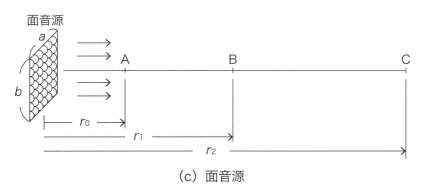

(c) 面音源

図5-6 音源からの距離に対する減衰量

きるときには点音源の式が適用できます。このことは線音源の長さ L と距離 r との関係によって決まります。

③面音源（音の発生が面状、ある程度の面積をもったもの）

　　面音源の大きさを $a \times b$ とします。図(c)のように、比較的近い距離 A (r_0) では面発光の照明光がほぼ減衰しないのと同じように面音源からの音も減衰しないので、理想的には減衰量 A$t = 0$ となります。次にある距離 r_1 から見たときに面音源が線音源に見えるような寸法では減衰量 A は A $= 20 \log\left(\dfrac{r}{r_1}\right)$ となり、さらに離れた距離 r_2 から音源を見たときに点音源に見えるときには、点音源からの減衰量と同じ式となります。

⑶ 音の共振（共鳴現象）：音のエネルギーが大きくなる

　音は音波であり、障害物があると反射したり、回り込んだりする性質があります。音波は空気中を波のように振動しています。今、図 5-7(a)のように音波が壁に向かって進んでいる（入射波 A）とします。この波が壁にぶつかり反射して点線の反射波 B が生じます。そうすると入射波と反射波の位相が同じときには A＋B の大きなレベルの波（この波のことを定常波といいます。以前は定在波）が生じて、振幅が最大と最小の位置（腹）と振幅がゼロの位置（節）が固定され、最大振幅の定常波が生じます。この現象が共振現象であり、音の場合は「共鳴」と呼び、その定常波が生じている周波数を「共鳴（共振）周波数」といいます。図(b)には「音叉」による共鳴を示しています。共鳴が起こると波の振幅は大きくなり、最大2倍になるので、音波の強度（エネルギー）は4倍（12 dB 増加）となります。音源が複数ある中で、ある方向のみ特に強く感じられることがありますが、この現象は上記の共振が発生している場合が多いのです。

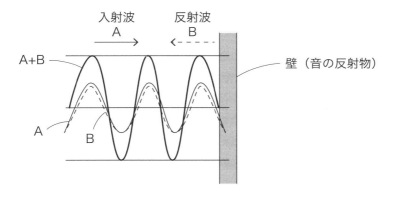

(a) 定常波の発生

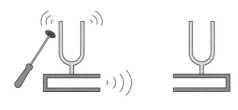

(b) 音叉の共鳴

図5-7　共振現象による音のエネルギー増大

5.4　耳の聴覚特性（音圧と周波数による人が受ける音のレベルの差）

⑴　耳の聴覚特性の測定方法

　人の聴覚は物理的な音圧が同じでも周波数により感覚としての音の大きさが異なります。人間が耳で感じる音の大きさのことをラウドネスといいます。音圧レベルの大きさと人間の感じる騒音の大きさは必ずしも正比例しません。人間の耳の特性を求めるには、図5-8のように音波に対する聞こえ方の程度を調べなければなりません。具体的には基準となる標準音（周波数 $f_0 = 1000\,\mathrm{Hz}$）を聞いたときと、これと比較するため

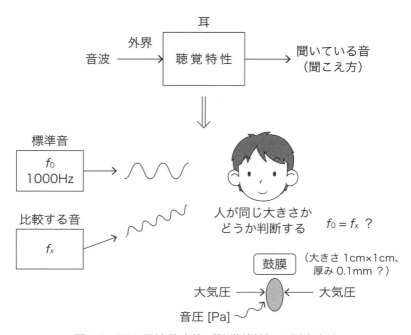

図5-8　耳の周波数応答（聴覚特性）の測定方法

には周波数 f_x の異なる音波を聞いたときに等しい大きさであると判断することができれば、周波数ごとに感じる程度を定量的に表すことができます。鼓膜は外界と内部から均等に大気圧（１気圧）がかかっており平衡している、その平衡状態に大気圧を基準としてずれの大きさである音波が加わると音を感じることができます。こうして測定した曲線が図5-9(a)に示す等ラウドネスレベル曲線（ISO226: 2003）です。

(2) 人間の耳の周波数応答（聴覚特性）

　図(a)の周波数（横軸）に対する音圧のレベル（縦軸）の関係を示した等ラウドネスレベル曲線を見ると、音の大きさが小さいほど（図中の音圧曲線の数値は1000 Hzの値）、周波数が低いほど、耳の感覚が鋭くなっている（1000 Hzで40 dBレベルの音●は32 Hzでは90 dBレベルの音▲〈大きな音〉と同じに感じる）、つまり低周波領域では大きな音と

第5章 騒音に関する基礎

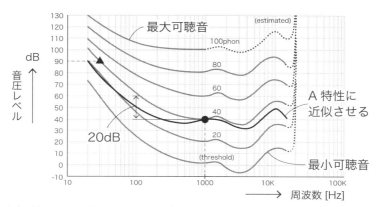

(a) 等ラウドネスレベル曲線（ISO226：2003）（音の聞こえ方）

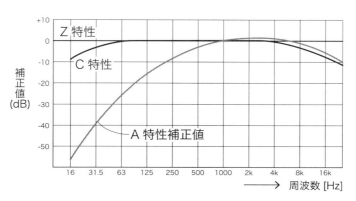

周波数	31.5	63	125	250	500	1000	2000	4000	8000
補正値	-39	-26	-16	-9	-3	0	+1	+1	-1

(b) A特性補正値

図5-9 音の聞こえ方の特性

して感じられていることになります。このことから、例えば100 Hz の
音と2000 Hz の音では同じ音圧レベルであっても20 dB 程度「うるささ」
は異なります。従って、音（騒音）の大きさを表現する場合は、周波
数ごとの人の感覚を考慮する必要があり、1000 Hz の音の大きさを基準
（0 dB）にして、周波数ごとに補正した値を騒音の大きさとして図(b)の
A特性補正曲線が使用されます。等ラウドネスレベル曲線は等しい音の
大きさと感じる周波数と音圧のマップを等高線として結んだもので騒音
レベルの測定とも深い関係をもっています。現在、騒音レベル（いわゆ
る dB 値）の測定は、人間の聴覚感度特性を反映した A特性と呼ばれる
周波数補正特性を用いて測定されています。低い周波数域で大きな差が
みられます。

⑶ 人間の感覚の特性と聴覚特性

　エルンスト・ウェーバー（1795〜1878、ドイツの生理学者・解剖学
者）とその弟子のグスタフ・フェヒナー（1801〜1887、ドイツの物理学
者）は人が感じる感覚の強さは、近似的には物理的な刺激の強さの対数
に比例することを発見しました。ウェーバー・フェヒナーの法則（1860
年）とは図5-10(a)のように、人間の感覚量 P（人間の感覚特性という
フィルターを通して感じる量）は、受ける刺激の強さ I（物理的な大き
さ、エネルギー）の対数に比例しています。人間の五感では中程度の刺
激に対してはよい近似となることが知られています。感覚量 P と刺激
量 I との関係は次のように表すことができます。

$$P = k\log_e (I/I_0)　（対数の底は自然対数 e）$$

　P：感覚の強さ（感覚量）、I：刺激の強さ（物理的エネルギー、
dB、%、ppm など）、I_0：感覚の強さが 0 になる刺激の強さ、k：刺激
固有の定数（感覚ごとに異なる値：音に対する聴覚、光に対する視
覚、味覚物質に対する味覚、臭気物質に対する嗅覚、重さに対する触
覚など）。

第 5 章　騒音に関する基礎

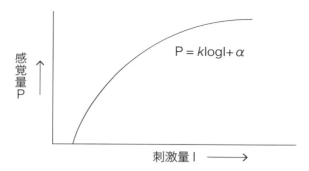

（a）ウェーバー・フェヒナーの法則（刺激量・感覚量）

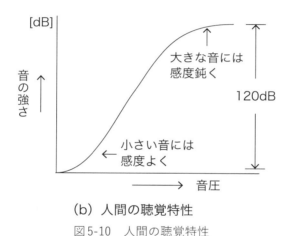

（b）人間の聴覚特性

図 5-10　人間の聴覚特性

　人間の耳の聴覚特性は図(b)のように小さい音には「感度よく」、中程度の音に対しては比例して、大きな音に対しては「感度鈍く」反応します。最小の可聴値から最大の可聴値までのレンジがおよそ 120 dB となっています。ちなみに人間の目に対する視覚特性のダイナミックレンジはほぼ 80 dB くらいと言われています。

5.5 騒音が人間に及ぼす悪影響

⑴ 騒音が人に悪影響を及ぼすメカニズム

　図5-11(a)は人の耳の構造を示したものです。人の耳が外部の音を感じるメカニズムは次のようになります。外部からの音が外耳道を経由して鼓膜を振動させ、その振動のエネルギーが中耳にある小さな耳小骨を介して内耳にある蝸牛に伝えられます。蝸牛には音を感じる感覚細胞（有毛細胞）があり、ここで振動のエネルギーを電気エネルギーに変換して蝸牛神経に伝えます。音が聞こえる仕組みは図(b)のように2つの経路（気導と骨導）があります。一つは、上記のメカニズムを集約すると音波が音のセンサーである鼓膜を振動させ、その出力を増幅器で A＝約1000倍に大きくして内耳に伝えます（気導）。もう一方の経路は、頭骨から直接内耳に伝わる経路（骨導）があります。これは耳を完全にふさいで頭をたたいたときのように鼓膜や耳小骨を介さないで直接内耳に伝わるもので、普段自分の声を聴いているのは、この2つの経路からの音です。これに対してテープレコーダなどに録音した音は図(b)の(1)気導のみを伝わってくる音です。このため自分の声を聴くと骨導がカットされているため自分の声でないような違和感を感じます。この音が聞こえるメカニズムから、音の振動が大きすぎると有毛細胞が障害を受け機能しなくなり難聴（感覚難聴）になります。音が原因の難聴には、極めて大きな音によって短時間に起こる急性難聴と数年〜十数年の長期間騒音に曝されて起こる慢性的な難聴があります。

　騒音（音圧）を浴びていると内耳の蝸牛にある感覚細胞が障害を受け、徐々に聴力が落ちます（騒音性難聴）。他にも騒音の悪影響には次のような影響があります。

- 生理的影響（不快感、睡眠障害など）
  睡眠など生理的な影響（睡眠レベルは30 dB 以下〈音圧0.0003 Pa＝0.3 mPa〉）
- 心理的な影響としてストレス、ストレスによる自律神経や内分泌系

第5章　騒音に関する基礎

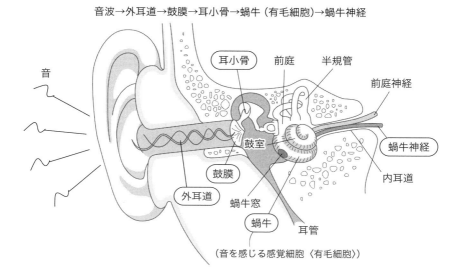

（a）耳の構造

（1）気道を伝わる音（気導音）

（2）頭骨を伝わる音（骨導音）

（b）音が伝わる2つの経路

図5-11　耳の構造と音の伝わり方

を介した身体への影響
- 活動妨害（読書や仕事など）
- 社会的影響（工場騒音、飛行場など）

(2) 音の周波数特性（人間の標準的な閾値特性）

　人間の耳に聞こえる可聴音の周波数帯は、およそ20Hzから20000Hz（20kHz）となります。そのうち80Hzから100Hzが低周波音に、20Hzよりさらに低い周波数が超低周波音に、20000Hzより高い超音波に分類されています（図5-12）。

　人間が不快に感じる音の周波数は2kHz〜4kHz、人間の話し声は150Hz〜7kHzの範囲にあり、人間の音に対する感度は周波数によって異なります。人に聞こえる最も小さな音のレベルを「聴覚閾値」と呼び、2000Hzから5000Hzが最も閾値が低くなるため、この領域の音源に対して最も感度が高くなります。この周波数帯の音にはキーンとなる金属音、金属同士がぶつかって生じる音、ピーッとなる音などがあります。この聴覚レベルを下回る音圧であれば感じることはありません。100Hz近辺の低周波音には窓ガラスが揺れる、振動するなどがあります。低周波の音は聞こえにくいですが個人差も大きく、不快感のような心理的な影響を及ぼします。音圧が小さくても減衰しないで伝搬して遠方まで伝わるものもあります。

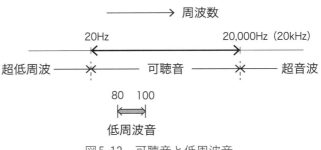

図5-12　可聴音と低周波音

(3) エネルギー保存の法則と音

今、騒音が発生する装置として図5-13のようなモータの回路を考えます。全入力電力（エネルギー）P_t は $P_t = VI\,[\mathrm{W}]$、このうち負荷であるモータに供給される電力を P_z とします。この回路ではモータの配線や回路の配線の抵抗成分によって熱が発生してエネルギーが消費され、この抵抗成分をまとめて r とすれば消費電力は $P_h = I^2r\,[\mathrm{W}]$ となります。このほかにモータ回路全体から小さいながら外部に高周波の放射ノイズ $P_n\,[\mathrm{W}]$（電磁波）が放出され、さらに負荷であるモータが回転することによって騒音や振動、熱が発生します。この振動・騒音の電力を $P_s\,[\mathrm{W}]$ とします。ここで、このモータ回路にエネルギー保存の法則を適用すると、次の式が成り立ちます。

$$\text{入力電力}\ P_t = P_h(\text{熱}) + P_z(\text{負荷電力}) + P_n(\text{電磁波放射}) + P_s(\text{振動・騒音})$$

ここで振動・騒音源は、負荷であるモータの回転状況による音（回転しているものの大きさ、回転数、モータの構造など）と負荷の運動状態（直進運動、回転運動、摩擦の状況、回転ブレ、異常音等）に起因することが多くなります。モータの回路が正常な状態では、一定の負荷運転をしているので、入力電力は一定となっています。しかしながら、異常

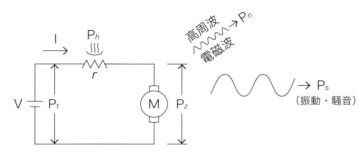

入力電力 $P_t = P_h(\text{熱}) + P_z(\text{負荷}) + P_n(\text{電磁波ノイズ}) + P_s(\text{振動・騒音})$
図5-13　エネルギー保存の法則と音のエネルギー

な状態が起こると上記の式から、入力電力 P_t の変動、P_h（熱）の異常、P_z（負荷電力）の異常、P_n（電磁波放射）の異常、P_s（振動・騒音）の異常が発生します。このような異常状態が環境や安全へ影響を及ぼす可能性があります。こうした非定常（異常、緊急）状況を早期に把握するためには、適切なチェックリストによる点検、メカニズムの知識と力量をもった人が必要となります。

5.6　作業環境測定

作業環境測定の目的は、作業環境を測定して、その結果を評価して管理するための対策が必要か否か判断するために行われます。日本では労働安全衛生規則に基づいて 6 カ月以内ごとに 1 回、定期的に等価騒音レベルを測定することが義務付けられています。

1 等価騒音レベルの測定

騒音の測定には図5-14(a)に示す JIS で定められた騒音計（JIS C 1509）が使用されます。騒音の大きさはデシベルで dB（A）と表します。騒音は図5-9のように周波数により人によって感じる程度が異なるため、騒音計も耳による感覚と同じ値が得られるように補正する必要があります。このときに使用される周波数の補正曲線がA特性の曲線（図5-9(b)）です。従って dB（A）はA特性の曲線で補正された値ということになります。等価騒音レベルとは、騒音レベルが時間とともに不規則かつ大幅に変化している場合（非定常音、変動騒音）に図(b)のように、ある時間内（時間 T_1 から T_2）で変動する騒音レベルのエネルギーに着目して時間 T_1 から T_2 の時間平均値 P_{av} を算出した等価騒音レベルが使用されます。

作業環境の測定方法には作業場所の平均的な騒音の程度を測定するA測定と、作業者がどの程度大きな騒音を受けているかを知るためのB測定があります（図5-15）。

(a) 騒音計（JIS C 1509）

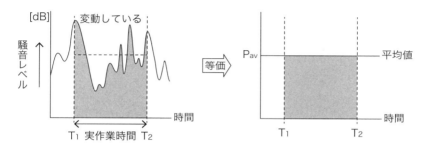

(b) 等価騒音レベル

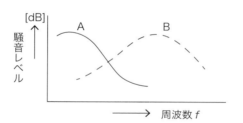

(c) 周波数分析器による周波数特性

図5-14　騒音の測定

A測定：作業場を縦、横6m以下の等間隔で引いた交点を測定点として、床上1.2mから1.5mの間で測定する。
B測定：騒音発生源に近接する場合において作業が行われる場合、その位置において行う。

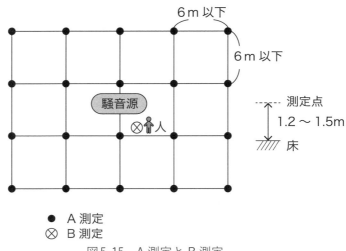

図5-15　A測定とB測定

2 管理区分と管理区分に応じた管理

　図5-15のA測定とB測定の結果の評価に基づいて、次のように管理区分を定めます。

(1) 管理区分Ⅰ（A測定、B測定とも85 dB 未満）：作業環境の維持継続
(2) 管理区分Ⅱ（管理区分Ⅲと管理区分Ⅰ以外の範囲、85 dB 以上90 dB 未満）：場所を明示する。設備・施設や作業工程、作業方法の点検をする。必要に応じ保護具を使用する。作業改善による管理区分Ⅰとなるよう努力する。
(3) 管理区分Ⅲ（A測定かB測定いずれかで90 dB 以上）：場所の明示、保護具の使用の掲示、設備・施設や作業工程、作業方法の点検、作業改善による管理区分Ⅱとなるよう努力する。

3 作業者への教育

作業者に対しては騒音の人体に及ぼす影響、適切な作業管理方法、防音保護具の使用法と管理方法、作業改善提案等を教育します。

5.7 騒音低減技術

騒音の防止対策の基本は、図5-16(a)のような3つの要素（騒音源、伝搬、受ける人〈作業者〉）、このメカニズムを考慮して、音源に対する対策、伝搬経路に対する対策、作業者側での対策に分けることができます。対策の優先順位は、騒音源の対策、伝搬経路の対策、作業者側の対

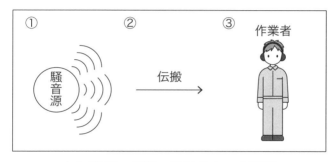

(a) 音源、伝搬、受ける人の3要素

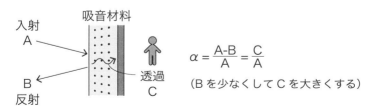

(b) 吸音特性（吸音率）

図5-16　騒音対策の考え方

策の順となります。音源に対する対策では、**機械装置のある部分**（振動や回転機構）から発生しているのか、装置の故障時や劣化のような非定常時に発生するのか、ある特定の条件のとき発生するのか、作業方法にかかわるのかなど、真の騒音発生源がどこにあるのか調査・分析して明らかにすることです。

　伝搬経路に対する対策ではほとんどの音は空気中を伝わることを考えると音波の進行と障害物にあたり反射する、進行する波と反射する波の干渉による定常波（定在波）の発生、音波は障害物でも回り込む性質がある、これらを考慮して、音波を遮断する方法（反射させて、透過する音波を少なくする）、吸音材を用いて音波を吸収して反射音を少なくすることや透過する音波を小さくする方法などが考えられます。作業者側での対策では、作業者の耳に音波が入らないようにするための最適な保護具を使用することが考えられます。それぞれの要素に対する考え方の例を以下に示します。

(1) 騒音源の低減

　音源の除去（消音を含めて）、音源の低騒音化（低騒音装置の使用、給油、部品交換、各種調整）、音源の遮断（防音カバー、吸音ダクト）、防振・制振（共振の防止、防振ゴムの使用、制振材料使用、床への使用）、機械装置のメンテナンス（注油、部品交換、点検、整備等）、運転方法（低騒音運転、音源の分離、自動化など）の改善など。

(2) 伝搬経路の対策

　遮蔽・密閉化（遮蔽物や壁、部屋の密閉には換気を確保する）、距離を離す（レイアウトを含む）、吸音材（音を吸収）や遮音材（音を反射）の使用（多重化も含めて）、音源の志向性（音源の向きを変える、特定の向きに伝搬させるなど）、開口部を小さな面積にする、消音器の使用など。図(b)に示す吸音材料を用いて音を吸収して低減する考え方について、入射する音A、吸音材で反射する音B、吸音材の中に侵入し透過する音Cとすれば、式のα（吸音係数）を大きくするためには入射する

防音保護具のJIS規格（JIS T 8161）

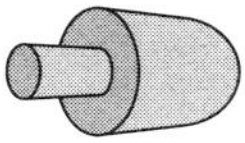

種類	分類	記号	内　　容
耳栓	1種	EP-1	低音から高音まで遮音するもの
	2種	EP-2	主に高音を遮音するもので会話域程度の低音を透過しやすくするもの
耳覆い	―	EM	―

図5-17　保護具

音Aに対して、吸音材に侵入する音Cを大きくすることです。これに対して吸音材を音を反射する材料に変えた場合は、反射する音Bをできるだけ大きくして透過する音Cを小さくして騒音レベルを低減することになります。

(3) 作業者側（騒音受信）での対策

遮蔽、作業方法の改善（作業時間の短縮を含めて）、耳の保護具（さまざまなタイプの耳栓、イヤーマフなどの耳覆い等）を使用（保護具の使用方法及び管理も含めて）、遠隔操作などがあります。図5-17の防音用保護具に対するJIS規格（JIS T 8161）には耳栓（第1種と第2種）、耳覆いがあります。用途に応じて適切なものを使用することが望まれます。

5.8　超音波の基礎

1 超音波の発生

超音波の発生や検出には、圧電振動子（他、磁歪振動子）が利用されます。この現象は、水晶などの圧電特性を持つ結晶に外から力を加えると電圧が発生する（逆に電圧を加えると力が発生）というもので、1880

年にフランスの物理学者キュリー兄弟によって発見されました。図5-18のように圧電性を有する材料の両端の電極間に電圧を加えると、電圧の極性に応じて圧電振動子が伸び縮みして力Pを発生します。この力を利用して超音波を発生させます。液体には大気圧（1気圧）が常に加わっています。これに超音波を加えると、圧力が大気圧を中心に超音波周波数で繰り返し変化します。例えば、金属、樹脂部品の脱脂洗浄、精密金属の部品洗浄、病院、メガネ店、半導体分野などの産業用洗浄装置には超音波を利用した洗浄方法がよく用いられています。圧電振動子に印加する周波数は10 kHz〜100 kHzで、単位面積あたりのパワー密度J［W/m²］は用途によって異なります。さらに周波数を高くした数メガヘルツ程度のものまでも精密洗浄では使用されています。図5-19は超音波振動子（洗浄する槽の面積に応じて複数の振動子を用いる）を用いた超音波洗浄装置の原理を示したものです。超音波振動子に交流信号 f_0 を加えると振動子の振動が振動板に伝わり洗浄液に音波を発生させます。今、大気圧を基準として音圧が2気圧変化しているとすれば、負の音圧（0気圧）では液体が引きはがされ、小さな泡が発生します。この現象を空洞現象（キャビテーション現象）といいます。次の正の音圧（2気圧）では液体は押しつぶされ、気泡が壊れ消滅します。このときに発生する大きなエネルギー（音圧のエネルギーから泡の変位のエネルギーに変換）が汚れを取り除く洗浄や液体表面からの噴霧などに利用されています。

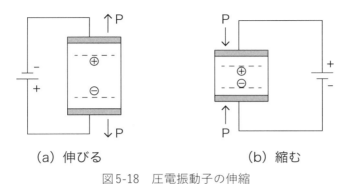

(a) 伸びる　　　　　　(b) 縮む

図5-18　圧電振動子の伸縮

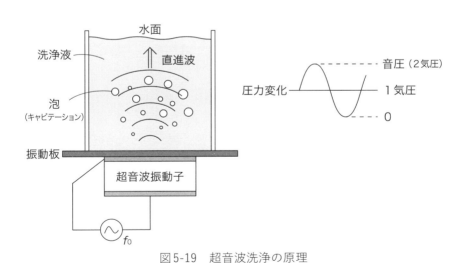

図5-19　超音波洗浄の原理

第6章

化学物質管理の基礎

6.1 化学物質管理の目的

　現代の産業には工業をはじめ、多くの化学物質が使用されています。この化学物質の人への影響については、症状が急に出るもの（程度の差はあるが急性中毒など）や短期的・中期的に影響が現れるもの、長期的に影響が現れるものなど様々あります。世界的な化学物質管理の方向性についてすでに国際的に化学物質による人への影響を最小にするための活動は開始されています。免疫異常のような発がん性を引き起こす化学物質の使用禁止、化学物質に対してリスクアセスメントの実施及びその評価結果を利用して使用を判断することや、有害性の表示をわかりやすくした GHS（Globally Harmonized System of Classification and Labelling of Chemicals）分類に基づいた SDS（Safety Data Sheet）が提供されています。こうした状況を考えると化学物質の性質を知り、安全に取り扱うための基礎知識を理解することが必要となります。

6.2 物質の指標

⑴ 物質の三態：固体、液体、気体の状態

　物質の変化する状況は、化学物質の性質や状態、状態変化を考えるうえで重要となります。図6-1に示すように物質の状態には固体、液体、気体と３つの状態があります。固体から液体に変化することを「融解」といい、液体が固体になる現象を「凝固」といいます。次に液体から気体になる現象を「蒸発」、逆の現象を「凝縮」といいます。気体と固体の関係はどちらの方向も「昇華」と呼びます。これら３つの状態が変化する（化学的な分子の結合状態が変わる）ときには熱（エネルギー）の

第6章　化学物質管理の基礎

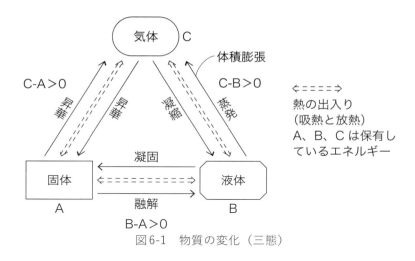

図6-1　物質の変化（三態）

出入り（吸熱と放熱）があります。例えば、液体が熱を吸収して温められ蒸発すると体積が増えて気体となります。液体の二酸化炭素 CO_2 が気体になると体積が約1700倍に膨張します。密閉した空間では酸欠となることが十分に考えられます。このように化学物質には3つの状態があり、熱の出入りによってこの状態が変化するので、その性質をよく知ることが必要となります。

(2) 密度 ρ（質量÷体積）：物質の重さの指標

密度は物質の重さを示す指標で、物質の単位体積当たりの質量 [kg/m^3 や kg/ℓ 、ℓ はリットル] となります。気体（ガス）の密度は温度や圧力によって体積が変化するので基準を決めて温度0℃、1気圧において1 m^3 の体積あたりの質量で表します。水の場合は、1気圧、4℃のときに密度が最大になり、空気の密度は0℃、1気圧では約1.2 kg/m^3（1.2 mg/cm^3）となります。

- 酸素 O_2 の密度の例：酸素1モルの分子量は $M = 16 \times 2 = 32$ g、0℃、1気圧の分子の体積は22.4 ℓ なので気体密度は $\frac{32}{22.4} \fallingdotseq 1.43$ [$g/\ell = kg/m^3$] となります。

一方、液体や固体の場合には、次に述べる液体の液比重と同じになります。

　気体、液体、固体の順に体積は小さくなり、密度は大きくなります。

　この密度の逆数を比体積［m³/kg］と呼び、1 kg が占める大きさ（体積）を表します。

⑶ 比重（ある重さを基準にして比べること）

　比重には水に対して比べた重さとなる液比重、空気に対して比べた重さに対する蒸気（空気）比重があります。

　▪ 液比重（水が基準：水に浮くか、沈むかを判断）

　　液体や固体に対しては、液比重が用いられ、基準として 1 気圧、4℃における同じ体積の水（純水）の比重（1 g/cm³）と比較して、同体積の水の重さとの比重が 1 より大きければ水中に沈み、1 より小さければ水に浮くことになります。ガソリン（0.75前後）、軽油（0.8前後）、重油（0.9前後）は 1 より小さいので水面に広がり、燃えた場合は広い範囲に拡散することになります。

　▪ 蒸気比重（空気の比重が基準：上昇拡散するか、沈降拡散するか判断）

　　気体に対しては空気に比べて重いか、軽いか判断するための指標を蒸気比重と呼びます。この値が空気に比べて大きいか小さいかによって、上昇して拡散するのか、下降して拡散するのか判断することができます。例えばアンモニアガス NH_3 の分子量 M は、N の原子量が14、H が 1 なので M ＝ 14+3×1 ＝ 17 となります。0℃、1 気圧、気体22.4ℓ 中に 1 モル（分子量 M に g〈グラム〉をつけた重さ）の分子を含んでいるので、蒸気密度（g/ℓ）は $\dfrac{分子量 M}{22.4}$ ≒ 0.76［g/ℓ］となります。これに対して基準となる空気の蒸気比重を求めると、空気はおよそ酸素 O_2 が21％（約 $\dfrac{1}{5}$）、窒素 N_2 が78％（約 $\dfrac{4}{5}$）、アルゴン Ar が 1 ％の割合なので空気 1 モルの分子量 M は、M ＝（N の原子量28×0.78＋O の原子量16×2×

第6章　化学物質管理の基礎

$0.21 + Ar$ の原子量 40×0.01）$\fallingdotseq 29\,g$ となります。空気の蒸気密度は $\frac{29}{22.4} \fallingdotseq 1.29\,[g/\ell]$ となります。これより、アンモニアガスの分子量は空気に比べて小さいので上昇拡散することになります。

　空気の重さに対する蒸気比重は次のようにして求めることができます。

　　　　蒸気比重＝対象とする気体分子の分子量÷29 (g)

例：洗浄などでよく使用されるイソプロピルアルコール（IPA）、化学式 C_3H_8O の蒸気比重を求めると、分子量は $12 \times 3 + 1 \times 8 + 16 = 60$ なので蒸気比重 $= \frac{60}{29} \fallingdotseq 2$ となり、空気より重いことになります。

- プロパンガス（C_3H_8）の分子量 $M = 44$ 　　空気より重い
- メタンガス（CH_4）の分子量 $M = 16$ 　　空気より軽い
- アンモニアガス（CH_4）の分子量 $M = 17$ 　　空気より軽い

　可燃性のガスや蒸気が漏れると、蒸気比重が空気より小さいものは上空に拡散又は天井に這うようにして滞留し（くぼみがあると集積して密度が高くなる）、また蒸気比重が空気より大きいものは床下に拡散滞留するので、ガスを追い出すためには床下の方に空気を送らなければなりません。可燃性ガスの場合は着火源（熱源、火気、静電気の火花、溶接の火花等）があると燃え広がるので危険となります。

⑷ pH（酸性かアルカリ性かを判断する）

　pHとは、水溶液の性質（酸性、アルカリ性）の程度を示す単位です。水素イオン（H^+）の濃度で決まり、次のようになります（詳細は第10章参照）。

　　　pH $= -\log[H^+]$

159

pHは7が中性で7より小さいとき酸性を示し、7より大きいとアルカリ性を示します。空気中には二酸化炭素が水蒸気に溶け込んでいるので酸性（pH＝5.6）となっています。これより小さいのが酸性雨です。レモンジュースがpH3程度、胃酸が空腹時にpHが1〜2とされています。物質の酸性が強いのか、アルカリ性が強いのかも環境影響や人体への有害性を考える基準となります。

6.3　燃焼の基礎

(1) 燃焼の3要素
　図6-2は燃焼が成立するための3要素（①〜③）を示しています。燃焼又は激しく燃える、燃焼速度が速い、燃焼が一瞬に起こる爆発も含めて燃焼が起こる条件は図のグレー部分となり、①着火源がある、②可燃性の物質（気体、液体、固体）があり、燃やす働きをする空気や酸素O_2などの③支燃性ガスがあることの3条件が重なったときとなります。どれか一つの要素が欠けると燃焼は起こらないことになります。以下、燃焼を引き起こすそれぞれの要素について考えていくことにします。

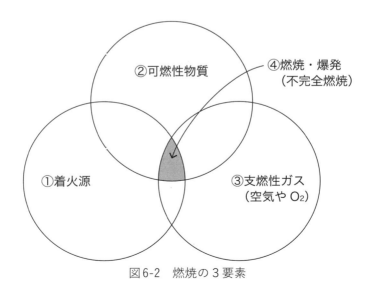

図6-2　燃焼の3要素

第6章　化学物質管理の基礎

①着火源

　　着火源には仕事（作業）をするために必要なものがあります。例えば、一般の火気、溶接をするときに発生する火花、アーク溶接（放電）、高温源による液体や蒸気、燃料の使用など様々なものがあります。

　　　着火源の例：熱源、スパーク（電気火花）、静電気火花、摩擦熱、衝撃エネルギーなど

②可燃性物質

　　可燃性の物質には可燃性気体（ガス）、可燃性液体、可燃性固体の３つがあります。

　　　可燃性気体の例：水素、メタン、エタン、ブタン、プロパン、アセチレンなど

　　　可燃性液体の例：メタノール、エタノール、ガソリン、アセトン、トルエンなど

　　　可燃性固体の例：マグネシウム、ゴム、リン、硫黄、金属粉、粉じんなど

③支燃性ガス

　　代表的なものには空気や酸素 O_2 があります。支燃性ガスである酸素の性質については、可燃性の微粉末や油脂分があると発火して激しく燃焼します。酸素中で可燃物が燃焼すると「燃焼速度が大きい」「火炎温度が高い」等危険性が高くなります。爆発範囲が広くなる、酸素中毒（純酸素や酸素分圧の高い空気を吸い続けるとけいれん発作などの症状が出てくる。多くても障害があり適度がよいことになる）を起こすなどの危険もあります。酸素ボンベのように閉じ込められている状態から漏れたときも同様な現象が起こる可能性があります。

④燃焼・爆発

　　爆発は燃焼（光と熱を伴う）の一形態に含まれ、気体の膨張によって爆発範囲が広いものや爆発威力の大きいもの、燃焼が極めて速い速度になるのが特徴です。燃焼が十分に行われないで不完全の

状態が不完全燃焼となり、一酸化炭素や不完全反応ガスを発生したときも危険となります。これら3つの条件が重なったグレー部分④が燃焼できる範囲となります。

消火方法にはこれらの燃焼条件が成立しないようにすればよく、例えば、他の物質と反応しにくい「窒素や二酸化炭素などの不活性（不燃性）ガス」を用いて、支燃性ガスを不燃性ガスに置き換えることができます。しかしながら状況によっては、不燃性ガスが多量に漏れると酸素欠乏症となって窒息する可能性があります。また、着火源①の熱エネルギーを奪う方法として、比熱の大きい水を使って可燃物から大量の熱（液体から気体に変化するのに大量の熱を必要とする：潜熱）を奪って熱源の温度を低くして消火する方法がよく使われています。

(2) 可燃性液体や気体の燃焼
 ①融点と沸点

　図6-3に示すように液体の飽和蒸気圧が外圧と等しくなる温度を沸点といいます。

　外圧が大気（1気圧）のとき、水の沸点は100℃、酸素の沸点は−183℃、つまり沸点とは加熱により液体の物質が気体になるとき

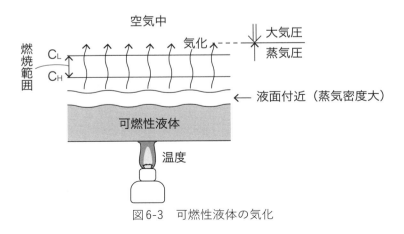

図6-3　可燃性液体の気化

の温度（液体が沸騰するときの温度）をいいます。これに対して融点とは加熱により固体の物質が溶けて液体になるときの温度です。融点が低いほど、低い温度で液体になるので危険性が増すこともあります。また、沸点が低いほど早く気体や蒸気になるために燃焼範囲が広くなります。

②引火点（引火点が低いほど危険性が増す）

可燃性液体の温度を上げていくと、気化が進んで可燃性蒸気が液面上に発生します。この蒸気が空気と混合して燃焼範囲（$C_H \sim C_L$）に達すると、外部から与えられた着火源があると燃焼の3条件が揃い燃焼が開始されます。このときの最低の温度をその液体の引火点（引火温度）といいます。引火点以上の温度では液体は常に蒸発していることになります。

引火点の例：イソプロピルアルコール IPA（11.7℃）、メチルエチルケトン（− 9℃）、アセトン（−20℃）、トルエン（4.4℃）、キシレン（27℃）、プロパン（−104℃）、軽油（66℃）、ガソリン（−38℃）

③発火点（発火温度）とは（発火点が低いほど危険性が増す）

発火点又は着火点（発火温度）とは、着火源を与えないで可燃性物質を空気中で加熱したときに、自然に発火（燃える）するときの最低の温度をいいます（発火点は引火点より高い）。物質を空気中で加熱するときに、燃焼又は爆発を起こす最低の温度です。空気中より酸素濃度が高い又は酸素中の方が発火温度は低くなり危険性が増します。

発火点（着火点）の例：イソプロピルアルコール IPA（399℃）、メチルエチルケトン（404℃）、アセトン（465℃）、トルエン（223℃）、キシレン（528℃）、プロパン（432℃）、軽油（220℃）、ガソリン（300℃）

④燃焼範囲とは

可燃性液体の表面付近では蒸気密度が高く、燃焼範囲とはなりませんが、もう少し蒸気密度が低い範囲（濃度の高い C_H から濃度の

低い C_L）を燃焼範囲と呼び、体積 vol 当たりの割合%、つまり可燃性ガスの容積比 vol%で表します。

　　燃焼範囲が広い液体の例：

　　　　ガソリン　1.4〜7.6 vol%

　　　　イソプロピルアルコール IPA　2.0〜12.7 vol%

　　　　アセトン　2.5〜12.8 vol%

　　　　メチルエチルケトン MEK　1.1〜11.4 vol%

⑤最小着火エネルギー（MIE: Minimum Ignition Energy）とは

　　可燃性範囲にあるガスや粉じんに着火するために必要な着火エネルギーの最小値のことを言います。静電気放電によって、可燃性の蒸気、ガスまたは粉じんを点火するのに必要なエネルギーの最小量です。通常の試験では着火源に電気火花を使用するので、その電気的なエネルギー量［J：ジュール］として表します。この数値が低ければ、弱い静電気火花であっても着火が起きることになります。ガスと粉じんを比較すると、一般に粉じんはガスの100倍以上の着火エネルギーが必要となります。ガスの中でも水素は特に着火しやすく、他の一般的なガスの $\frac{1}{10}$ 以下の着火エネルギーで着火するとも言われています。

　　着火エネルギーの例（単位は mJ〈ミリジュール〉：水素（0.019）、メタン（0.28）、エタン（0.25）、プロパン（0.26）、エチレン（0.19）、アセトン（1.15）

　　例：人間に帯電した静電気のエネルギーの計算

　　　　人間が電圧5000 V の静電気帯電して、人間の静電容量 C を100 pF（ピコファラッド）とすると、静電気のエネルギー E は $E = \frac{1}{2} CV^2$ となるので $E = 1250 \times 10^{-6}$［J］$= 1.25$［mJ］となり火花が生じた場合には、メタンやプロパンを十分に着火させるエネルギーとなることがわかります。

⑶ 可燃性液体や気体の性質

　①消防法上の危険物の分類

第6章　化学物質管理の基礎

表6-1　消防法上の危険物

（気体は入らない）

危険物の分類	類別	特性と状態
第1類危険物 →	酸化性固体	可燃物の燃焼を激しくする
第2類危険物 →	可燃性固体	激しく燃える
第3類危険物 →	自然発火性物質および禁水性物質（固体・液体）	水分があると危険を生じる物質
第4類危険物 →	引火性液体	激しく燃える
第5類危険物 →	自己反応性物質（固体・液体）	爆発的に燃えるもの
第6類危険物 →	酸化性液体	可燃物の燃焼を激しくする

　危険物の分類は消防法によって表6-1のように分類されています。

　危険物の種類は第1類危険物から第6類危険物で、種別は固体と液体に分かれ、それぞれの特性と状態、また第1類から第6類危険物までの物質の代表例を示しています。

②可燃性気体（ガス）

　ガス溶接や切断、加熱用に使用されるガスにはアセチレンやメタン、エタン、エチレン、プロパン、プロピレン、ブタン、ブチレンを主成分とするLPガス（液化石油ガス）などがあります。タンクや槽内作業においては空気より比重の大きい可燃性ガスはガス漏れを起こすと拡散しにくく、底部に滞留して爆発を起こす危険性があります。

③溶解ガス

　溶解アセチレンが代表例で、加圧による分解爆発の危険を防止し安全に取り扱えるように耐圧容器の中に多孔質物を詰め、これに溶剤（アセトン又はジメチルホルムアミド〈DMF〉）を染み込ませ、

常温で加圧、溶解して充填しています。アセチレンは0.13 MPaを超える圧力で使用してはならないとされているのは分解爆発の危険性を避けるためです。

分解爆発をするガスの代表例：モノビニルアセチレン、メチルアセチレン、エチレンオキサイド（酸化エチレン）

6.4　ガスの種類と性質

(1) ガスの種類

- ガス（gas）：常温、常圧（25℃、1気圧＝101.3 kP〈0.1 MPa〉）においてその蒸気圧が1気圧以上の、空間に均一でなく気体状のもの。
- 蒸気（vapor）：蒸気圧（0～1気圧）に応じて昇華もしくは蒸発して気体となったもの。
- ミスト：液体が飛沫となったもの、噴霧、蒸気の凝縮などが原因で発生する霧、大気汚染物質としては硫酸ミスト、硝酸ミスト、クロム酸ミストなどがある。
- ヒューム：高温に加熱された金属の蒸気が空気中で凝固又は酸化されて生成した微粒子のこと（溶接ヒュームなど）。

(2) 高圧ガスの定義

気体状のものについては、使用時もしくは35℃で圧力（ゲージ圧）が1 MPa（10気圧）以上あるもの。

(3) 圧縮ガス

水素、天然ガス、酸素、二酸化炭素などは、常温で加圧しても容易に液化させることができないので、ガス状で耐圧容器に通常35℃で14.7 MPa又は19.6 MPaという高い圧力で圧縮充填されています。このようなガスを圧縮ガスと呼びます。大気圧は0.1 MPa、圧縮ガスは大気圧の150倍～200倍の力で封じ込められています。大気圧（1気圧）の力とは1 cm²あたり質量1 kgが載っている状態です。

第6章　化学物質管理の基礎

(4) 熱膨張

温度が上がると物体の形が変形して大きくなることを熱膨張といいます。温度が1K上昇するごとに増える割合を膨張率（膨張係数）といい、気体の状態方程式 $PV = nRT$ より、$t = 0°C$（$T_0 = 273 K$）の体積を V_0、$t°C$のときの体積を V_t とすれば、

$PV_0 = nRT_0$、$PV_t = nR(T_0+t)$ となるので、

$$V_t = V_0\left(\frac{T_0+t}{T_0}\right) = V_0\left(1+\frac{t}{T_0}\right)$$

$V_t = V_0(1+\beta_t)$、β は体積膨張係数で $\beta = \dfrac{t}{T_0} = \dfrac{1}{273}$

これより気体は温度が1K（1℃）上昇するごとに0℃の体積の $\dfrac{1}{273}$ ずつ体積が増えて膨張することになります。温度が50℃上昇すると体積は約18%増加するので容器に入れた液体が蒸気（気体）となる場合は、満タンにしてはならない理由がここにあります。温度上昇によって体積が膨張するということは気体の状態方程式 $P \times \Delta V[J]$（$= nR\Delta T$）によって容器内のエネルギーが大きくなることを示しています。

例：ガスの膨張による危険性

高圧ガスボンベの温度上昇、容器に格納した液体やガスの温度変化による膨張により容器内のエネルギーが大きくなり、ガス漏れ、ガス爆発などが起こる可能性があります。

(5) 液化ガスの膨張（液体から気体になるときの体積膨張）

常温で気体であるガスを、冷却したり単に圧縮するだけで液体になるものを工業的に液化ガスと呼んでいます。塩素、二酸化硫黄、アンモニア、プロパン、ブタンなどが液化ガスです。液化ガスには LP ガス、液化アンモニア、炭酸ガス、液化窒素、液化アルゴンなどがあります。これらのガスが漏れると体積が増加するため、有害性がある場合の他にも酸欠を生じるので非常に危険となります。図6-4は液体から気体になると体積が増加する様子を示しています。例えば、液体の水が、100℃で蒸発して気体になるとその体積は約1700倍に増加します。このように

167

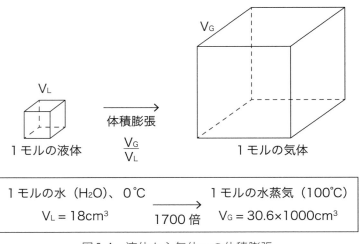

図6-4 液体から気体への体積膨張

液体が気体になるときの圧力を蒸気圧と呼びます。

今、液体の密度をρ[g/ℓ]、その液体の1モルの分子量をM(g)とすれば1モルの体積は$V = \frac{M}{\rho}$[ℓ]となります。一方、この液体が常温27℃（300K）で使用するとすれば、アボガドロの法則から0℃、1気圧の気体1モルの体積は22.4ℓなので、300Kにおける体積V_gは$22.4 \times \frac{300}{273} = 24.6\ell$となります。このときの体積増加比率を$\beta$とすれば$\beta = \frac{V_g}{V} = \frac{24.6}{\left(\frac{M}{\rho}\right)} = \frac{24.6\rho}{M}$倍となります。これより液体の密度$\rho$が大きいほど、また分子量Mが小さい物質ほど体積増加比率は大きくなります。液体の状態で耐圧容器に充塡されている液化ガスが何らかの異常によって漏れると気体となって体積増加が起こります。空気より軽いガスは天井、さらには天井から壁面を伝わって床面へと拡散します。一方、空気より重いガスは床面に拡散・蓄積されます。このため可燃性のガスの場合は着火源があると燃焼や爆発となる可能性があります。また体積増加したガスによって密閉空間では酸素が不足して酸素欠乏症（頭痛、吐き

第6章 化学物質管理の基礎

気、意識不明、失神、呼吸停止など）になり非常に危険な状態となります。こうした状況は非定常の環境側面や危険源となるので特定が必要です。

【計算例】：冷却用ガスとしてよく使用される液体窒素 N_2

　　　液化窒素の液体密度 ρ は807［g/ℓ］、窒素 N_2 の分子量 $M=28$ となるので体積増加比率 β は $\beta=24.6\times807\div28=709$ となります。

　　　代表的な液化ガスの密度 ρ［g/ℓ］は、LP ガス（$\rho=585$）、液化アンモニア（$\rho=674$〈$-33.4\,℃$〉）、液化二酸化炭素（$\rho=1030$）、液化窒素（$\rho=807$）、液化アルゴン（$\rho=1398$）となります。

6.5　物理・化学特性に関する指標の見方及び「危険源」、「環境側面」との関連

［1］密度：大きいほど重く、運動エネルギーや位置エネルギー、化学エネルギーが大きくなり危険性が高くなります。

［2］液比重：液比重は水に沈むか浮くか、浮いて広がる場合は、広範囲の汚染源となり、沈むと水を汚染します。水中に保管して安全性を確保します。

［3］蒸気比重：空気より大きければ、沈降拡散して広がります。空気より軽いと上昇します。

［4］pH：酸性かアルカリ性か、どの程度の濃度なのか、危険源や環境側面の大きさを判断する根拠となります。中和処理や pH 処理を含めて排水処理や大気処理など多くの分野で使われます。

［5］熱伝導率：大きいほど熱が伝わりやすく（高温源は早く温度が下がる）、小さいと熱が逃げないため、高温源は温度が下がりにくくなります。

［6］温度：高いほど危険性が大きくなり、高いと物質が変化しやすく（液体が気体になる、他）、熱の放射が大きくなります。温度が高

169

いほど熱エネルギーは大きくなるため、化学反応等が早く進むことになります。

[7] 湿度：低いほど危険性が大きく、静電気が発生しやすくなり、湿度が低くなると物が燃えやすくなります。湿度が高いと人への衛生環境（不快指数、熱中症など）に影響します。湿度が高いと物質の変化や化学反応が起きやすく、また細菌が発生しやすい環境となります。

[8] 熱量：多いほど熱エネルギーが大きくなります。熱効率が悪い場合は効率向上や熱の再利用（有益な環境側面）を検討します。

[9] 比熱：大きいほど温度上昇に多くの熱エネルギーを要し、また熱しやすく冷めにくくなります。比熱の大きな物質は熱を大量に奪うことができます。

[10] 熱膨張：熱膨張係数が大きいほど、また温度が高いほど膨張します。膨張によってさまざまな悪影響が考えられます。

[11] 融点：低いほど、固体が溶けて液体となりやすくなります。

[12] 沸点：低いほど液体が容易に気体（蒸気）となりやすくなります。

[13] 引火点：低いほど、低い温度で着火する可能性が高まります。燃焼の可能性を考慮します。

[14] 発火点：低いほど燃焼しやすく、また自然発火しやすくなります。環境温度を考慮します。

[15] 燃焼範囲：広い範囲ほど燃えやすく、爆発しやすくなります。

[16] 最小着火エネルギー：小さいほど着火しやすくなります。

[17] 圧力：高いほどエネルギーが大きくなり、漏れや爆発などが起こりやすくなります。

[18] 粘性：小さいほど速く流体が流れ（流速が大きく）、静電気帯電量が多くなります。粘性が大きいほど摩擦エネルギーは大きくなります。

第6章 化学物質管理の基礎

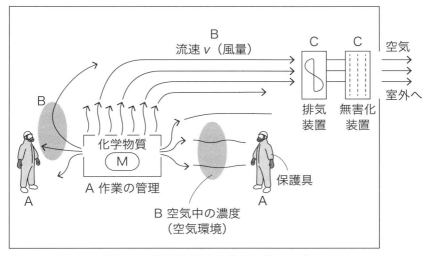

図6-5　化学物質使用職場の管理の基本

6.6　安全及び環境影響を考慮した化学物質管理の基本

(1) 汚染源－拡散経路（伝搬）－汚染を受ける（3要素）

　化学物質を使用している職場は非常に多く、図6-5は化学物質を使用している職場のモデルを設定したものです。今、化学物質Mを使用している作業者Aが関連する装置（洗浄、表面処理、塗装設備など）を操作しています。このモデルでは汚染源（化学物質）、汚染源から化学物質の伝搬（移動、拡散等）、汚染を受ける人（作業者等）の3つの要素及び大気中（環境）への放出を考慮しています。

　化学物質Mは装置から空気中（職場の環境中）に放出されています。この空気中に放出された化学物質の濃度Bを最小にして（又はなくして）作業の環境をよくしていかなければなりません。そこで空気中に排出された化学物質を排気装置で吸引して無害化装置C（有害な場合や大気への環境影響を考えて）によって無害化して大気中に放出します。このときに人への健康障害を与えないことや無害化装置から排出された空気が大気環境に悪影響を与えないようにしなければなりません。そのた

171

めには、化学物質を使用する最適な方法を定めた作業手順書に従った管理Ａ（作業の管理）が必要となります。この作業の管理の中には、場合によっては作業者に保護具を必要（「作業の管理 ── 安全な方法」）とすることもあります。次に、人が作業をする空間に化学物質が放出されている濃度が作業をする人の健康状態に悪影響を与えないかどうか、化学物質の空気中の濃度（空気環境）を測らなければならず、この環境が良好であることをいつも管理しなければなりません。これが２番目の作業の空気環境の管理Ｂ、つまり「作業環境管理 ── きれいな空気」が必要となります。次に、作業環境がある基準を満たしていても微量の化学物質を長年蓄積すると症状が出てくる可能性もあります。短期的なものであれ、長期的なものであれ人体への影響を監視しなければなりません。これが「健康の管理 ── 健康障害がないこと」です。これら３つの管理を３管理と呼んでいます。モデルの中では、３つの管理がうまくいくためには関連する装置類（設備 ── インフラストラクチャー）がいつも使用されるとき、品質、環境、安全面で正常に動作するよう日常点検やメンテナンスを含めて定期点検が必要となります。

　化学物質の管理を大きく３つの要素で考えると、汚染源は化学的なエネルギー源なのでそのエネルギーを小さくする対策、拡散経路は拡散させないようする（抵抗を大きくする）、拡散の方向をバイパスして安全にする、影響を受ける人には保護具をして守るなどの方法が考えられます。

⑵　管理の基本

　こうしたことを考えると化学物質による安全を確保するためには次のような管理が必要となります。

- 作業管理Ａ：皮膚、粘膜を通して吸収される量を低減するには、これらの物質を人体に接触させない正しい作業方法を決めます。
- 作業環境測定Ｂ：測定の結果を評価するための基準として管理濃度を用います。許容濃度や管理濃度はあくまでも管理するための目安

第6章 化学物質管理の基礎

となります。

- 健康管理：化学物質による影響は短期的なものから中長期的なものまであり、蓄積量がある許容限度（生物学的限界値）を超えると健康に好ましくない影響が現れます。作業者に遅発性障害の危険を教え、指導することが重要となります。定期的な健康診断、相談、異常の早期発見、心の健康（メンタルヘルス）など必要となります。
- 作業者への教育：安全な作業手順の実施ができることのみならず、化学物質管理全般を理解し、実行できる知識と力量が必要となります（特に有害物質取扱業務従事者にはSDSの情報だけでなく、計画的に重要な基礎知識に関する教育を継続的に行う）。
- 保護具の使用：臨時の作業等で環境対策を十分に行えない場合に限って、有効な対策ですが、環境改善の努力を怠ったまま保護具の使用に頼るべきではありません。
  いつも環境改善の方法の検討を継続的に続けていくことが重要です。
- 安全衛生管理体制：スタッフの権限と責任、安全衛生委員会の活性化、部門内（職場内）におけるコミュニケーション体制による（相互の情報連絡は極めて重要となります）。

化学物質の管理手法の優先順位は、下記①～③の順となります。

①化学物質をなくす、使用量を減らす、有害性の少ない化学物質に代替をする。
②人の作業によるのではなく、工学的（ハード的な）管理策（設備対応：化学物質の閉じ込め手段、排気装置や無害化装置の導入、ロボットによる作業など）を考慮する。
③人の作業の管理、指令的（ソフト的な）管理策（順守すべき手順の強化：管理手順の最新化〈リスクに対応して〉、適切な保護具の使用、注意・警告等）、なぜ管理策が必要なのか（論理的に理解させる）、作業者に自覚させる。

173

⑶ [非定常時] を考慮した環境側面、リスクの特定

　ここでいう非定常の状態とは、定常状態以外のすべての状況をいいます。化学物質が装置の故障によって漏洩する、作業者がミスをして化学物質に被ばくする、空気の流れが遅くなる、止まってしまう、無害化装置が故障して動作不良となる、化学物質が異常反応して有害ガス又は熱が発生するとかさまざまな状況が潜んでいます。これらについてはリスクアセスメント手法や環境影響評価手法（リスクの考え方を含む）を用いて潜在するリスク源や環境側面の特定（根本要因）、これらアセスメント評価結果によってどのように非定常時に対応するか、あらかじめ準備しておかなければなりません。

⑷ 安全面（ケガ）と衛生面（病気）の違い

　「ケガ」の発生要因は不安全な状態で生じ、打撲、骨折、出血など客観的でわかりやすく、原因の追究もしやすく、短期的に表れ、短期的に対処して解決できることが多いものです。これに対して病気の場合は、危険や有害性の知識が不足していることや上記に述べたような作業環境の管理を含めて不備な状況（例えば、物理的・化学的エネルギーの暴露、過重労働・ストレス、保護具の誤った使用状況など）が長く続くことによって個人差もありますが、長期間に及んで影響が表れることが特徴となります。ここにケガと病気の根本的な違いがあります。従って、衛生面における教育を含めた管理の重要性がここにあります。

6.7　環境・安全技術について

⑴ ４Ｍから考える安全性

　安全とは、危険の状態（潜在する状況も含めて）が明らかにされ、この危険の状況が発生しないよう（又は最小の確率になるように）管理することです。その手法には様々な方法が考えられます。図6-6では塗料の調合から塗装作業のプロセスを一例としたものです。プロセスをよく見ると、作業の開始指令（ここでは作業指示書）によってプロセスが実

第6章 化学物質管理の基礎

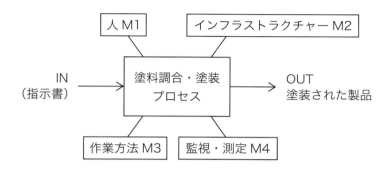

	プロセス	内容の例
定常時	使用化学物質	塗料、有機溶剤（トルエン、キシレン、メチルイソブチルケトン）
	人（Man）M1の知識・力量	作業の方法、設備についての知識、化学物質についての知識、保護具の正しい使い方、化学物質の有害性の知識など
	インフラストラクチャー（Machine）M2	塗装設備、排気設備、燃料、水など
	作業方法（Method）M3	適合した製品を作るための作業手順、安全に作業するための手順（調合割合、化学物質の取り扱い、保管方法など）
	監視・測定（Monitoring）M4	インフラストラクチャー（設備等）の使用前点検や定期点検 作業手順に従ったチェック（製品適合のため）、安全面に関わるチェック（排気装置、保護具、化学物質の使用量、取り扱い、保管上）
非定常時	非定常に対する対応（潜在する環境・安全リスク）	<u>M1〜M4の逸脱、故障、異常状態には何があるか明らかにする</u>（例：環境・安全アセスメント手法を用いて特定） <u>大きな影響を及ぼす可能性のあるものは文書化した手順にする</u> 例：静電気によって溶剤が爆発燃焼する 　　局所排気装置の故障により許容濃度を超える 　　保護具の不適切な使用により人体への被ばくが多くなる 　　人の作業ミスによって有機溶剤が燃焼する

図6-6　塗装プロセスの環境・安全管理

行されます。このプロセスは人（M1）が作業する、塗装するのに空気、水、道具や設備などのインフラストラクチャー（M2）を必要とします。また、このプロセスが適合した条件により作業を行うとともに、環境側面や危険源が管理された（安全な状態）方法（M3）、つまり作業手順書を用いて実施します。次にプロセスのアウトプットである塗装された製品が適合していることや環境管理や安全管理が適切であるかどうか、監視や測定（M4、検査を含む）が行われます。この監視・測定には危険の状態が発生していないか、又は可能性があるかどうかなども含まれます。

　通常時のプロセスの運用はM1〜M4によって行われます。そこで異常等が生じる可能性のある非定常時（潜在する環境側面及びリスク）もほとんどこれらM1〜M4の非定常状態によって発生することが考えられます。この非定常の状態を潜在化する手法の一つとして、環境影響評価手法やリスクアセスメント手法があります。図6-6には定常時と非定常時の内容の例を示してあります。これらが十分にできたときが環境・安全管理がされていると言えます。

(2) 物質の安全性及び環境影響の程度（SDS）の見方

　化学物質の種類は相当多く、知らないで使用している場合もあります。化学物質の情報を知るための方法には図6-7に示すGHSに対応したSDSがあります。項目は1.〜16.までありますが、主として重要な項目を確認する必要があります。2.項の「危険有害性情報」ではGHSラベルと有害性情報やその取り扱い方法について確認します。7.項の「取り扱い及び保管上の注意」では取り扱いにおける適した保護具を使用することや火気厳禁、禁水などの保管状況を確認します。9.項の「物理的及び化学的性質」では化学物質の特有な特性を理解するために、物理・化学の基礎知識を必要としますが、本章6.5項記載の［1］〜［18］の項目を考慮する必要があります。10.項の「安定性及び反応性」では特定な化学反応や爆発条件などを確認します。11.項から16.項も環境・安全管理で考慮する内容となっています。15.項も関連する法的

第6章　化学物質管理の基礎

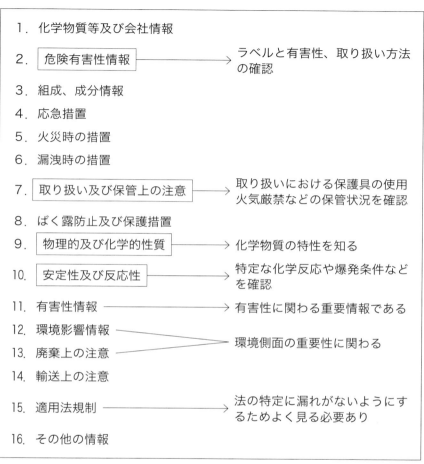

図6-7　GHSに対応したSDS

要求事項に該当するかの判断となる重要な項目です。

(3) GHS分類に基づいた危険性の表示

図6-8の(a)〜(i)はそれぞれ化学物質の危険性の表示をGHS分類に基づいてわかりやすく示したものです。(a)〜(c)の爆発性、可燃性、支燃性があるものについては着火源を使用しないようにすること、着火源となる状況が生じないようにすること、着火源を使用する場合は、着火源

図6-8 危険性の表示（GHS分類に基づく）

から離すこと、支燃性の場合は、空気を断つことや適した保護具の使用が必要となります。(d)の高圧ガスは爆発や燃焼、漏れを考慮した空気の流れの良い温度環境での保管、(e)の急性毒性のあるものは、保護具の使用、誤飲、衣服への付着の管理が必要となります。(f)の腐食性のあるものについては耐腐食性の容器の使用、保護具の使用、(g)の吸引性のある物質については適した専用の保護具、付着物の適正な処理方法

が必要となります。(h)の水生環境の有害性については環境への放出を避ける、無害化処理して放出することが必要となります。(i)の健康有害性についてはSDS情報に従って注意することが必要となります。

使用する保護具には手袋、保護衣（衣服）、眼鏡、保護面、靴、ヘルメット等があり特に呼吸用保護具（化学物質特有な防毒マスク）は化学物質の特性に適したものでなければなりません。例えば、粉じん職場で普通のマスクの使用、酸性ガスを扱っているのに有機溶剤用のものを使用しているのは適していないばかりか人体に重大な影響を及ぼす可能性があります。人体への影響を考慮して化学物質に特有な保護具を使用することが必要となります。また、保護具の管理（吸収缶交換、保管方法を含めて）も重要度に応じて確実にしなければなりません。環境影響としては化学物質が排水系統に漏れ出す、土壌汚染、排出物としての化学物質の処理の不適切性、化学物質の異常反応による大気への放出など様々な非定常の環境側面が考えられます。非定常の環境側面（根本要因）を特定して、比較的大きな環境影響を及ぼす可能性があるものについては緊急事態対応を含めて予防的な管理策の確立が必要となります。管理策の立案にはいつも6.6記載の優先順位（環境側面や危険源の除去、代替、工学的管理策、指令的管理策〈保護具使用を含む〉）を考慮しなければなりません。

⑷ 作業者への教育

危険性の表示は図6-8のようになっていますが、職場の管理責任者は作業者がSDSをいつでも見られるような状態にして、表示マークの正しい見方（誤解がないよう）及びその解釈、環境・安全性に関する情報等を教育して理解させる必要があります。

6.8 今後の化学物質管理（責任の重い自主管理型）
（個別規制の順守からリスクアセスメントをベースにした化学物質管理システム構築によるパフォーマンス順守及び向上）

　これまでは労働安全衛生法、労働安全衛生規則など細かい規制基準に基づいて事業者は法を順守する体制であったものから、今後は事業者自らが法規制に従った化学物質の管理体制・管理システムを築いて自主管理を行う方向となります。この自主管理とは化学物質管理に関するシステム（手順）を作ることが法的な要求事項なのです。従って、この自主管理を実行するには、例えば、化学物質管理システムとか化学物質管理手順を確立・実行できる体制にしなければ法的要求事項を満たせないことになるので、これまでの個別対応、特定基準のみを法的要求事項としていたことより、さらに厳しいものとなります。この背景には化学物質による休業労災が、法規制や特別規則等で定める規制対象物質以外を原因としているものがかなりの割合（8割程度）を占めると言われている状況があります。また、国際的な化学物質の管理システムを導入する必要があることなどがあります。

　こうしたことから、これまで順守や努力義務となっていたリスクアセスメントの手法に基づいて自主管理を実施する方向に法が改正され、2024年4月1日から改正政省令による「化学物質の自主的な管理」が施行となります。

　そのためには、以下のような対応が必要となります。

⑴ 国の役割
- 化学物質に関する濃度基準を定めます。このことはハザードに関して順守すべきパフォーマンス基準を設けることです。
- 危険性・有害性に関する情報の伝達の仕組みを整備して、化学物質の自主管理体制の運用が確実にできるようにします。また中小企業への行政支援を行います。

第6章　化学物質管理の基礎

⑵ 事業者の役割

- GHS の導入によって可能となった危険・有害性情報についてリスクアセスメントを行い（リスクアセスメント義務対象物質が今後増大）、その結果に従って、具体的な暴露防止措置を事業者が選択して実施します。

- 事業者は国が定めた暴露基準より下回る対策を実施しなければなりません。
  そのためには実測を行わなければなりません。実測の方法にはこれまでのように、作業環境測定、個人暴露濃度測定（作業が行われている場所）、簡易測定などが考えられます。さらに、濃度基準が定められていない有害性がある物質についても暴露濃度を低くする措置が求められます。

⑶ 化学物質管理体制

　現在の規制でも様々な化学物質管理に関する専門家が制度によって定められていますが、今後は化学物質の管理において、重要な危険性・有害性情報の情報共有やリスクアセスメントに関する教育の強化など、これらのシステムを確実・有効に推進する担当者として、「化学物質管理責任者」（資格要件と任務）の選任義務が定められました。

- リスクアセスメントの義務となる化学物質を製造もしくは取り扱う事業者では、その規模に関わらず、化学物質管理者を選任しなければなりません。化学物質を製造する業者では化学物質管理者の法定講習を受けなければなりません。

- リスクアセスメントに基づく自主的な化学物質管理の強化が求められます。
  （自主管理とか自律管理とかは法的要求事項である化学物質管理体制を構築して、リスクアセスメントの実施、測定の実施、管理策の実施など、客観証拠に基づいて判断できるなど、それらに関する記録を保管しておき、誰に対しても、いつでも説明責任を果たせるよ

181

うにしておくということです)

- リスクアセスメント手法に多くあり、業界団体が作成・推奨しているものなど、濃度判定基準以下であるかを確認するツールとして、数理モデル CREATE–SIMPLE（厚生労働省ホームページ参照）など、さらに実測値と組み合わせて使用するなどの方法が考えられます。

- 化学物質管理責任者の任務は、リスクアセスメントに関わる業務、労働者の教育、ラベル表示・SDS の確認、災害発生時の対応など多くあります。

- 化学物質の暴露防止のため保護具（呼吸用、保護衣、保護手袋など）を使用する必要がある事業所では、「保護具着用管理責任者」（任務）を選任しなければなりません。保護具着用管理責任者は、有効な保護具の選択、使用状況の管理、保護具保管の適切性などの業務を行います。

- 健康診断の要否は事業者がリスクアセスメントの結果に基づいて決定することができます。また、労働者が濃度基準値を超えて暴露した可能性があるときには、健康診断を実施（健康診断や作業記録の保存が義務）しなければなりません。

- 作業環境測定が第三管理区分の強化
  狙いは、管理の有効性や管理策の強化による管理区分の低下（第二、第一）を目指すことで、有機則や特化則で作業環境測定結果が第三管理区分の事業所は、工学的管理策の実施検討、保護具の管理策が強化されますが、それ以外にも、外部の作業環境管理専門家の意見を聞かなければならないとされています。この意見（改善指摘事項など）を考慮して事業所は改善案の実施、作業環境測定による管理区分低下を実現することが狙いです。

- 労働災害発生事業所への労働基準監督署長による指示
  化学物質による労働災害が発生又は発生のおそれのある事業所について、適切な化学物質の管理がされていない疑いのある事業者に対して改善を指示できます。改善が指示された事業者は「化学物質管

第6章　化学物質管理の基礎

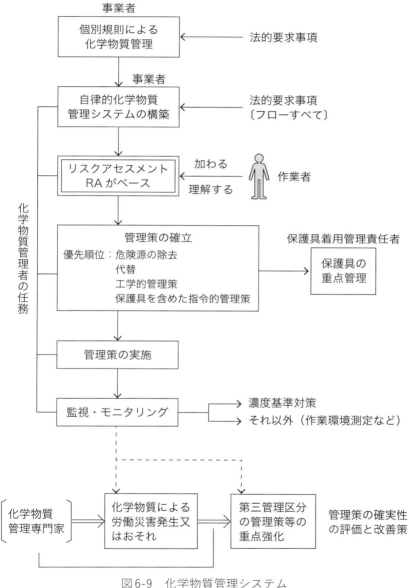

図6-9　化学物質管理システム

理専門家（事業所の化学物質管理者ではない）」によって、リスクアセスメントの適切性、管理策及びその有効性を通しての改善策（改善措置）に関する助言を書面で受けたうえで、1カ月以内に改善計画を作成し、労働基準監督署長に報告して、改善計画に基づいた措置を実施しなければなりません。

⑷ 化学物質管理システムのフロー（図6-9）
　主要な点を個別に記載しましたが、このフローの流れを見ると、化学管理のシステム構築・実施とリスクアセスメントをベースにして、作業者への教育・周知、管理策の優先順位を考慮した確実な実施、モニタリングの強化、第三管理区分の改善強化、化学物質による労災の確実な措置実施と改善などが読み取れることと思います。

第7章

静電気の基礎

7.1 静電気と帯電のメカニズム

⑴ 静電気とは

　金属、絶縁体（誘電体）、半導体でもすべての物質は電子（マイナスの電荷）と原子核（プラスの電荷）で構成されています。静電気は物質中のプラスの電荷とマイナスの電荷が等しいものが、物の分離や摺動（こすれなど）、流動（液体、絶縁物、導体の流れ）といった外部の刺激によってこの電荷が変化して、どちらかの電荷が多く分布する現象です。金属は電子が多く、絶縁体は少ないがすべての物質は静電気に帯電します。このことから金属は帯電すると電荷の流れが速く、絶縁体は電荷の流れが遅くなるという違いがあります。静電気による放電現象（火花など）とは分離した電荷から外部空間に電磁波として放出される現象をいいます。この静電気放電現象がいろいろな問題を引き起こすことになります。

⑵ 静電気発生のメカニズム

　今、図7-1⒜のように金属の内部はプラスの電荷とマイナスの電荷が等しく合計の電荷量はゼロとなっています。この金属が分離するとプラスの電荷とマイナスの電荷に分かれ、どちらかの電荷がより多く現れることになりこれを帯電と呼びます。しかしながらこの帯電した電荷を逃がす経路（例えば、アースする）があると直ちに電荷は流れて金属表面から逃げていきます。又は別の金属に接触すると流れていきます。絶縁体では電気抵抗が大きく電荷が流れていかず、帯電したままの時間が長くなります。ところが図⒝のように絶縁体と絶縁体の接触面をこすり、離すと静電気が帯電することをよく経験します。図⒞のように金属や

185

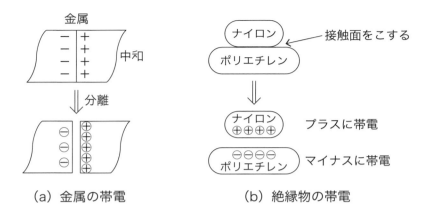

(a) 金属の帯電　　　(b) 絶縁物の帯電

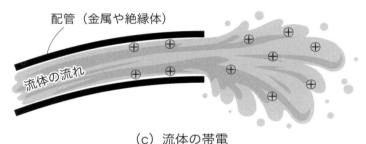

(c) 流体の帯電
図7-1　接触・分離・摺動による静電気の発生

絶縁材料で作られた配管内を流体（気体や液体）が流れたときにも配管と流体との摩擦によって流体が帯電します（この場合はプラス電荷）。帯電のしやすさは金属や絶縁体の材料によって異なり、プラスに帯電しやすい物質（ガラスやナイロンなど）からマイナスに帯電しやすい物質（フッ素樹脂やテフロンなど）へと順番がありこれを帯電列と呼びます（図7-2）。

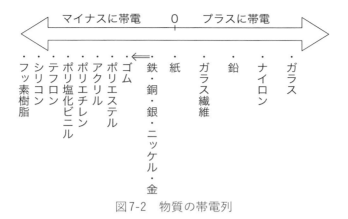

図7-2 物質の帯電列

7.2 電荷から発生する電界（電気的に力を持った電気力線の密度）

図7-3には、小さな領域に帯電した電荷Q（点状電荷）、長さLの線状に帯電した電荷Q（線状電荷）、面積Sを持つ領域に帯電した電荷Q（面状電荷）のそれぞれの電荷から発生する電気的な力を持った電気力線の様子を示しています。この電気力線が多くあるところは電気力線の密度が高く、電気的な力が強い場（物理の電場）となります。この場のことを電界Eと呼び、方向と大きさを持ったベクトルで単位は［V/m］となります。プラスの電荷Q［C：クーロン］からは電気力線は湧き出す方向、マイナスの電荷には電気力線が向かう方向となります。

(1) 点状電荷から発生する電界

図(a)の+Qの電荷から距離r離れた電界Eを求めるには、ガウスの法則（電荷を囲む面積ですべて電界を足し合わせると、それは内部の電荷$\frac{Q}{\varepsilon}$〈εは電荷が存在する領域の誘電率、空気中であれば空気の誘電率〉に等しくなる）により、半径rの球の表面積は$4\pi r^2$なので$4\pi r^2 \times E = \frac{Q}{\varepsilon}$から電界EはE$=\frac{Q}{4\pi\varepsilon r^2}$［V/m］となります。この場合は、電界は距離$r$の2乗で減衰します（距離が離れると大きく減衰）。

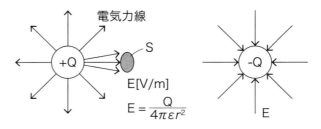

(a) 点状電荷（集中して分布）

(b) 線状電荷（長く分布）

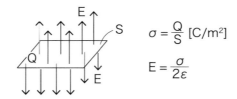

(c) 面状電荷（広がって分布）

図7-3 帯電体から放射される電気力線（密度が電界）

(2) 線状電荷から発生する電界

図(b)のように長さLに電荷が均一に分布しているとき、線状電荷Qから半径 r だけ離れたところに放射される電界は円筒状となるので、ここにガウスの法則を適用すると、半径 r の円筒の表面積は $2\pi r \times L$ となるので、$2\pi r \times L \times E = \dfrac{Q}{\varepsilon}$ から電界 E は $E = \dfrac{Q}{2\pi\varepsilon rL}$、ここで線電荷密度 $\rho = \dfrac{Q}{L}$ [C/m] とおくと $E = \dfrac{\rho}{2\pi\varepsilon r}$ となります。外部に放射される電界は

第7章　静電気の基礎

距離 r に比例して減衰します。電荷が長く分布するとより遠方に電界が届くことになります（これがアンテナからの電磁波の放射と同じ）。

⑶ 面状電荷から発生する電界

　図⒞のように面積 S に電荷 Q が均一に分布しているとき、面電荷密度を σ とすれば $\sigma = \dfrac{Q}{S}$ ［C/m²］、電荷が面積 S の領域の上下に発生するので同じくガウスの法則を用いて、$2E \times S = \dfrac{Q}{\varepsilon}$ となり、電界は $E = \dfrac{Q}{2\varepsilon S}$、面電荷密度を用いて $E = \dfrac{\sigma}{2\varepsilon}$ となります。電界は距離に関係しない、つまり減衰しないことになります（LED を面状に並べて光を放射させると非常に明るく、遠くまで光が届くのと同じ現象）。これら3つの静電気の帯電状況を考慮するとできるだけ狭い領域に電荷が集まるような状況が有利であることがわかります。

⑷ 誘電率 ε、比誘電率 ε_r、真空中の誘電率 ε_0

　これらの間には $\varepsilon = \varepsilon_r \cdot \varepsilon_0$ の関係があり、$\varepsilon_0 = \dfrac{1}{36\pi} \times 10^{-9}$ ［F/m］ となります。

　従って、誘電体の誘電率は真空中の誘電率に対してどのくらい大きいか、その大きさを比誘電率 ε_r の指標で表します。物質によって値が異なります。この誘電率 ε が大きな物質ほど静電気を蓄積することができます。

　（比誘電率 ε_r の例：空気 1 、ナイロン 3.5〜5.0、エポキシ樹脂 2.5〜6、テフロン 2.0、ガラス 3.7〜10、アクリル樹脂 2.7〜4.5）

7.3　クーロン力

⑴ クーロン力とは

　クーロン力［N］とは電荷と電荷の間に働く力であり、同じ極性の電荷間では反発する方向に、異なる極性の電荷間では引き合う方向に、大きさはそれぞれの電荷の積に比例して、電荷間の距離 r の 2 乗に反比例する力（$F \propto \dfrac{Q \cdot q}{r^2}$）となります。このクーロン力が生じるメカニズム

189

を示すと図7-4(a)のようになります。

　+Qの電荷から距離 r だけ離れたもう一つの +q の電荷のところに電界 E が生じて、電荷を移動させる力 F となります。この力がクーロン力であり F = q·E（E の方向）となります。この式に $E = \dfrac{Q}{4\pi\varepsilon r^2}$（Q から生じる電界 E）を代入すると、電荷間に働く力 $F = \dfrac{q \cdot Q}{4\pi\varepsilon r^2}$ となります（1785年にクーロンが実験で確認した式、クーロンの法則）。電界 E のところに −q の電荷をおくと、電界 E とは逆の方向に力が働きます。この力の発生のメカニズムは電荷間に直接に力が生じるのではなく、一方の電荷から電気的に力を及ぼす電気力線（電界）が生じて、その場にある電荷に力を及ぼすものです。図(b)には広い面積にそれぞれ +Q と −Q の電荷が分布しているときに働くクーロン力はお互いに引き合い、

$$F = Q \cdot E = \sigma S \cdot \dfrac{\sigma}{2\varepsilon}$$

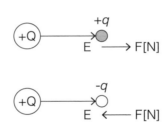

(a) 電荷による電界が力を及ぼす

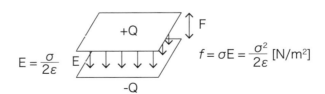

(b) 広い面積では引き合う力が大きい

図7-4　クーロン力

$$= \frac{\sigma^2}{2\varepsilon} \cdot S$$

となり、単位面積あたりのクーロン力は $f = \dfrac{F}{S} = \dfrac{\sigma^2}{2\varepsilon}$ [N/m²] となり、電荷密度によって決まります。

(2) 帯電した電荷をアースする

　金属と絶縁体に帯電した電荷（4個のプラス電荷）の分布状況を図7-5に示します。図(a)のように、金属のAの部分に電荷を帯電させると電荷はプラス電荷同士にクーロン力（斥力）が働くため金属の表面に移動して分布します。次にこの金属をアースする（金属とアース間を導体で接続する）と電荷は金属からアースへと電流Iとなって流れます。その結果、金属の中の電荷はなくなります。これに対して図(b)の絶縁体（Bの部分）に帯電した電荷は時間が経過しても電荷はそのままの状態です。この絶縁体をアースしても絶縁体中の双極子（プラスとマイナス

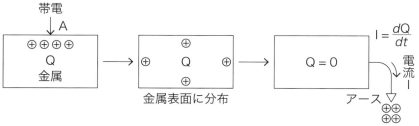

(a) 金属の電荷の分布

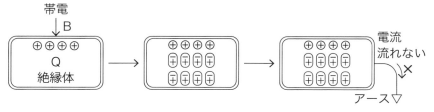

(b) 絶縁体の電荷の分布

図7-5　静電気電荷の分布（時間経過）

の対）のマイナスによるクーロン力によって引き付けられて自由に動くことができないので、アースしても電荷が移動することができません。このために絶縁体からアースへは電流が流れないことになります。

(3) 電荷の誘導現象

図7-6(a)にはプラスの電荷Qに帯電した物質があり、その近くに金属Mがある（又は近づける）と、電荷Qから金属に向けて電界Eが生じて、この電界が金属に照射されると金属内部の電子にクーロン力を及ぼし、マイナス電荷は電界と逆方向に力を受け帯電体側に引き寄せられます。金属の反対側には電子（この自由電子が電気伝導に寄与）が移動したためにプラスの電荷が現れます。これが帯電体と金属間における静電誘導現象です。この金属に帯電した電荷量を静電測定器で測定するとプラスの電荷+Qに対する電位Vは、帯電体とアース（大地）間の静電容量をC[F、ファラッド]とすれば$\frac{Q}{C}$[V]が観測されます。次に図(b)のように金属を接地（アース）するとプラスの電荷のみ大地に流れるためにプラス側の金属の電圧は大地と同じ0Vとなります。図(c)は金属を絶縁体に置き換えた状態を示しています。絶縁体の中には自由に動くことができる自由電子

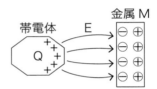

(a) 金属への誘導電荷

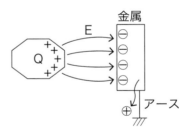

(b) 接地したときのプラス電荷の流れ

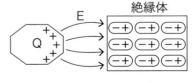

(c) 絶縁物への誘導

図7-6　帯電体から金属及び絶縁物への誘導

はなく、この状態で電荷 Q からの電界 E が照射されるとクーロン力によって双極子（プラスとマイナスの電荷の対）のマイナス極性の電荷が引きつけられ、図のように双極子の方向がそろいます。

7.4 静電気のエネルギー

(1) 静電気のエネルギー

図7-7に示すように人体に帯電した電荷量を Q [C]、人体が大地に対して持つキャパシタンスを C [F] とすれば、$C = 4\pi\varepsilon_0 r$ で表されるので人体の半径 r を0.8 m とすれば、$C ≒ 89\,pF$ となります。そのときの人体への帯電電圧 V は $V = \dfrac{Q}{C}$ によって求めることができるので、$C = 100\,pF$（ピコ p は 10^{-12}）、帯電した電荷量 Q を 1 μC とすれば、$V = 1\times 10^{-6}/100\times 10^{-12} = 10{,}000\,V$ ということになります。静電気のエネルギーを W [J] とすれば、次のようになります。

$$W = \frac{1}{2} C \cdot V^2$$

このときの静電エネルギー W は $\dfrac{1}{2}\cdot 100\times 10^{-12}\cdot 10^8 = 5\,[mJ]$ と非常に小さな値ですが、有機溶剤などの最小着火エネルギーよりはるかに大きな値となっています（参照第6章6.3）。電気回路的に考えると、人体に帯電した電荷によって生じる静電気電圧 V は大地アースに対する電圧であり、人体が電子機器に触れると人体に帯電した電荷 Q が電流 i（$= \dfrac{dQ}{dt}$ 電荷

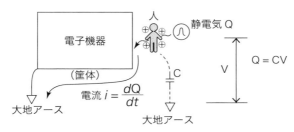

図7-7　人体に帯電した静電気エネルギーと静電気電流

の時間変化）となって電子機器を流れて大地アースに戻る経路となります。従って、静電気電流が流れる経路に金属や部品があるとこの静電気電圧が印加され、電流が流れることになります。この帯電した静電気エネルギーや静電気電圧は電子部品を故障・破壊、電子装置の誤動作や故障、静電気放電（金属物との接触によるパチッという火花）による電磁波の放射（この放射を受けて他の電子機器が誤動作する可能性）、人が作業する近くに揮発性の化学物質があると引火して火災や爆発を起こす可能性があります。この静電気によるエネルギーの式は人体でなく金属導体でも、絶縁体でも同じように適用することができます。

(2) 電荷と電圧の関係

　静電気電圧 V は電荷 Q とキャパシタンス C によって決まり $V = \dfrac{Q}{C}$ と表すことができます。ここでキャパシタンス C は対抗している金属間の面積 S 及び誘電率 ε に比例して距離 d に反比例するので、$C = \varepsilon \cdot \dfrac{S}{d}$ と

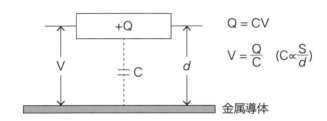

(a) 距離 d が離れているとき（電圧 V→大）

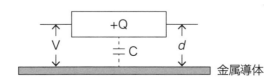

(b) 距離 d が近づいているとき（電圧 V→小）

図7-8　電荷の位置による電圧の変化

なります。図7-8(a)のように帯電体Qと金属導体が離れると距離dは大きく、キャパシタンスCは小さな値となるため、電圧Vは大きな値となります。一方、図(b)のように電荷Qと金属が近づくとキャパシタンスCは大きくなり、生じる電圧Vは小さな値となります。静電気量が小さくなっても、帯電物と金属の間の距離が離れると静電気電圧が高くなり、この電圧が絶縁破壊電圧を超えると放電現象が起こり、電磁波が放射されます。いずれにしても帯電体の近くに金属があると帯電体の電圧は小さな値になるということです（静電気帯電電圧を下げる方法の一つです）。

(3) 静電気による放電（絶縁破壊）

図7-9(a)は+Qの電荷と-Qの電荷が接近した状態（電圧小）から離

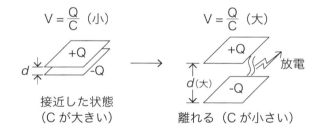

(a) 接近した電荷が離れると電圧Vは大きくなる

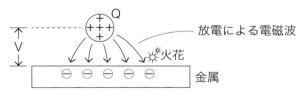

(b) 放電により電磁波が発生

図7-9　絶縁破壊による放電

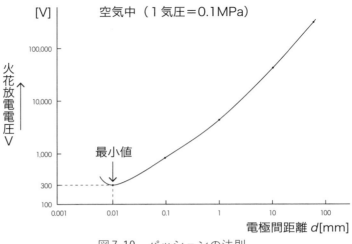

図7-10　パッシェンの法則

れると帯電電圧Vが大きくなり、放電が起こります。図(b)は帯電電荷Qに金属が近づいて距離dが極めて小さくなると電荷量Qと金属Mとの間に静電電圧 $V = \dfrac{Q}{C}$ が発生します。

　この値が空気を絶縁破壊する条件（例えば、1 cmで30 kV、電界 $E \langle = \dfrac{V}{d} \rangle$ の強さ3,000 [kV/m]）では放電現象（コロナ放電、火花放電）が起こります。このように帯電電荷は他の物体との間で電位差を持つことによって、絶縁破壊が起き、静電気放電が発生します。図7-10のパッシェンの法則（1889年）は空気中における電極間距離 d と火花放電電圧 V の関係（放電の起こる電圧に関する実験則）を示したものです。カーブの最小値のところでは1気圧の空気中での電極間距離が0.01 mmのとき300 Vで火花放電が発生するので、絶縁耐圧は30 [kV/mm] ということになります。

(4) 帯電した電荷の放電

　図7-11には物体に帯電した電荷 Q_0 が大地（アース）に対してキャパシタンスCを持ち、また大地との間に抵抗成分Rを持つと考えると回路的にはキャパシタンスCに帯電された電荷 Q_0 が抵抗成分Rを通して

第7章　静電気の基礎

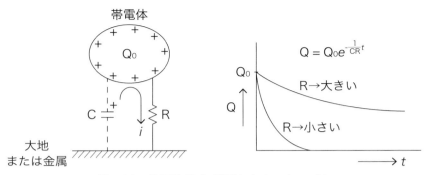

図7-11　帯電体電荷が漏洩するメカニズム

放電します。t 時間後の電荷 Q は図のように $Q = Q_0 e^{-\frac{1}{CR}t}$ と低減していきます。抵抗成分 R の大きさで初期の電荷 Q_0 から放電する時間（電荷が減少する時間）が異なることを示しています。抵抗 1 MΩ くらいの抵抗を通して人体をアースする方法（リストバンド）や作業場所の湿度を高くすると抵抗成分 R は小さくなり、帯電したとしても電荷が早く、減少していきます。これはよく行われる静電気を蓄積させないようにする静電気対策の一つです。

⑸ 静電気と化学物質（可燃物）との関わり（環境側面、危険源）

静電気放電による可燃物の燃焼との関係を考えると図7-12に示すように、①静電気発生源、②伝搬経路、③可燃性物質の３つの要素となります。優先して考慮することは作業で必要な可燃性物質を不燃性の物質に変えることや引火点が高く、より安全な化学物質に代替することで

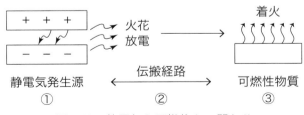

図7-12　静電気と可燃物との関わり

す。次に静電気発生源（人も含めて）をなくす、発生する電荷量の低減、発生する帯電圧の低減、空気環境条件（湿度）、アース処理（作業開始時、作業中のリストバンド使用、関連する装置のアースなど）、帯電防止保護具の使用、静電気レベル測定など、次に②伝搬経路の対策として、①静電気発生源と③可燃性物質の距離を離す、放電が伝わりにくくする手段（例えば、遮蔽、シールドなど）を考慮することが重要と考えられます。

7.5　イオナイザーの原理と静電気の低減方法

(1) 静電気の低減

イオナイザー（装置）を用いて静電気を低減する方法があります。イオナイザーの基本原理は、高電圧を印加することにより空気中の分子をイオン化してプラスとマイナスの空気イオンを生成します。例えば、図7-13にはマイナスの電荷に帯電した絶縁体があると帯電体のマイナスの電荷が空気中のイオン化したプラスの電荷をクーロン力によって引き寄せ中和して絶縁体の電荷はゼロになります。イオン化した空気が帯電体の周りにすべて運ばれるとすべての電荷が中和されて絶縁体の電荷はゼロとなります。これがイオン化された空気によって帯電体の電荷がなくなるメカニズムです。時間的に速く帯電物の電荷を中和します。この時間が除電時間と呼ばれ、イオナイザーで重要な評価指数となります。

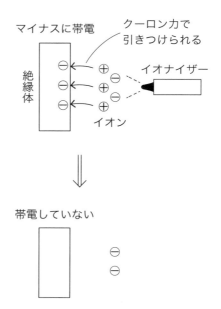

図7-13　イオナイザーの原理

第7章　静電気の基礎

　イオナイザーの除電性能を向上させるためには、帯電物の近くでできるだけ「除電時間」を短くして除電することが重要となります。イオナイザーを効果的に使用するためには、図7-8に示したように、お互いの帯電体の距離が離れたときに静電気電圧が最も大きくなるので、帯電体に向けてイオナイザーを照射して帯電電荷を最小にすることが有効となります。

⑵　イオナイザー装置の使用及びメンテナンス

　イオナイザー装置のイオン発生の方法には、コロナ放電タイプ、高電圧源を用いた各種AC（交流）タイプ、DC（直流）タイプがあり、電極材質はタングステンやステンレスなどを使用しています。イオンを帯電物の近くまで運ぶ方法には大きく分けて電荷同士の力を利用したクーロン力による電界搬送、空気の流れ（ファン、ブロア、ダウンフローなど）を利用した気流搬送の2つの方法があります。電極の先端は鋭利にとがっているため、電子やイオンの衝撃をうけて摩耗して除電性能が落ちるので交換するなど、またほこりを吸い寄せるため清掃するなど定期的なメンテナンスが必要となります。

第8章

電気の基礎及び電気安全

8.1 交流電気回路の基礎知識

⑴ 交流電圧

　周期 T、周波数 f（$\frac{1}{T}$）の正弦波の交流電圧波形を図8-1に示します。ここで、50 Hz や60 Hz の商用電源の交流電圧100 V とは実効値で、100 V の直流電圧に相当する大きさの電圧のことです。交流電圧の最大値（ピーク値）は実効値電圧×$\sqrt{2}$＝141〔V〕ということになります。

⑵ 電気回路のインピーダンス

　図8-2のような交流回路で電源 V から負荷 Z に電流 I が流れると負荷に発生する電圧は $V_L = I \cdot Z$ となります。ここで電源から負荷までの配線に損失がなければ、負荷に生じる電圧は電源電圧 V に等しくなります。この負荷のインピーダンスには抵抗 R〔Ω〕、インダクタ L〔H：ヘンリー〕、キャパシタ C〔F：ファラッド〕及びこれらの組み合わせ（例えば、抵抗とインダクタが直列接続、抵抗とキャパシタが並列接続など）があります。負荷のインピーダンスがインダクタやキャパシタを含む場合は電圧を印加すると流れる電流の位相（時間的な遅れや進み）が変化します。

⑶ 負荷を変えたときの電圧と電流の位相関係

　図8-3⒜のように負荷が抵抗 R のときには、電圧に対する電流の位相は変化しないで同位相となります。図⒝のように負荷がインダクタのときには、電流 i は電圧に比べて位相が $\frac{\pi}{2}$ だけ遅れます。これに対して図⒞のように負荷がキャパシタのときには電流 i は電圧に比べて $\frac{\pi}{2}$ だけ進みます。図8-4⒜のように負荷が抵抗 R とインダクタ

第8章　電気の基礎及び電気安全

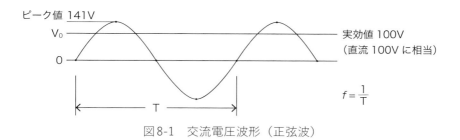

図8-1　交流電圧波形（正弦波）

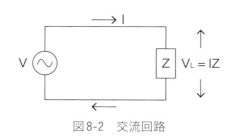

図8-2　交流回路

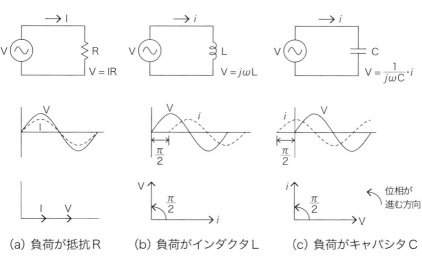

(a) 負荷が抵抗R　　(b) 負荷がインダクタL　　(c) 負荷がキャパシタC

図8-3　負荷がR、L、Cのとき電圧と電流の位相

Lが直列に接続されたときには負荷は Z = R+jωL（jは虚数で数学の $i = \sqrt{-1}$ に同じ、電気工学では電流にiを使用するので、虚数はjを使用）と表せるので図(b)のようにRを実軸、ωLを虚軸jにとり負荷の大きさ |Z|、位相角θとすれば、R = |Z| cosθ、ωL = |Z| sinθ となるので Z = |Z| $e^{j\theta}$ と表せます。従って、この負荷に電圧Vを印加すると流れる電流Iは V = IZ = I|Z|$e^{j\theta}$ となり、電流は電圧より位相角θだけ遅れることになります。インダクタだけのときに比べて抵抗Rがある分遅れ時間が少なくなります。

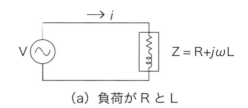

(a) 負荷がRとL

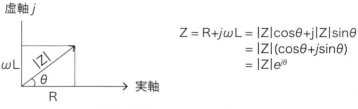

(b) 負荷のベクトル表示

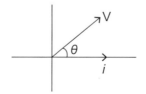

(c) 電圧と電流の位相

図8-4　負荷が R+jωL のときの電圧と電流の位相

⑷ 電気エネルギーのロス：力率

図8-5のように負荷が位相角 φ を持っているときには、$Z = |Z|e^{j\varphi}$ と表すことができ、電圧 V に対する電流 I の位相は φ だけ遅れることになります。このとき電圧と位相が同じ成分は $I\cos\varphi$、これが有効な電流となり $P = VI\cos\varphi$ が有効電力となります。これに対して $I\sin\varphi$ は無効電流であり、$Q = VI\sin\varphi$ を無効電力と呼んでいます。この有効電力 P [W] と無効電力 Q [bar] の間には、$P^2+Q^2 = S^2$ の関係があり、$S = VI$ （三相では $\sqrt{3}VI$）となり、これを皮相電力（供給電力）と呼んでいます。ここで供給した電力に対して負荷で消費された有効電力の比を力率と呼び、力率 $= \dfrac{P}{VI} = \cos\varphi$ となります。今、力率を0.9とすれば、無効電力 Q は0.1となり、供給電力の約1割が無効になるということになります。理想的には力率 $\cos\varphi$ が1であれば、供給電力はすべて有効電力となります。抵抗だけの負荷の場合は $\cos\varphi = 1$ です。インダクタのような負荷を使用する（例えば、モータやコイルで動作する機器など）と力

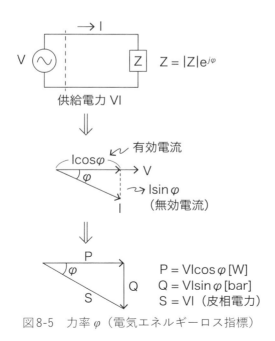

図8-5　力率 φ （電気エネルギーロス指標）

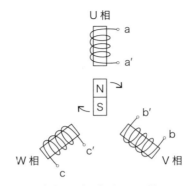

(a) 三相交流発電機

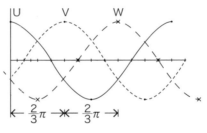

(b) 三相交流電圧

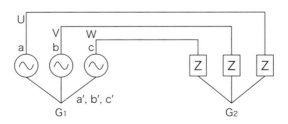

(c) 3本の配線で負荷に電圧を送る

図8-6　三相交流電圧の発生

率が低下します。そのため有効電力Pを多くするには、図の遅れ位相 φ を進ませなくてはなりません。そのためにはコンデンサのような位相進み要素を追加しなければなりません。このコンデンサは位相を進ませる働きをもつため「進相コンデンサ」と呼ばれます。

⑸ 三相交流電圧

　三相交流電圧は三相交流発電機によって回転が制御されて作られます（図8-6(a)）。もともと三相交流回路ができたのは、単相交流回路では2本の配線（行きと帰り）を必要として、そのまま三相交流電流を送ろうとすると合計6本の配線が必要となります。そこで図8-6(b)のように三相交流電圧（U、V、W）はそれぞれ位相が120度 $\left(\dfrac{2}{3}\pi\right)$ ずれているので、それぞれの電圧を合計するとその和はゼロとなります。U+V+W = 0、従って、電流を負荷に送るのに3本の配線があればよいということになります。三相電源をそれぞれU、V、Wとして、同一の3つの負荷Zに等しい電流を流すと電源の共通部 G_1 と負荷の共通部 G_2 はともに0 [V] となり、配線が不要となります。三相交流発電機のそれぞれのコイルの接続方法を変えると、図8-7(a)のように中点を共通として3つの電源がYの形で接続されたY（スター）結線となり、U相の電圧 V_a、V相の電圧 V_b、W相の電圧 V_c とすれば、それぞれのUV線間の電圧は V_a+V_b、VW線間の電圧は V_b+V_c、UW線間の電圧は V_a+V_c となります。これに対して図8-7(b)のような結線方法を電源が三角の形をしているためΔ

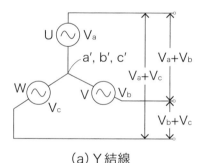

図8-7　Y結線とΔ結線

（デルタ）結線と呼びます。この場合の UV 相、VW 相、UW 相線間電圧は、それぞれ V_a、V_b、V_c となり Y 結線の線間電圧は低くなります。このことは負荷を始動するとき Y 結線で起動して電流を多く流し、安定したときに Δ 結線に切り替えると電圧を低くして駆動することができ電気エネルギーを低減することができます。

8.2　パワーエレクトロニクス分野におけるインバータ

⑴ インバータの原理と省エネ

図8-8はインバータの原理を示したものです。インバータは50 Hz や60 Hz の交流商用電源を入力して整流回路によって交流電圧を直流電圧に変換します（コンデンサに直流電圧が得られる）。さらにこの直流電圧を任意の周波数の交流電圧に変換したもので、PWM（パルス幅変調：Pulse Width Modulation）の電圧波形を出力します。

図8-9 ⒜ の PWM パルスの周期 T に対するパルス幅 W（デューティ比 $= \dfrac{W}{T}$）を半分に選べば、平均の電圧レベルは $\dfrac{V}{2}$ となります。図⒝のようにパルス幅を狭くすると平均電圧はさらに小さくなります。また図⒞のようにパルス幅を段階的に変化させると電圧レベルを段階的に変えることができます。また図⒟のようなパルスを出力すれば正弦波状の電圧を得ることができます。このようにインバータは任意の電圧を得ることができるのでモータやファンなどの回転数を自在に変えることができます。モータやファンの回転数を少なくできれば使用電力を少なくすることができます。使用電力は回転数の３乗に比例するので、負荷によって回転数を $\dfrac{1}{2}$ に落とすことができれば使用電力は $\dfrac{1}{8}$ となり省エネ効果は大きくなります（第２章2.14参照）。

⑵ インバータによる省エネの例

図8-10はモータやファンによる回転数制御による省エネ実現を示すためのものです。横軸に流量 V [m³/s]、縦軸に圧力 P [Pa] をとると、モータの消費電力 P [W] は圧力×流量 [N/m²·m³/s = N·m/s = J/s = W]

第 8 章　電気の基礎及び電気安全

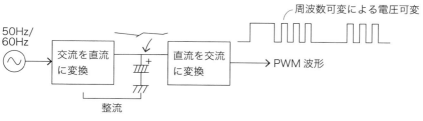

図8-8　インバータの原理

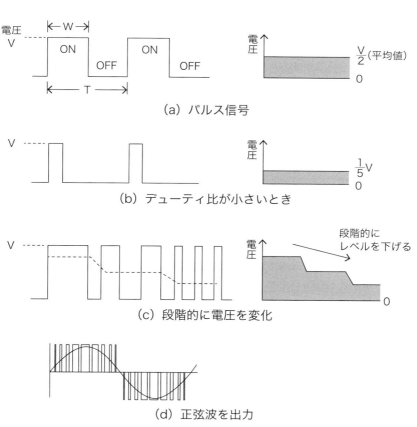

(a) パルス信号

(b) デューティ比が小さいとき

(c) 段階的に電圧を変化

(d) 正弦波を出力

図8-9　PWM波形による電圧の可変

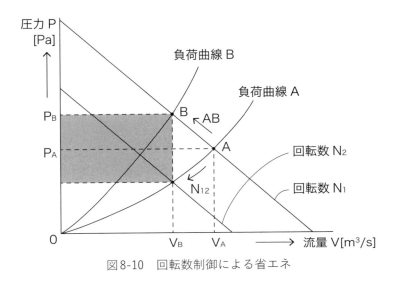

図8-10　回転数制御による省エネ

となります。今、モータが回転数 N_1 で負荷曲線 A と交わる A 点（流量 V_A、圧力 P_A）で制御しているとします。このときのモータの消費電力は $P_A \times V_A$ の面積となります。ここで使用する負荷が低減して流量が V_B まで少なくなったとき、負荷曲線 B によって回転数 N_1 を変えないで A 点から B 点まで AB の方向に移動させて運転することになります。このときのモータの消費電力は $P_B \times V_B$ の面積となります。次に同じ流量 V_B を得るにはインバータ装置によって回転数を N_1 から N_2 に低減（N_{12} の変化）すればよいことになります。こうしてインバータによる回転数制御を行うことによってグレー部分の面積だけエネルギーを少なくすることができます。

(3) 自動制御

　自動制御の方式にはフィードバック制御、シーケンス制御、フィードフォワード制御がありますが、制御とはある目的に適合するように、制御対象に所要の操作を加えることです。図8-11(a)はフィードバック制御方式を示しています。この方式は外乱に強く、設定した目標値と誤差がなくなるよう制御の質を向上させることができ、位置、速度、温度、

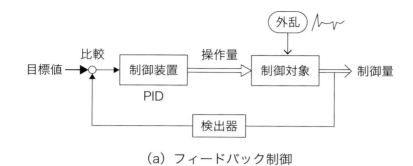

(a) フィードバック制御

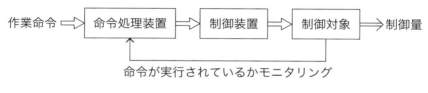

(b) シーケンス制御

図8-11　自動制御

回転数など多くの対象（制御量）を制御することができます。これに対して、図(b)のシーケンス制御はあらかじめ決められたプログラム（手順や順序など）に従って、命令が実行されたかをモニタリングしながら、制御したい各段階（プロセス）を順次進めていく方式です。

(4) PID動作

図(a)のフィードバック制御では、目標値とフィードバックされる検出器からの比較に対する差信号を制御するとき、ズレ量を比例して一致させるP動作（Proportional：比例）、差信号に変動や急激な立ち上がりなどがある場合に変動分を最小にするI動作（Integral：積分）、差信号に遅れがある場合には速める働きD動作（Differential：微分）などのPID動作を行う制御装置を導入する場合もあります。

8.3 省エネのプロセス

(1) 省エネを3つのプロセスで考える

　工場、事業所などで省エネを実現するときに着眼するプロセスは図8-12に示すエネルギーの流れ（エネルギーチェーン）を考慮することになります。電力を受電又はエネルギーを作り出している①のエネルギー源があります。このエネルギー源にはブロワー、モータなど電動機（電気エネルギーを回転エネルギーに変換）、発電機（燃料から電気エネルギー）、さまざまな燃料の燃焼による熱源、太陽光発電、大規模蓄電池、流体（空気、水蒸気やガスなどの気体、水や薬品などの液体、小さな固体状のものなど）を送るポンプなどたくさんあります。次にこのエネルギー源からエネルギーを負荷（消費地）まで送るための②の伝達経路があります。この伝達経路には短いものから長いもの、金属から非金属を用いた配管などがあります。次に伝達されたエネルギーを使用して仕事を行う③の負荷の部分があります。ここではエネルギーを様々な形で利用します。特に熱源を利用して電気エネルギーを生成する場合は、熱効率が悪く、利用されなかった熱を排出することになります。この排出された熱をさらに利用できれば熱の利用効率は向上します。エネルギーチェーンはこうした大きな3つの要素から成り立っています。

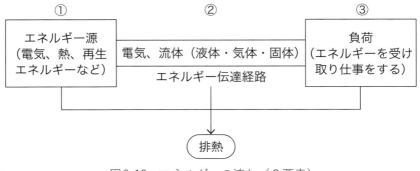

図8-12　エネルギーの流れ（3要素）

第 8 章　電気の基礎及び電気安全

⑵ 着眼するポイント

①のエネルギー源では、エネルギー効率がよい機器・設備設計（一つにはインバータ方式を導入する）にすることです。エネルギーのロスを最小にする、熱源を発生する機器であれば、熱の漏れを防ぐ（高温維持）、使用した廃熱を利用するなど多くのことが考えられます。エネルギー効率を最大にできるような方法がISO14001における有益な環境側面（機会）となり、効率向上の目標値に設定することが望ましいでしょう。

②のエネルギー伝達経路では、エネルギーロス（低下や漏れ）を最小にすることです。そのためには、少なくとも伝達距離は最短、伝達する配管の形状などは扱う流体などによって最適な径として、接続部の信頼性や適切なメンテナンスを必要とします。

③の負荷のところではエネルギーを用いて目的とする仕事（品質・環境を達成）を行うため、作業に必要な最低限のエネルギー量を把握して、エネルギーをコントロールすることになります。ここでもいつもエネルギーを最小にするにはどのような仕事の仕方があるのか絶えず考えていかなければなりません。

8.4　電気安全：人体を流れる電流（低周波数）

⑴ 直流電流の流れ方

電気回路の基本に「オームの法則」があります。図8-13は人体の感電のメカニズムを示したもので、図⒜の電気回路では、電圧 V に抵抗 R[Ω] を接続すると抵抗に流れる電流 I は電圧÷抵抗で $I = \dfrac{V}{R}$ となります。抵抗に電流が流れると発熱して、発生する電力 P（熱）は $P = I^2 \cdot R$ [W] となり、電流の 2 乗に比例します。この電力を t[s] だけ供給すると抵抗には $W = I^2 \cdot R \cdot t$ [J] のエネルギーが供給されたことになります。このエネルギー（電撃や衝撃の大きさとなる）は抵抗を一定とすれば、流れる電流の 2 乗と電流が流れている時間 t によって決まることがわかります。

211

次に、図(b)のようにAC交流電源に人間の手がa点に触れるとアースG（大地）に接触している足の間には人間の抵抗に比例した電流が流れます。人間の抵抗が小さいほど大きな電流が流れます。これに対して人間の足bがアースGから絶縁されている状態（浮いている、キャパシタ〈容量〉を持つ）では抵抗は非常に大きく直流電流は流れませ

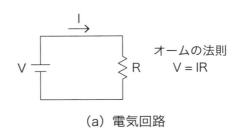

(a) 電気回路

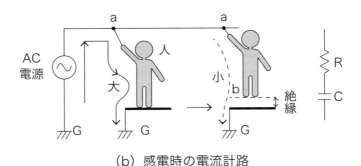

(b) 感電時の電流計路

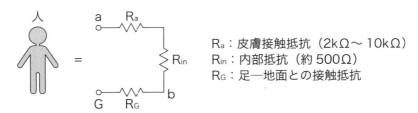

(c) 人体の等価回路

図8-13　人体の感電のメカニズム

んが、この絶縁しているところはキャパシタンスCとなるので、インピーダンス（交流抵抗）は $\frac{1}{\omega C}$ となり、交流電流は（抵抗R＋コンデンサC）を通して流れることになります。このインピーダンスが小さい場合（絶縁状態が悪い場合）は電流が流れて感電します。図(c)は人体の等価回路を表したもので、人間自体の内部抵抗 R_{in} の他にも電源Vと接触する状態によって変化する皮膚の接触抵抗 R_a があります。この接触抵抗は手が濡れている場合は小さく、乾燥しているようなときには大きくなります。手袋のようなものをしていると非常に大きな抵抗となります。また、アース（地面）Gと足の関係についても同じように接触状態によって異なる接触抵抗 R_G（キャパシタンスCによる交流抵抗も含む）があります。図(c)の等価回路から交流電源の電圧をVとすれば、人体に流れる電流Iは次のようになります。

$$I = \frac{V}{R_a + R_{in} + R_G}$$

電流の流れ方は電源ラインから手、人体表面、人体内部、足を流れてアースGに流れることになります。交流電源を直流電源に置き換えても流れる電流は上式で求めることができます。図8-14は電気機器から漏洩した交流電流が人体に流れる様子を示しています。今、周波数

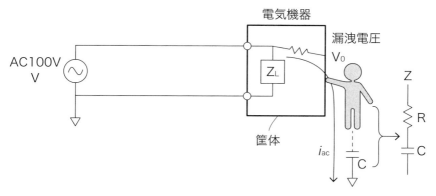

図8-14　交流電流の流れ方

50 Hz の交流 100 V で動作する電気機器があり、人が AC100 V に直接触れる場合も、電気機器から筐体に漏れた電圧 V_0 に触れる場合も、電流は人体を経由して人体と大地（アース）との間に存在するキャパシタ C（コンデンサ）を通して流れます。ここで人体の抵抗 R は直流でも交流でも同じですが、キャパシタ C は直流電流を流さないのに対し、交流電流は流します。このときのキャパシタのインピーダンスは $Z = \dfrac{1}{\omega C} = \dfrac{1}{2\pi f C}$ [Ω] となります。このインピーダンス Z は周波数 f が高いほど、キャパシタンス C の値が大きいほど小さな値となり流れる電流は大きくなります。人間が大地に対してもつキャパシタの値は人間の大きさ（半径 r）で決まり、$C = 4\pi \varepsilon_0 r$ [F] となります。ここで ε_0 は空気中の誘電率で $\dfrac{1}{36\pi} \times 10^{-9}$ [F/m]、人間のキャパシタンス C を 100 pF（pF は 10^{-9} [F]）として周波数 50 Hz のときのインピーダンス Z は $\dfrac{1}{2\pi \times 50 \times 100 \times 10^{-9}} \fallingdotseq 31.8 \times 10^6$ [Ω] $= 31.8\,\mathrm{M\Omega}$ となります。ここで人が交流 100 V（最大値 141 V）に感電したとすれば、人体を流れる電流（人体の抵抗成分はキャパシタに比べて極めて小さいので無視）は $I = \dfrac{V}{Z} = \dfrac{141}{31.8 \times 10^6}$ より 4.4 μA となります。この電流が人体のどの部分を流れるかによって電撃（電気的な衝撃）の大きさが異なることになります。人体と大地が近い場合は、キャパシタンスの値が大きくなり、インピーダンス Z が小さくなるため電流が多く流れることになります。人体の抵抗成分 R と大地と人との間のキャパシタンスを C としたときに人体に流れる電流 i_{ac} は次のようになります。

$$i_{ac} = \frac{V_0}{R + \dfrac{1}{\omega C}}$$

人体が大地から浮いた状態で感電するとビリビリとしますが、これは流れる電流が非常に少ない状態です。それに対し、人体が大地に直接に接地した状態では C がなく、$i_{ac} = \dfrac{V_0}{R}$ の電流が流れ非常に危険な状態となります。

(2) 静電容量C (キャパシタンス) は何によって決まるか

図8-15には2つの面積S[m²]の電極が距離d[m]だけ離れ、電極間には誘電率ε[F/m]の物質があるとき (空気ならば、空気の誘電率ε₀) キャパシタンスC[F]は対向する電極の面積と誘電率に比例し、距離に反比例するので$C = \varepsilon \cdot \dfrac{S}{d}$となります。人間と

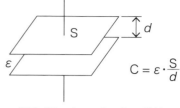

図8-15　キャパシタの構造

大地アース (アースに接続された金属なども含む) が近づくほどdが小さくなるため、キャパシタCの値は大きくなるので交流インピーダンスは小さくなります。

(3) 人体の抵抗値は

人体と接触する電圧によって異なりますが、接触電圧がAC 100Vの場合は約2kΩ、DC 100Vの場合は少し高く2.1kΩ、AC 220Vでは約1.5kΩ、DC 220Vでは約1.5kΩとなります。この抵抗値は接触する電圧が高くなると小さくなる傾向になります。また、接触したときの抵抗値は接触部の状況、特に濡れている、湿っている、乾燥しているなどによって大きく異なることになります。

8.5　感電 (人体を流れる電流の感知)

(1) 感知電流

感電による人体への電撃の大きさや感じ方は直流でも交流でも体内を流れる電流の大きさと流れる時間に比例しています。感電は約1mA以上の電流が体内を流れることによって引き起こされます。つまりこの電流値が感知電流 (通電によりしびれを感じる) ということになります。さらに電流が多くなるとけいれんが引き起こされ (直流では筋肉が硬直する、交流では交互に変化するために、筋肉が震えるようにけいれんする)、約10mAの電流が流れると自力で充電部から離れることができな

表8-1 電流値に対する人体の反応

電撃の種類	電流値	人体の反応
人体表面に流れる電流	1 mA	最小感知電流（ピリピリ感じる）
	5 mA	苦痛を伴う
	10〜20 mA	けいれんで自由が奪われる 呼吸筋のけいれんで呼吸困難（離脱限界電流）
	50 mA	意識喪失、心室細動のおそれ
	100 mA	心室細動が起こる （心臓が小刻みにけいれんして血液を送ることができない）
心臓に直接流れる電流	100 μA (0.1 mA)	心室細動が起こる

くなります（離脱電流の領域）。さらに電流が多く流れると心室細動が起こり、死亡する可能性があります（心室細動電流の領域）。人体を流れる電流値によって生じる人体の反応を表8-1に示します。これら人体に流れる電流と反応の関係はIECの技術報告書に示されており、電撃の大きさは次の要素によって決まります。

　①人体に流れた電流の大きさ I［A］
　②電流が流れた時間 t［s］
　③電源の種類（直流電流、交流電流、周波数の違い）
　④電流が人体のどの部分を流れたか（心臓が一番影響が大きい）

　電流の大きさ I と電流が流れた時間 t の積が電荷量 Q［C］で、Q＝I・t となります。このことは、①と②から電源から注入された電荷量によって感電の大きさ（電撃の大きさ）が決まることを意味しています。注入されるエネルギー U［J］は電圧源 V の大きさと電荷量 Q の積で決まり、U＝Q・V［J］となります。図8-16はIEC TS60479-1: 2005に基づいて、横軸に通電電流を縦軸に通電時間をとったときの電撃と人体反応の

第8章　電気の基礎及び電気安全

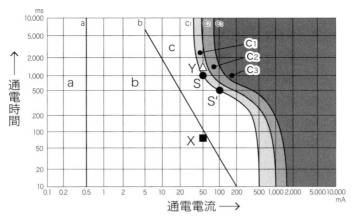

(a) 通電電流と通電時間特性（IEC TS60479-1:2005）

領域	人体反応
a	感知するが反応はない
b	有害な生理学的影響はない
c	影響度は電流値に比例する けいれん性の筋収縮や呼吸困難の可能性がある
c ↓ c_1	心停止、呼吸停止または重度のやけどといった病理生理学上の影響がある
	心室細動の確率は約5％以下
c_2	〃　　約50％以下
c_3	〃　　約50％以上

(b) 人体の反応

図8-16　電撃と人体反応

領域をグラフで示したものです。図(a)においてXの位置は通電電流が50mAで通電時間が75msを示し、通電電流を同じにして通電時間を1秒にするとS点になります。また、通電電流を2倍の100mAにして通電時間を半分の500msすると、S′に移動してともにc_1の曲線上に位置

します（I·t 積を一定）。さらに通電時間を長く 1.5 秒にすると AC-4-1 の領域に入り、心室細動が起こる領域となります。

例 1：AC 100 V（Max141 V）、接触抵抗を含めた人体の抵抗値 R を 2 kΩ、電流が 2 秒流れたとき、流れる電流は $I = \dfrac{141}{2} = 70.5$ mA、電荷量は $Q = \dfrac{141}{2} \times 2 = 141$ [mC] となり、AC-4-1 の領域に入り危険となります。

例 2：10000 V の静電気に帯電した金属部分に接触したときに流れる電流は $I = \dfrac{10000}{2} = 5$ A、2 μs ですべての静電気電流が流れるとすれば、電荷量は $Q = 5$ A $\times 2$ μs $= 10$ μC、電流が流れている時間は 10 ms の $\dfrac{1}{5000}$ の時間であり、DC-4-1 では 500 mA の電流が 10 ms なので電荷量 $Q = 0.5 \times 10 = 5$ mC となり、10 μC は $\dfrac{1}{500}$ の電荷量であるので電撃（ショック）の影響はありません。しかしながら、静電気が放電または一瞬に流れ込んだときには痛いような衝撃があり、大変驚きます。

(2) 感電による直流と交流の違い

直流電流と交流電流による感電の感じ方の違いは、直流電流は同じ方向に流れ、交流は電圧の加わる方向が半周期ごとに反対方向になるので人体が感じる作用は異なることが予想されます。また、交流電圧 100 V を例にとると交流電圧の最大電圧は $100 \times \sqrt{2} = 141$ V となり、直流電圧は交流電圧の実効値に等しく 100 V となるので交流電圧による感電のほうがより人体への影響が大きくなることが考えられます。

8.6 高電圧

高電圧には電圧の大きさで高圧と特別高圧の 2 種類があります。直流では高圧が 750 V〜7000 V 以下で特別高圧が 7000 V を超える大きさです。一方、交流では高圧が 600 V を超え 7000 V 以下、特別高圧が 7000 V を超える大きさと労働安全衛生規則などで決められています。このような高い電圧に接触すると低圧とは異なる大きさの電撃やショックを受け

て非常に危険となります。また、高圧に直接に触れた場合だけでなく、近づいても下記2つのメカニズムから高電圧が誘導されて感電をするので注意が必要となります。

(1) 静電誘導（C結合）

図8-17(a)に示す高電圧ラインの近くに例えば、金属（配線でも何でも）があると、高電圧の電荷 Q_h からの電界 E_h [V/m] が金属に入射さ

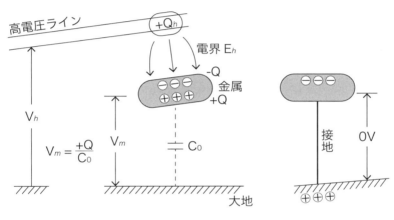

(a) 静電誘導（C結合）

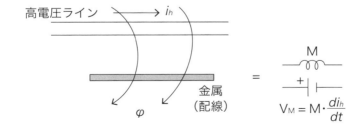

(b) 電磁誘導（M結合）

図8-17　高電圧の誘導

れて金属内にある電子がクーロン力を受け、電界の向きと反対方向に移動して、マイナスの電子が多くなり、一方、金属の反対側ではマイナスが移動したためプラスの電荷が多くなり図のように分布します。この金属が大地に対してキャパシタンス C_0 を持つと金属のプラスの電荷を $+Q$ とすれば、金属の大地に対する電圧 V_m は $V_m = \dfrac{+Q}{C_0}$ [V] となります。従って、この金属に人が触れると V_m の電圧で感電することになります。この $+Q$ の電荷は高圧の電荷 Q_h との距離が近いほど（距離が近いほど電界 E_h は大きく、誘導される電荷量はほぼ $-Q_h$ となります）、また、金属と大地間のキャパシタが小さいほど（大地と離れている、金属の面積が小さいほど）大きな電圧となります。ここで、金属を大地に接続（接地）することによって、誘導された電荷 $+Q$ を大地に逃がして、金属の電位をゼロとすることができます。

⑵ 電磁誘導（M結合）

　図⒝のように高電圧ラインの近くに長さを持った金属（配線を含む）があると、高電圧ラインを流れる電流を i_h からの磁界の束（磁束 φ）が金属ラインを取り囲むと金属ラインが相互インダクタンス M となって、磁力線 φ の流れを妨げる向きの逆起電力 V_M が生じます。この V_M の大きさは相互インダクタンス M（配線同士が近づくほど大きな値となります）と高電圧ラインに流れる電流の時間変化 $\dfrac{di_h}{dt}$ の積となります。一般の高電圧ラインは電流が少ないので、むしろ図⒜の静電誘導による影響の方が多くなりますが、高電圧ラインにかかわらず、電流がたくさん流れている電源ラインの近くにある長い金属線などは大きな電圧が発生することが考えられるので要注意となります。

8.7　接地の目的、その重要性

　接地とは地球（大地）に接続すること、アースするといいます。接地の目的には次のような役割があります。

第8章　電気の基礎及び電気安全

(1) 短絡電流に対する保護（遮断器）

　短絡とは、故障や取り扱いミスなどによって、電気回路の線間が電気抵抗（インピーダンス）の非常に少ない又は全くない状態（ショート）で接触した一種の事故現象です。短絡部分を通じて流れる大きな電流を短絡電流といいます。このため短絡による現象を防ぐためには配電盤や電気機器の近くに適切な遮断容量をもった短絡電流（過電流）遮断器を設ける必要があります。

(2) 電気系統の流れと接地

　送電された高圧6600Vは柱上トランスによって家庭用で使用する100Vや工場などで使用する動力用200Vの低電圧に変換されます。図8-18のように柱上トランスの鉄心と低圧側の中線が大地にアースされています。これはトランスの絶縁性能が経年劣化したときに一次側の高電圧が二次側の低圧に漏れてしまい、二次側の電圧が高くなったとき

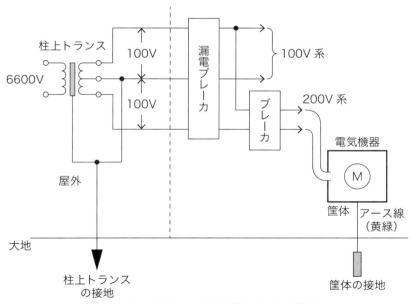

図8-18　高圧から低圧変換における接地

に、二次側に接続される100V系の家庭用電気機器や200V系に接続される産業用の動力機器が故障・破損されて危険となるのを防止するためです。また、低圧側に接続された電気機器が何らかの故障により漏れ電流が流れると電気機器の損傷や感電の危険性があるので、このような漏電が生じたときには機器への電流を遮断するために漏電ブレーカを備えています。二次側に接続された電気機器から故障等により電流が漏れ、人が電気機器の筐体に触れると感電の危険性があるので電気機器の筐体を接地します。この接地線（アース線）は電気安全を示す緑色の線、緑と黄の混色の線が使用されます。

(3) 保安用（安全確保のため）

　電子機器や電気機器は電源（直流、交流、高周波電源）からエネルギーを供給して動作しています。通常状態では電子機器や電気機器にはこのエネルギーが漏れることはありませんが、機器の故障や、電源が異常状態になったときには、エネルギーが漏れて電気的なショックや感電などを引き起こすことが考えられます。通常、電気機器や電子機器の筐体やシャーシ、フレーム（金属部分で覆われている）は接地線によってアースします。アースはそのエネルギーを人体より、はるかにインピーダンスの低い接地線を通して流し、人に電流が流れないようにするためです。筐体は大地と同じ電位（0V）にならなければなりません。

(4) 漏電への対応

　図8-19は低圧電路の配電方式を示しています。変圧器の2次側（低圧側）の中点又はマイナス端子を接地しています（接地抵抗R_1）。配線や電気機器（例えば、溶接機やモータなど）の絶縁劣化、損傷が起こると電流は正規のルートではなく、大地にも流れていきます。この大地に流れる電流を地絡電流や漏れ電流と呼んでいます。漏電している電気機器の筐体（金属部分）に人が触れると（電圧V_sが印加）、人を通して電流が流れ危険な状態となります。このような状況を防ぐために電気機器を接地します（接地抵抗R_2）。低圧電圧側から電気機器に200V

の交流電圧を供給するとすれば、その等価回路は図8-20(a)のようになります。電源電圧200Vから接地抵抗R_2とR_1を通して流れる電流は

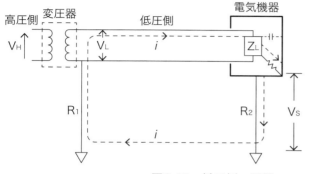

図8-19 低圧側の配置

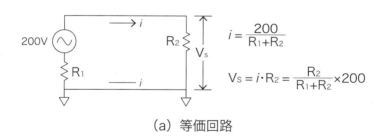

(a) 等価回路

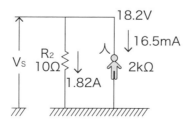

(b) 人に流れる電流

図8-20 接地抵抗の大きさによって生じる電圧

$i = \dfrac{200}{R_1 + R_2}$ となり、電気機器の筐体に発生する電圧は $V_s = i \times R_2$ となります。変圧器側の接地抵抗を $R_1 = 100\,\Omega$ と一定にして、電気機器の接地抵抗 R_2 をいくつかのケースに設定したときに電気機器の筐体に発生する電圧 V_s を求めると、次のようになります。

①電気機器が接地されていないとき（接地抵抗 R_2 が非常に大きい）
　200 V の電源電圧がそのまま表れ、$V_s = 200\,V$
②接地抵抗 R_2 を $10\,\Omega$（小さい）、$V_s = \dfrac{200}{110} \times 10 \fallingdotseq 18.2\,V$

　このように接地抵抗の大きさによって発生する電圧は異なり、人が筐体に触れたときの感電の大きさは異なることになります。
　今、図(b)のように接地抵抗 $R_2 = 10\,\Omega$、人が電気機器に触れたときの抵抗成分を $2\,k\Omega$ としたときに人体に流れる電流は $\dfrac{18.2\,V}{2\,k\Omega} = 9.1\,mA$（接地抵抗 R_2 には、$\dfrac{18.2\,V}{10\,\Omega} = 1.82\,A$ 流れる）となります。接地抵抗が大きくなるときや、接地していないとき、接地が外れたとき、人には大きな電流が流れて危険となります。こうしたことから接地抵抗の値が確保されていることを定期的に確認しなければなりません。

(5) 接地の必要がないとき

　電気用品安全法の適用を受けた二重絶縁構造（例：電動工具）の電気機器を使用するとき、高感度高速型漏電遮断器を施設するとき（定格感度電流 15 mA 以下、動作時間 0.1 秒以下の電流動作形）など、絶縁が強化されると（例：2 重絶縁構造）、同時に 2 つの絶縁が破壊されるケースは少ないと考えられ、接地を不要とするケースもあります。

(6) 接地の種類

　接地の種類は表8-2のようにA種接地からD種接地まで4種類あります。接地の種類によって、接地抵抗、接地線の太さ、接地場所の違いがあります。

第 8 章　電気の基礎及び電気安全

表8-2　接地の種類

接地の種類	接地抵抗	接地線の太さ	設置場所
A種接地	10 Ω以下	φ2.6 mm以上 （5.5 mm²）	高圧または特別高圧用の機械器具の外箱 避雷針
B種接地	$\dfrac{150}{I}$ Ω以下 I：高圧電路の一線地絡電流	φ2.6 mm以上 （5.5 mm²）	変圧器2次側の接地
C種接地	10 Ω以下	φ1.6 mm以上 （2 mm²）	300 Vを超える機械器具の外箱
D種接地	100 Ω以下	φ1.6 mm以上 （2 mm²）	300 V以下の機械器具の外箱
接地電線の色：緑/黄のしま模様の線（IEC60227）、緑色の線			

第9章

光、電磁波、放射線の基礎

9.1 電磁波の分類とエネルギー

(1) 電磁波の分類

　電磁波の正体は光であること、光は電磁波であり、その理論速度が約30万km/s（3.0×10^8 m/s）であることが1864年マクスウェル（1831～1879）によって証明されました。電磁波を波長で分類すると図9-1に示すようになり、人間の目に感じることができる光は可視光と呼ばれ、7色の虹や夕日の赤い色から空の青い色、紫がかった色など広い範囲に分布し、波長は380 nmから780 nm（1 nmは10^{-9}m）までの範囲となります。

　光の色は波長によって決まり、赤い色は波長が長く、青色になるにつれて波長が短くなります。これに対して、赤色光よりさらに波長が長い光を赤外光（赤外線）と呼び、青色光よりさらに波長が短い光を紫外光（紫外線）と呼んでいます。赤外線より波長が長い領域にはマイクロ波や超短波などがあり、紫外線より波長が短い領域にはX線やγ線などの放射線があります。

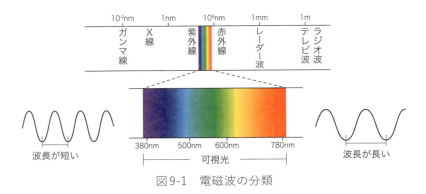

図9-1　電磁波の分類

⑵ 電磁波のエネルギー、波長と周波数の関係

電磁波（光）の進む速度を c [m/s] とすれば、電磁波の周波数 f [Hz]（$=\frac{1}{T}$）と波長 λ [m] の関係は図9-2から次のようになります。

$$c = f \times \lambda$$

これより、電磁波の波長は周波数に反比例します。赤色光の周波数は低く、青色光の周波数は高くなります。

1個の光のエネルギーを E [J] とすれば、次のようになります。

$$E = h \cdot f = h \cdot \frac{c}{\lambda}$$
（h：プランク定数 6.626×10^{-34} [J·s]、光速 c：3.0×10^{8} [m/s]）

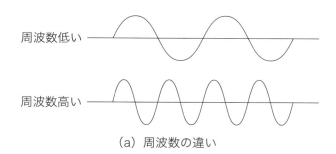

(a) 周波数の違い

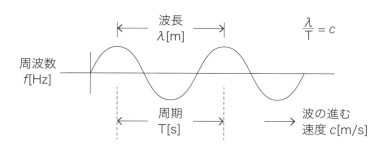

(b) 波の波長、周期、速度

図9-2　周波数、波長、速度の関係

これより、光のエネルギー E は波長が短いほど大きくなります。

可視光線よりさらに波長が短い紫外線や放射線はエネルギーが大きくなり、有害であることがわかります。エネルギーが大きい電磁波ほど人体との相互作用が大きくなります（例：紫外線による白内障や皮膚がんなど）。

電磁波のエネルギーの単位の一つとして電子ボルト［eV］も使用されます。この電子ボルトとは、電位差によるエネルギーで電荷量×電位差で表します。

1 電子ボルトのエネルギーは電子 1 個（電荷量 1.6×10^{-19}［C］）を 1 ボルトの電圧で加速したときに電子が得る運動エネルギーで $1\,\text{eV} = 1.6 \times 10^{-19}$［J］となります。

上記、光のエネルギーは $E = \dfrac{1.988 \times 10^{-25}}{\lambda}$［J］なのでこれを、［eV］の単位で表すと、$E = \dfrac{1.240 \times 10^{-6}}{\lambda}$［eV］となります。波長 λ を ［m］から［nm］に変えると（水素原子の直径 1 Å は 0.1 nm に相当）、 $E[\text{eV}] = \dfrac{1240}{\lambda}$［nm］となり次のように表すことができます。

$$E[\text{keV}] \times \lambda[\text{nm}] = 1.24$$

例：紫外線波長 $\lambda = 200\,\text{nm}$ のエネルギーは 6.2［eV］
　　X 線の波長 $\lambda = 0.1\,\text{nm}$ のエネルギーは 12.4［keV］
　　γ 線の波長 $\lambda = 10\,\text{pm}$ のエネルギーは 124［keV］

電磁波は図 9-3(a)に示すように電界波 E とこれに直交する磁界波 H の 2 つからなり、線源（太陽光の核融合のエネルギー、X 線源のエネルギーなど）で発生したエネルギーがこの電磁波によって運ばれることになります。太陽からの光が暖かいのは、太陽で起こっている核融合反応による熱（太陽表面では約 6,000 K〈ケルビン〉）をこの電磁波が地球まで運んでいるためです。そのエネルギーはベクトルである電界 E［V/m］と磁界 H［A/m］の外積（直交、大きさは長方形の面積 E·H［W/m²］、電

力密度）となります。つまり電磁波とは電界と磁界が直交した長方形の面積で、これが電力の流れとなります。太陽から地球にロスなく届くエネルギーは太陽定数と呼ばれ1.367 kW/m^2 となります（1 m^{2}の面積に100 Wの電球を約13個点灯することができる電力）。太陽光発電のLEDパネルモジュールの変換効率を20%とすれば、約270 W/m^{2}の電力を受けることができます。

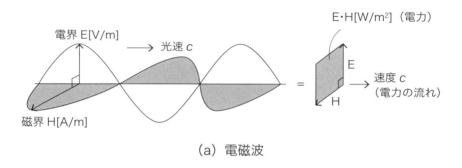

(a) 電磁波

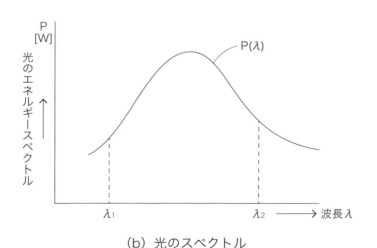

(b) 光のスペクトル

図9-3　電磁波のエネルギー

9.2 光の強さに関する基礎知識

(1) 放射量と測光量

①放射量とは物理的エネルギー

単位時間あたりに放射又は伝搬される物理的エネルギーの放射量を放射束［W］といい、単位波長幅［nm］あたりの放射束を分光放射束［W/nm］といいます。今、図9-3(b)のように波長λ[nm]の連続した分光放射束 P(λ)［W/nm］の物理的エネルギーは全ての波長帯（λ₁〜λ₂）の積分量で求めることができます。

②測光量とは人間の目のフィルター特性を通したときのエネルギー

単位時間に放射される光の量を人間の目が感じる図9-4の標準比視感度曲線（人間の目の感度曲線）をもとに表す測光量を光束［lm、ルーメン］と呼びます。明るいところで感じる感度曲線を明順応比視感度曲線Aと呼び、波長555nmで最大の感度を示し、暗いところでは暗順応比視感度曲線Bとなり、やや青に近い波長

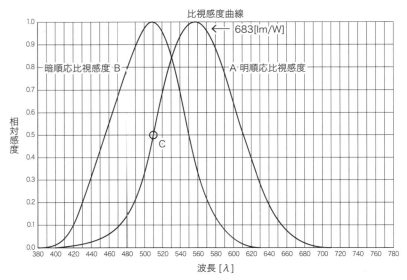

図9-4　標準比視感度曲線（人間の目の感度曲線）

505 nm ところで最大の感度を示します。明順応比視感度曲線 A の波長 555 nm の最大値を放射束 1 W に対する光束を 683 [lm] と決めました（最大視感度は 683 [lm/W]）。明順応比視感度曲線の C 点（波長 510 nm）では相対感度が 0.5 なので 341.5 ルーメン [lm] の明るさになります。

(2) 点光源から任意の角度（立体角）に放射される光の強さ

① 単位立体角（ステラジアン：sr）とは

1 ステラジアン [sr] とはステレオにちなんだ単位で、図 9-5(a) に示すように、球面上の球の半径の 2 乗に等しい面積に放射される立体角をいいます。球の表面全体の立体角は、表面積が $4\pi r^2$ なので、全表面積に対する立体角 ω は、$\dfrac{4\pi r^2}{r^2} = 4\pi$ となります。

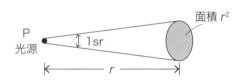

(a) 単位立体角（1 ステラジアン）

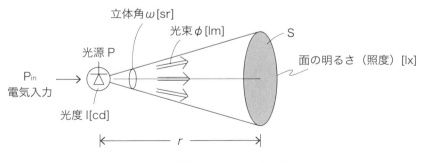

(b) 光源の明るさと照度

図 9-5　光度・光束・照度の関係

従って、点光源から球面状に放射されるエネルギーの放射立体角は $4\pi\,[\mathrm{sr}]$ となります。

②光束：ルーメン [lm] と、光度：カンデラ [cd]

　図9-5(b)のように、光度 I カンデラ [cd] の点光源 P から立体角 $\omega\,[\mathrm{sr}]$ 内に放射される光の強さを光束 φ ルーメン [lm] とすれば、光束 $\varphi=$ 光度 I × 立体角 $\omega\,[\mathrm{lm}=\mathrm{cd\cdot sr}]$ となります。1 [cd] の点光源から全空間に放射される立体角は $4\pi\,[\mathrm{sr}]$ なので、光束 φ は $4\pi\,[\mathrm{lm}]$（12.5ルーメン）となります。例えば、照明用 LED の光束が900ルーメン [lm] と表示されている場合は、LED から $r=2\,\mathrm{m}$ 離れたところの $10\,\mathrm{m}^2$ の床面積を照射するときの立体角 ω は $\frac{10}{2^2}=2.5\,[\mathrm{sr}]$ になるので光度は $900/2.5=360$ カンデラ [cd] となります。光度 I とは人間の目に入る光源のエネルギーの強さ（輝き）を表し、光束 φ は光源からある立体角 ω に放射される光の明るさ（エネルギーの流れ）を表すことになります。

③照度とは

　単位面積あたりの光束を照度（lx、ルクス）と呼び、単位は $[\mathrm{lm/m}^2]$ となります。今、図9-5(b)の点光源 P から立体角 ω で放射された光が距離 $r\,[\mathrm{m}]$ にある面積 $S\,[\mathrm{m}^2]$ に達する光束 $\varphi\,[\mathrm{lm}]$ は、光度を $I\,[\mathrm{lm/sr}]$ とすれば、点光源から見た立体角 ω は $\frac{S}{r^2}\,[\mathrm{sr}]$ となるので、光束 φ は次のようになります。

$$\varphi = I\cdot\omega = I\cdot\frac{S}{r^2}\,[\mathrm{lm}]$$

この面積 S の照度を E ルクスとすれば、$E=\dfrac{\varphi}{S}=\dfrac{I}{r^2}\,[\mathrm{lx}]$ となり、照度は光度 I に比例して、距離の2乗に反比例することになります。

　例：光度 $I=2400\,[\mathrm{cd}]$、$r=2\,\mathrm{m}$、$S=1\,\mathrm{m}^2$、$\varphi=600\,[\mathrm{lm}]$ のとき照度 E は、次のようになります。

$$E=\frac{\varphi}{S}=\frac{I}{r^2}=600\,[\mathrm{lx}]$$

第9章　光、電磁波、放射線の基礎

光に関連する物理的エネルギーと測光量の名称と単位の関連を表9-1に示します。

表9-1　物理的エネルギーと測光量の名称と単位

(a) 物理的光のエネルギー

物理量の名称	単位	備考
電気入力P	W［ワット］	仕事率
放射束W	W［ワット］	光の強さ（変換効率$\frac{W}{P}$）
分光放射束	W/nm	単位波長あたりのエネルギー

人間の目の感度曲線（図9-4のA）の波長555 nmのピークを1 W = 683ルーメン［lm］とした

(b) 人間の目の感度特性に変換

測光量の名称	単位	備考
光度I	カンデラ［cd］	点光源
輝度L	$\frac{カンデラ}{面積}$［cd/m²］	面発光光源
立体角ω	ステラジアン［sr］	点光源1 cdは4πステラジアンsrを放射。1 cd = 4πルーメン［lm］
光束φ	ルーメン［lm］	光の強さ　光束 = $\frac{光度}{立体角}$［cd/sr］
照度E	ルクス［lx］	明るさ　照度 = $\frac{光束}{面積}$［lm/m²］

233

9.3 色に関する認識

(1) 3つの特性が必要

　色の情報は見ている対象物からの反射光が目に入ることによって認識されます。人間の目は可視光線である380 nm～780 nmの範囲の波長の光を、赤、緑、青の3つに分けて「錐体」の特性によって色を識別しています。図9-6に示す対象物のリンゴが赤いと認識するのは、対象物を照明している光源の分光特性P(λ)（波長ごとのスペクトルの大きさ）と対象物の反射特性である分光反射特性$\rho(\lambda)$（波長ごとの反射スペクトルの大きさ）の掛け算（積）によって決まります（P$\langle\lambda\rangle \times \rho\langle\lambda\rangle$）。例えば、スーパーなどで照明光源を工夫することによりリンゴや肉などの色をより一層おいしそうな赤にすることができます。つまり、色が認識される仕組みは、照明する光、見ている対象物、人間の視覚特性（錐体）の3つが必要となります。このことは照明光の特性（照明光源のスペクトル特性）と対象物表面の光の反射率（分光反射特性）の掛け算が人間の目（目の特性）に入り赤と認識されるメカニズムです。つまり、リンゴは可視光線のうち赤い光を反射して、緑の光と青の光を吸収していることによって赤く見えるのです。図9-7に普及している照明用白色LED光源の分光分布特性を示します（波長450 nmの青色光にピークがあり、550 nmの緑色光の波長帯は広く、赤色光成分が少ない）。このため従来

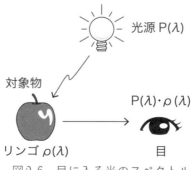

図9-6　目に入る光のスペクトル

第9章　光、電磁波、放射線の基礎

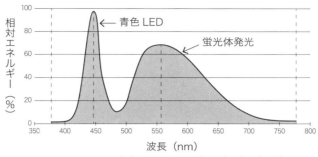

図9-7　照明用白色LEDの分光分布（一般的）

の赤色光成分が多い白熱電球に比べてLEDの光のエネルギーが大きいことになります。青色のLEDが実用になったので白色のLEDが実現できました。原理は青色LEDから赤色と緑色を発光する蛍光体に青色光を照射すると図のような分光分布になります。照射量によって白色からオレンジ系の色温度までカバーすることができます。このため、LED光に長年照射された対象物はエネルギーをより多く受け、何らかの変化が起こる可能性があります。

(2) 光源の色温度とは

　色温度とは、太陽光や自然光、人工的な照明などの光源が発する光の色（赤っぽい、青っぽいなど）を表すための尺度であり、光源が放つ光の色を熱力学的絶対温度K（ケルビン）で表します。色温度は、黒体と呼ばれる物体を加熱していったときに放つ光の色を、そのときの絶対温度で対応させて数値化したものです。あらゆる物体は、温度が上がると、その温度に対応した光を放ちます。LEDのような青系統の光は色温度が低く、赤系統の色は色温度が高くなります。

　例：約2856K（白熱電球から放射される光）、4200K（白色光）、
　　　4874K（直射太陽光）、6774K（平均昼光）

9.4　光と目の作用

(1) 人が明るさと色を認識する仕組み

　目は外界からの光を取り込み、眼球の形はほぼ円形をしており、直径は約21～25 mmです。図9-8(a)は目の構造を示しており、目に入射した光はカメラの絞りに相当する虹彩によって収縮拡大して中心部の瞳孔の大きさを変えることで目の中に入る光の量を調整します。明るいところでは瞳孔を小さくして目に入る光の量を少なく、暗いところでは瞳孔を大きくして光の量を多くします。次にカメラのレンズに相当する水晶体と角膜（角膜は強膜の前方を覆っている透明の膜）があり、角膜は光を屈折させ、水晶体はピントを合わせる役割をします。近くのものを見

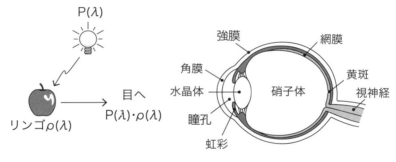

(a) 目の構造

(b) 網膜の構造

図9-8　目と網膜の構造

ると水晶体は膨らみ、遠くのものを見ると水晶体は薄くなり、硝子体を通して網膜（デジタルカメラのCMOS光センサーに相当）に像を結びます。この網膜上に結ばれた像を電気信号に変換するのが網膜にある視神経細胞で、電気信号はこの視神経を通して大脳にある視覚中枢に伝えられます。網膜の構造は図(b)のように網膜にある視細胞には、錐体（錐状体）と桿体（桿状体）の2種類があり、錐体（R錐体、G錐体、B錐体）は明るいところで働き、色（可視光の赤色、緑色、青色の波長帯）や形を識別します。桿体は暗いところで働き、明暗を識別します。暗いところで色がわかりにくいのは桿体が働き、錐体が働かないからです。錐体は約600万個、桿体はおよそ1億2000万個あると言われています。

(2) 光放射の目の障害

図9-9はさまざまな波長や大きさ（振幅）をもった光が目に入ると目のいろいろな部分で障害が発生するメカニズムの概要を示したものです。

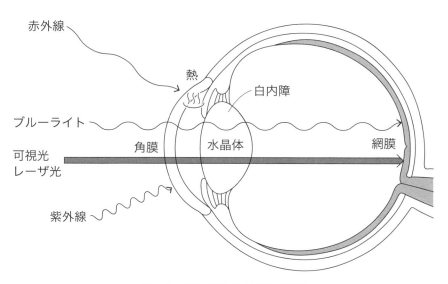

図9-9　光放射による目の障害

- 紫外線放射：角膜炎、結膜炎（雪目）、白内障
- ブルーライト（液晶モニターからの青い光）：網膜症
- 赤外線放射（熱線）：熱エネルギーによる水晶体の温度上昇から起こる白内障
- レーザ光：白内障、網膜火傷
- 可視光線：網膜損傷

9.5　レーザ光の安全性

(1) レーザ光の特徴と目への作用

　固体、気体、半導体などのレーザから放出された光は、指向性に優れ、可視光などと違いパワー密度が高く、生体に対する透過力は低く、生体の表皮、つまり目や皮膚に有害な影響を及ぼします。目への障害は網膜損傷など、400 nm から1400 nm の波長帯域の可視光や近赤外光によって引き起こされます。この波長の光は眼球を透過し、水晶体のレンズ作用によって集光されるため、眼底に熱的および光化学的（白内障）の眼底障害を引き起こします。レーザの危険度は目への障害の大きさで決まるために、安全の基準としてクラス分類がされています。各国ではレーザ光のクラス分類と安全基準（最大許容露光量の提示）が設定されています。

(2) レーザ使用時の危険性（必要な管理策、レーザ製品の安全基準 JIS C 6802）

- 目や皮膚への危険性
　紫外線の波長帯（230 nm〜380 nm）では、日焼け、皮膚がん、皮膚の老化現象の加速化など、UVB（280 nm〜315 nm）の有害紫外線、および遠赤外線（1400 nm 以上）は、組織の吸収による途中の減衰作用によって網膜まで到達しないので主として角膜で吸収されて損傷（熱作用や光化学的な白内障）を引き起こします。網膜の熱的損傷は、可視光（400 nm〜700 nm）と赤外線（700 nm〜1400 nm）の

領域で生じ部分的または完全な視力喪失を引き起こすことがあります。そのため下記のような管理が必要となります。

- レーザのクラス（危険度）、レーザの構造、レーザの使用方法についての理解（安全教育）。
- レーザ光の位置と目の高さの関係、部屋の明るさ（暗いと目の瞳が開放）、装置以外の金属光沢のあるもの（レーザ光の反射）の持ち込み注意、部屋の入口に警告の表示。
- 保護メガネの OD（Optical Density）値がクラスに応じた適切な（高い）ものを選ぶ必要があります。

  OD 値とはレーザ遮光用フィルターの安全度を示す指標で、以下の式で表されます。

  OD＝log10（1／透過レーザ光）、1000分の1透過すれば OD 値＝3 となります。例えば OD 値が5の場合、透過するレーザ光量は入射するレーザ光量に対して 10^5 分の1になります。OD 値が高ければ高いほど透過光量は少なく安全であると言えます。フィルター選定の際は使用波長領域で高い OD 値を持ち、かつ可視域の透過率が高いものを選ぶことが必要です。

- 高電圧、感電の危険

  レーザ装置は高圧電源が用いられているので、感電の危険性があります。

- 有害物質による危険性

  レーザ媒質にガスを用いたレーザには、エキシマレーザのようにフッ素ガスのような有害物質が用いられているため、有害物質についての知識も必要となります。

- 火災の危険性

  高密度のレーザ光は可燃性の物質との反応による発火の危険性があり、レーザビームストップと遮蔽物の使用時に考慮が必要です。

- 装置の異常状態には、機器の故障、レーザカバーの破損、光学経路が変わることによる高密度のレーザ光の漏れなどが考えられます。

- 可視波長以外のレーザ（例：YAG レーザ）はレーザ光を認識でき

ないので、さらに取り扱い上の危険度は高まります。

- レーザ製品のクラス分類による安全基準（JIS C 6802）は 8 分類されていますが 6 分類を抜き出すとその概要は次のようになります。

クラス 1、1M：直接ビーム内観察はルールを守って行えば安全である。長時間露光は目に障害が発生する可能性がある。

クラス 2M：可視（波長 400 nm～700 nm）のレーザビームを放出する製品であって、瞬間的な被ばくのときは安全である。意図的に、また長時間照射は危険。

クラス 3R：直接のビーム内観察を行うと、眼に障害が生じる可能性があるが（長時間観察は非常に危険）、そのリスクは少ない。意図的にビームを直接目に照射させてはならない。

クラス 3B：短時間の露光でも通常危険である。拡散反射光の観察は通常安全である。

クラス 4：ビーム内観察及び皮膚への露光は非常に危険であり、拡散反射光の観察も危険となる可能性がある、これらのレーザには火災の危険性が存在する。

レーザの危険性のランク（例：クラス 4 やクラス 3B）に基づいて、レーザ機器管理者の選任、管理区域の設置、レーザ機器製品に対して、インターロック機構、警報装置、緊急停止スイッチなど、作業者への管理では、保護メガネ、保護衣服、眼底検査など、掲示で図のような危険性の表示、設置の表示などが必要となります。

9.6　色彩に関する知識（色彩安全、色彩環境）

⑴ 色の基本

　プリズムを通して太陽光をみると 7 色の虹が見えます。ニュートンはこのようにして太陽光には 7 色の色が含まれていることを発見しました。可視光の波長範囲の光は 7 色の虹以上の色が連続しています。波長

第9章 光、電磁波、放射線の基礎

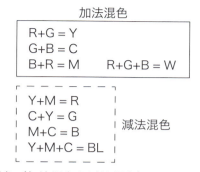

図9-10　色の3原色（加法混色と減法混色）

が長いほうから赤色〜黄色〜緑〜緑青（シアン）〜青〜赤紫（マジェンタ）となっています。そこで、図9-10に示すように基本の6色を抜き出すと、赤R、緑G、青Bの三角形の位置に対して、赤Rと緑Gの間に黄Yを、緑Gと青Bの間に緑青Cを、赤Rと青Bの間に赤紫Mを置いた配置となります。TV（テレビジョン）のように赤R、緑G、青Bを発光させて、それぞれの3色の割合をいろいろと変えることによってさまざまな色を作り出すことを加法混色といいます。このように光を混ぜると光のエネルギーが加算されて明るくなります。一方、絵画やプリンタのように色を混ぜ合わせてさまざまな色を作り出す方式を減法混色（色を混ぜると暗くなる）といいます。図ではお互いに向かい合う色を加法混色すると中央O点が白W（R＋G＋B＝W）になり、減法混色すると黒BL（Y＋M＋C＝BL）になる色の関係を補色の関係にあるといいます。例えば、赤Rの補色は緑青C（シアン色）、緑Gの補色は赤紫M（マジェンタ色）となります。

加法混色では赤R、緑G、青Bの3色が基本色でR＋G＝Y（黄色）、G＋B＝C（シアン）、B＋R＝M（マジェンタ）、一方の減法混色ではY、M、Cの3色が基本色でY＋M＝R、C＋Y＝G、M＋C＝Bとなります。

(2) マンセル表色系（色の表示）

アメリカの画家で美術教育者であるアルバート・マンセル（1858～1918）は1905年に『色彩の表記』という本を著しました。これを1943年にアメリカ光学会が視感評価実験によって修正したものが現在のマンセル表色系の基礎となっています。表色系は各種ありますが、マンセルの表色系は美術、デザイン分野でよく使われます。

色の3属性とは、「明度」、「色相」、「彩度」をいい、「明度」は色の明るさを表し、色を取り除いたときが白黒の明るさを表しています。「色相」は赤色でも黄味がかった赤、紫がかった赤といった色味の違いを示し、「彩度」は色の鮮やかさを示しており、すべての色彩はこの3つの属性によって表現することができます。

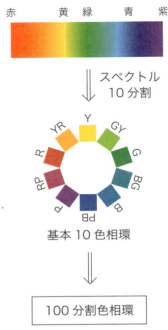

図9-11　マンセル表色系色相環

図9-11は可視光の波長スペクトルをリング状にして、色を抜き出してそれぞれの色に記号を付けたものです。黄色をY、黄緑をGY、緑をG、緑青をBG、青をB、青紫をPB、紫をP、紫赤をRP、赤をR、赤黄をYRの10色に分割したものです（基本10色相環）。この基本10色相環をそれぞれ10等分して基本100色相環としたものをマンセル表色系の色相環といいます。色彩を定量的に表す体系である表色系の1つです。

(3) 色の識別と3つの特性

人が見ることのできる色もすでに述べたように可視光の範囲（波長域）の電磁波です。

従って、色彩の安全とは、危険を回避するための手段に色を用いて、色の違いによって危険となるような状況を防いで安全を確保することが

第9章　光、電磁波、放射線の基礎

目的にあります。また、環境では環境色彩といった分野があります（例えばグリーンの色は環境によいイメージを与えます）。対象を認識するのは、色＞形＞テクスチャー（物体の表面や質感を表現するための地紋やパターン、または画像のこと）の順に行われます。3つの特性とは視認性、誘目性、識別性のことを言います。

- 視認性とは、対象の存在または形状の見えやすさの程度
- 誘目性とは、多数の対象または形状が存在する場合に、どの色がより知覚されやすいか、目立ちやすいか
- 識別性とは、色の違いによって、対象のもつ情報の違いを区別して伝達する性質

これらの特性はある産業分野でも人間社会でもよく使用されています。

⑷　人間の色の認識特性を利用する

　明るいときの人の視感度特性は緑の波長が最も感度が高いのですが、暗くなると人の視感度特性のピークは緑から青側にずれます（図9-4）。暗いところで青色の光が明るく感じられるのはそのためです。暗いところで青色光を使用すると人間の視認性が高くなることになります。多くの人が経験することですが、薄暗いところで青い光の目立ちやすさ、青い光が明るく見えるといった現象はこのような人間の目の特性によります。

⑸　色の遠近感を利用して安全性を向上させる

　一般的に色の遠近感とは、2つの色が同じ位置にあったときに、色の違いで近くに見える、遠くに見えるといったことが色による遠近感（奥行）です。一般的に明るい色（赤、黄色系統）ほど近くにあると感じられ、暗い色（青、黒い系統）は遠くに感じられます。こうした遠近感を利用した安全性の確保も考えることができます。人間がさまざまな作業

243

を行うとき、要は危険状態をいち早く察知できるような色を配置することが重要となります。危険な箇所が遠くにあるように感じるより、近くにあるように感じるようにすれば、危険状況に対応した行動が早くとれることになり、色の配置が危険を回避するために重要な要素となることがわかります。

⑹ 安全色と安全標識に関した指針
　関連する指針には次のようなものがあります。

- ISO3864-1（2011）── JIS Z 9101（2005）：安全色及び安全標識 ──産業環境及び案内用安全標識のデザイン通則
　　この規格の適用範囲には、人への危害及び財物への損害を与える事故防止・防火、健康上有害な情報並びに緊急避難を目的として、産業環境及び案内用に使用する安全標識の安全識別色並びにデザイン原則について規定しています。
- JIS Z 9103（2005）：安全色 ── 一般事項
　　この規格は、JIS Z 9101：2005（安全色及び安全標識 ── 産業環境及び案内用安全標識のデザイン通則）に基づき、国内において安全標識、安全表示などに使用されている重要不可欠な色及び色材を加え、安全色を使用するときの具体的な事項を示したものです。適用範囲には、人への危害及び財物への損害を与える事故・災害を防止し、事故・災害の発生などの緊急時に際し、救急救護、避難誘導、防火活動などの速やかな対応ができるようにします。安全に関する警告、指示、情報などを視覚的に伝達表示するために、安全標識及び安全マーキング並びにその他の対象物に一般材料、蛍光材料、再帰性反射体、透過色光、信号灯、りん光材料などの安全色を使用する場合の一般的事項について規定しています。

第9章　光、電磁波、放射線の基礎

9.7　放射線の歴史と産業への応用

⑴ 放射線の発見

　放射線は1895年レントゲン（1845〜1923）が真空放電の実験中に透過力の強い電磁波（X線）を発見したことに始まり、その歴史は以下のようになります。

　　1895年：レントゲンがエックス線（X線）を発見。

　　1896年：ベクレル（1852〜1908）が天然に存在するウラニウム化合物が放射線を出していることを発見。

　　1898年：マリ・キュリー（キュリー夫人、1867〜1934）がウラニウムを含む鉱物の中から強い放射線を出す元素ラジウムを発見。

⑵ 放射線の産業への利用

　プラスチックやゴムなどの物質に放射線を当てると、物質を構成する原子や分子の状態が変化し、耐熱性や耐水性、耐衝撃性などを向上させることができます。また、放射線を当てることで物質に新たな性質を持たせられることを利用して、例えば、抗菌・消臭力を持った製品を作ることができます。他にも、電子線を使うことで、排ガスや排水中の有害な化学物質を分解処理することもできます。放射線の透過量の変化を測定することで、材料の厚さを正確に測定できる分野に利用されています。エックス線やガンマ線を用いて製品や材料を壊さず内部の様子を調べることができる、例えば、外から見えない割れ目、欠陥、亀裂などを見つけることができます。エックス線は、工業材料（鉄など）や建造物の内部欠陥を非破壊で検査する方法、溶接した部分の検査や、航空機のジェットエンジンの定期検査、空港での荷物検査などに使用されています。火災報知機の煙探知機には、アメリシウム241から出るアルファ線により、一定の電流が流れています。この中に煙が流れ込むと電流が減少し、そのときに警報が鳴るしくみになっています。このように放射線はさまざまな分野で広く利用されています。

245

9.8 原子の構造と同位体

(1) 原子の構成

　図9-12は原子の構造を示しています。中心の原子核（陽子＋中性子）の周りに電子が回転しています。電子は粒子と波動性の両方を持ち、原子核の周りは電子の雲があるような状態（電子雲）となっています。原子核の大きさは10^{-14}mで原子の大きさの約1万分の1の大きさで、極めて小さく、プラスの電荷をもつ陽子と電荷をもたない中性子から構成されています。原子番号と質量数はそれぞれ次のようになります。

　　　原子番号＝陽子数（電子数に等しい）
　　　　質量数＝陽子数＋中性子数
　　原子番号は元素記号の左下、質量数は左上に書かれます（図9-13のセシウムの例）。
　　陽子の質量（$1.673×10^{-27}$kg）、中性子の質量（$1.673×10^{-27}$kg）、電子の質量（$9.1×10^{-31}$kg）：陽子の質量の1/1840

(2) 同位体

　同位体とは陽子数（原子番号）が等しく、質量数が異なる（中性子数が異なる）元素のことをいいます。同位体には安定したものと不安定なものがあります。これは宇宙ができたときにもともと不安定な物質と安定した物質ができたことと考えられます。

　このことを瓦礫の山に例えると、その高さごとに石や岩があるが、高いところにあるものは不安定で何か衝撃（例えば、強風や地震など）によって低い位置まで落ちて安定となります。同位体である放射性元素の中にも放射線（エネルギー）を放出して安定になる元素もあります。図9-13にはヨウ素I、炭素C、ウランUの同位体を示しています。陽子数53、中性子数74のヨウ素は安定しており、同じく陽子数53、中性子数78のヨウ素（放射性同位元素）は不安定で原子核が崩壊（壊変）して$β$線と$γ$線を放出します。

第9章 光、電磁波、放射線の基礎

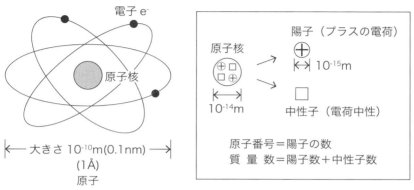

図9-12　原子の構造

図9-13　同位体

9.9 放射線の特性

⑴ 放射線の種類

放射線には次のような種類があります。

α（アルファ）線：ヘリウム He 原子核（原子番号 2、質量数 4）が分離してα崩壊して荷電粒子α線を放出します。α線の透過力は弱く、空気中で数センチしか飛行できないので紙 1 枚で止めることができます。人体への侵入は表面から 0.05 mm 程度となります。

β（ベータ）線：中生子が陽子に変化して電子が飛び出すβ崩壊によって生じる放射線（電子線）が荷電粒子β線であり、数ミリ程度の透過力があります。そのため、厚さ数ミリ程度のアルミ板やプラスチック板で遮蔽することができます。

γ（ガンマ）線：励起状態の原子核が安定になるときに放出される電磁波がγ線となります。γ線は透過力が強く、鉛等を使わないと遮蔽することができません。外部から受けるとその透過力によって人の組織・臓器に影響を及ぼします。

X（エックス）線：X線発生装置（X線管）から放射された粒子や電磁波で、透過力が強く、鉛等を使わないと遮蔽できません。

　α線とβ線は荷電粒子であるために電離作用（物質を構成する原子から電子をはじき出し、イオンを作る作用）があり、γ線とX線は電磁波のため電荷と質量をもたないので、物質との作用には光電効果、コンプトン効果、電子対生成の 3 つの現象があり荷電粒子とは作用が全く異なります。それぞれの線源からの電磁波が紙A、数ミリ厚のアルミニウム板B、数センチ厚の鉛板Cを通過する様子を図9–14に示します。

⑵ 放射線と原子の反応

　図9–15は放射線と原子との作用の状態を示したものです。原子の構造は中心にプラスの電荷をもった原子核とその周りの軌道（エネルギー

第9章　光、電磁波、放射線の基礎

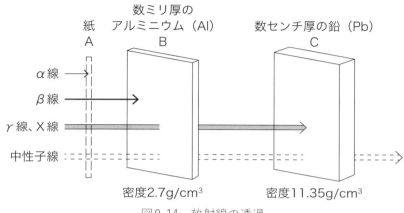

図9-14　放射線の透過

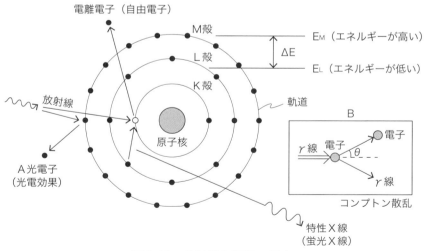

図9-15　放射線と原子の反応

準位の低い方からK殻、L殻、M殻）を電子が回転しています。ここに放射線が侵入してK殻にある電子に作用すると電子に大きなエネルギーを与えて電子が軌道から飛び出して自由な電子（電離電子）となります。抜けた電子の位置に、今L殻の電子が入ってくると電子は軌道差に相当するエネルギー ΔE を失うので、それに等しいエネルギーを放出します。これが特性X線（蛍光X線）と呼ばれているものです。このため蛍光X線は物質に固有な値となります。次に放射線がM殻の電子に当たるとそのエネルギーを電子に与えて電子が軌道からA光電子となって放出されます。これが光電効果の現象（ΔE 以上のエネルギーが必要）です。次に放射線である γ 線が電子に衝突するとBの枠で示したコンプトン散乱が起こり、ある角度 θ で電子とガンマ線が散乱します。

(3) 放射線に関する単位

　図9-16は放射能（ベクレル）による物質への作用（グレイ）と人への作用（シーベルト）の関係を表したものです。

①放射能：単位ベクレル［Bq］

　　放射線を放射する性質のことを放射能といい、この能力をもった物質のことを放射性物質と呼びます。つまり、原子核が放射線を放射し、他の核種に変化する（壊変）性質又はその強さを示すことになります。放射性物質が異なれば、放射能が同量であっても、放出する放射線の種類やエネルギーは異なるということになります。

　　放射能の強度は、1秒間あたり壊変する回数で表し、単位はベクレル［Bq］（国際単位）を用います（図9-16(a)）。原子核が1秒間に100個他の種類の原子核に変わるとき、その放射能は100［Bq］となります。1キュリー［Ci］は 3.7×10^{10} ［Bq］に相当します（ラジウム1gが 3.61×10^{10} ［Bq］と言われています）。

　　放射線が物質や人体へ与える影響を評価するために、次の3種類が放射線量の単位として用いられています。

第9章　光、電磁波、放射線の基礎

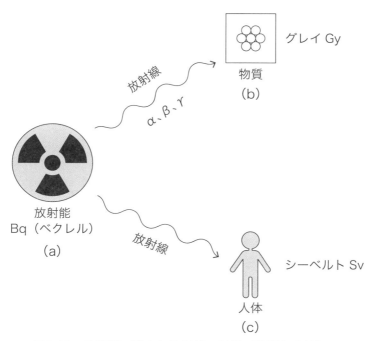

図9-16　放射源の強さと放射線の被爆（物質と人体）

②照射線量：クーロン［C/kg］
　自由空間中の空気1 kg あたり電離作用によって生成される電気量［C、クーロン］で単位は［C/kg］となります。1 R（レントゲン）＝ 2.54×10⁻⁴［C/kg］となります。

③吸収線量：グレイ［Gy］
　放射線と物質の相互作用により、物質（人体を含めて）の単位重量あたり吸収された放射線エネルギーをいいます（図9-16(b)）。ここで1 Gy とは物質1 kg あたり1ジュール［J］のエネルギーを吸収したときの値（1 Gy ＝ 1 J/kg）となります。
　人体では部位（頭、胸、腹、腰など）によって異なる吸収量を示します。
　例：X線撮影はその平均部位によって異なりますが2 mGy 以下

です。この値から部位の質量を 1 kg とすれば2×10^{-3} [J/kg] $\times 1$ [kg] $= 2$ [mJ] のエネルギー吸収となります。1 秒間だけ照射されたとすれば 2 [mW] の電力を吸収したことになります。

④線量当量：シーベルト [Sv]

　人が放射線に被ばくしたとき（図9-16(c)）、吸収線量は同じであっても放射線の種類やエネルギーによって人体に及ぼす影響の程度が異なります。そこで放射線被ばくの危険度を同一の指標で評価する単位として、線量当量はシーベルト [Sv] という特別な名称が用いられました。シーベルト [Sv] の単位は、被ばく線量を表すのでは大き過ぎるのでその $\frac{1}{1000}$ の 1 ミリシーベルト [mSv] が用いられます。マイクロシーベルト（μSv）は $\frac{1}{1000}$ [mSv] です。

　線量当量と吸収線量との関係は次のようになります。

　　線量当量 [Sv] ＝吸収線量 [Gy]×線質係数
　　（吸収線量は物質によって異なり、線質係数は放射線源によって異なります。α 線は20、β 線、γ 線、X 線はそれぞれ 1 とします）

　β 線、γ 線、X 線については線量当量＝吸収線量となります。
　地球上の人間は自然界に存在する様々な放射線から 1 年間に 1 人あたり平均2.4 mSv の被ばく量を受けています（表9-2）。

⑤線量率 [mSv/h、nGy/h]

　単位時間あたりの放射線の量で放射線計測器（サーベイメータ等）を用いて測定します。

⑥半減期（放射能の減衰）

　放射能は時間が経過するにつれて減少するので、最初の放射能 A_0、経過時間 t、壊変定数を λ とすれば、時間 t 経過後の放射能は次のように表すことができます。

第9章　光、電磁波、放射線の基礎

表9-2　人体に対する影響

自然放射線	2.4 mSv（年間、世界平均）
人工放射線	6.9 mSv（胸部X線CT）
	0.6 mSv（胃のX線検診）
	0.05 mSv（胸のX線検診）

被ばく量（mSv）	症状
1 mSv～10 mSv	一般人の年間線量限度
25 mSv	臨床病なし
500 mSv	白血球の一時的減少
1000 mSv（1 Sv）	吐き気、倦怠感
3000 mSv（3 Sv）	脱毛する
5000 mSv	皮膚が赤くなる、永久不妊
7000 mSv	死亡する

$$A = A_0 e^{-\lambda t}$$

　この壊変定数 λ は放射性同位元素の種類によって異なり、半減期を T とすれば $\dfrac{A_0}{2} = A_0 e^{-\lambda T}$、これより $T = \dfrac{\ln 2}{\lambda} = \dfrac{0.693}{\lambda}$ となります。

　つまり、半減期 T は壊変定数（崩壊定数）λ によって決まることになります。壊変定数とは、放射性核種の壊変の確率を表す尺度で、一個の不安定な素粒子や原子核が単位時間に壊変する確率のことを一般に記号 λ で表し、核種に固有な定数となります。

　コバルト60線源は、天然物質のコバルト59に原子炉で中性子を照射して作られます。時間とともに電子を放出する「β（ベータ）壊変」を起こしてニッケルに変わっていき、この過程で2つの「γ（ガンマ）線」を放出します。また、放射能は約5年で半分に減っていきます。

253

■ 壊変定数と半減期の例

　　コバルト60では半減期 T = 5.175年、壊変定数 λ = 0.1314、ヨウ素131では半減期 T = 8日、壊変定数 λ = 0.0866、セシウム137では半減期 T = 30年、壊変定数 λ = 0.0231、プルトニウム238では半減期 T = 87.8年、壊変定数 λ = 0.00789

⑦放射線のエネルギー

　　放射線のエネルギーの単位には電子ボルト［eV］が用いられます。放射線の人と物質との相互作用については、放射線が物質中を通過するとき、そのエネルギーを物質に与え、原子レベルで電離や励起作用などを引き起こします。その原子レベルでの反応には電離作用、励起作用、化学作用、生物作用が考えられます。電離、励起、化学反応の結果、DNAの傷害や切断による細胞への影響が考えられます。

9.10　X線の発生原理

　図9-17はX線管の構造を示したものです。真空放電管の陰極K（カソード）にはフィラメントがあり、電源 V_F からフィラメント電流 I_f が流れ（X線の強度を調整）、加熱されたフィラメントから熱電子が放射されます。この熱電子は陰極と陽極A（金属：タングステンやモリブデ

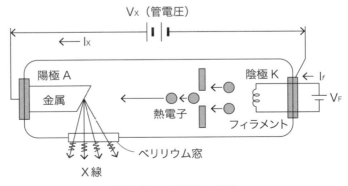

図9-17　X線管の構造

第9章　光、電磁波、放射線の基礎

ンなど）との間に印加された高電圧 V_x（管電圧といい、通常数十〜数百キロボルト）によって加速され陽極の金属に照射されます。この照射エネルギーによって放射金属表面からX線の吸収が少ないベリリウムの窓を通してX線が放射されます。このとき電子の方向とは逆に電流 I_x（管電流と呼ぶ、mA オーダー）が流れます。このX線は特性X線（蛍光X線）と制動X線（連続）の2種類となります。

- X線の波長の計算例

　波長 λ[nm] $= 1240 \div$ 電子のエネルギー E[eV]、管電圧 $V_x = 100$[keV] のとき、すべての電子エネルギーがX線エネルギーに変換されると仮定すれば、波長は $\lambda = 12.4$[pm、ピコは 10^{-12}] となります。

9.11　放射線防護管理の基本

放射線に対する防護管理の基本は図9-18に示すように、放射線源の遮蔽、距離による減衰、照射時間の最小化という3つの対策ということになります。放射線源の「遮蔽」の対策は図(a)のように、放射線源と作業者の間に放射線を吸収する遮蔽物を設置すること（シールド）により被ばく線量を低減することです。「時間制限」への対策は図(b)のように、作業者が放射線を受ける時間 Δt を最小にすることにより線量（線量率 mS/h×時間 Δt）を最小にすることができます。「距離」の対策は図(c)のように、放射線源と作業者との距離を離すことにより（距離 r の2乗で減衰）、作業時における空間の線量率［mS/h］を低減することができます。

(1) 放射線の遮蔽

X線や γ 線の遮蔽について、図9-19(a)のように、入射 γ 線の強度を I_0 として、物質の厚みを x[cm] とすると、透過した γ 線の強度 I は次の式のように表すことができます。

255

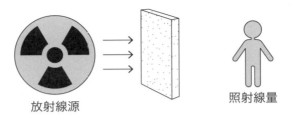

(a) 放射線源の遮蔽（シールド）

(b) 時間制限 Δt

(c) 距離による減衰（$\frac{1}{r^2}$）

図9-18　放射線に対する防護（管理策）

第 9 章　光、電磁波、放射線の基礎

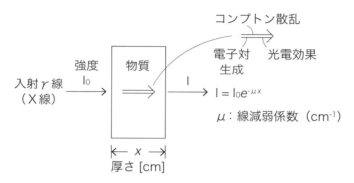

（a）入射線源の減衰

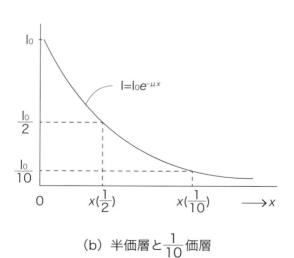

（b）半価層と$\frac{1}{10}$価層

図 9-19　γ線（X線）の遮蔽

$$I = I_0 e^{-\mu x} \qquad \mu：線減弱係数 \ [cm^{-1}]$$

　透過する放射線の強度が $\dfrac{1}{2}\left(\dfrac{I_0}{I}\right)$ となる厚さを半価層、$\dfrac{1}{10}$ になる厚さ $\left(x = \dfrac{2.303}{\mu}\right)$ を $\dfrac{1}{10}$ 価層と呼びます（図(b)）。線減弱係数とはX線やγ線が物質との相互作用（散乱や物質にエネルギーを与える吸収）の起こりやすさを示す指数で、μ の値が大きいと相互作用を起こす確率が高く放射線は減衰することを示しています。この線減弱係数 μ を求めるには、図(b)の半価層の厚み d がわかれば、$\dfrac{1}{2}\left(\dfrac{I_0}{I}\right) = e^{-\mu d}$ から $\mu = \dfrac{ln2}{d} = \dfrac{0.693}{d}$ と求めることができます。

　$\dfrac{1}{10}$ 価層となる物質の厚みの例：鉛（4.1 cm）、鉄（7.4 cm）、コンクリート（28 cm）、水（70 cm）、鉛の遮蔽効果が大きいことがわかります。

　γ線とX線については相互作用が3つあり（光電効果、コンプトン散乱、電子対生成）、これらの作用の起こりやすさが、γ線とX線のエネルギーによって異なるために線減弱係数もそれぞれ異なることになります。

　γ線を遮蔽する場合は、この式を用いてどのくらいの厚みにすればよいかを決定することになります。あるエネルギーを持ったγ線に対して、鉛の線減弱係数を $\mu = 0.56 \ [cm^{-1}]$、コンクリートの線減弱係数 $\mu = 0.082 \ [cm^{-1}]$ としたときのγ線の減衰状況は図9-20のようになります。コンクリートではγ線は減衰させることができませんが、鉛は4 cmの厚さで $\dfrac{1}{10}$ 減衰でき、厚みが8 cmあれば、ほとんど減衰できることがわかります。

(2) 距離による線量率

　放射性物質からの放射線の線量率は距離の2乗に反比例します。このことは放射性物質から放射されるエネルギーが半径 r の球面上（球の表面積は $4\pi r^2$）に放射された全エネルギーに等しいことから（$4\pi r^2 \cdot X = I_0$、$X \propto \dfrac{I_0}{r^2}$）距離の2乗に反比例することになります。

第9章　光、電磁波、放射線の基礎

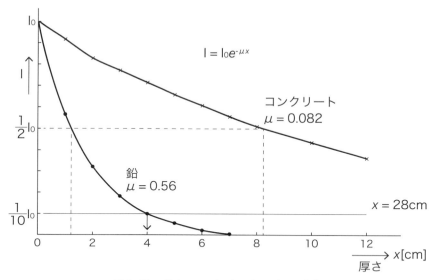

図9-20　鉛とコンクリートによる遮蔽

(3) 時間による照射量

　ある作業場所での放射線の線量率をSx[mSv/h]とし、作業時間をt[h]とすれば被ばくした線量は［作業場所の線量率］×［作業時間］となり、作業時間に比例します。

　放射線を検出・計測する方法には、放射線の電離作用によって生じた電荷量を計測する方式（電離箱）と放射線が照射されると物質を励起することによって発光量を計測する方式があります。放射線を利用する分野においては放射線量や人体に与える影響を考慮して放射線の漏れ量や安全な量を知るために、計測することが必要となります。各種サーベイメータの性能を考慮して使用することが望ましいでしょう。

第10章

化学の基礎

10.1　原子構造がもつエネルギー

⑴　化学の基本

　すべての物質は原子でできており、原子が化学結合して分子を作り、その分子が集合して物質を作ります。従って、物質の構造、性質、反応性を知ろうとしたら、まず基本的に原子核と電子で構成された原子の構造を知る必要があります。図10-1はプラスの電荷をもつ原子核とそれを取り巻くマイナスの電荷をもつ電子がクーロン力（静電気力：電荷の積に比例して距離の2乗に反比例する力）によって速度vで回転運動しています。特に最外殻の電子の変化（クーロン力を引きはなす力）による原子及び分子間での構造の組み換えが化学反応を決める基本となります。

⑵　電子殻のエネルギー

　電子はクーロン力によるエネルギーと軌道位置による位置エネルギーを持っています。ある電子殻に入った電子が持つエネルギーを電子殻のエネルギーといい、原子核に最も近いK殻（$n = 1$）が最大であり、L殻（$n = 2$）、M殻（$n = 3$）と原子核から離れるにしたがって小さくなります。図10-2は電子殻のエネルギーの状態を表したもので、原子核に近いほうをマイナスで表したものです。自由電子は電子殻に束縛されないで自由に動くことができるのでクーロン力によるエネルギーはゼロとなります。図で上の方にある電子殻ほど位置のエネルギーが大きく不安定となり、下方にある電子殻は位置エネルギーが小さく安定となります。電子がエネルギーの高い上の電子殻から下の電子殻に移動すれば、電子が持っている軌道差（位置エネルギーの差）に相当するエネルギー

ΔEが外部に放出されることになります。我々のマクロの世界では高いところにある物体は位置エネルギーを持ち不安定なので、地上に落ちた時にその位置エネルギーを音波（音のエネルギー）として放出する現象に似ています。

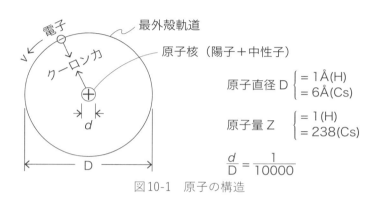

図10-1　原子の構造

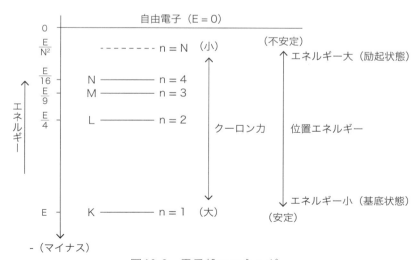

図10-2　電子殻のエネルギー

このように電子が異なる軌道間を移動することを遷移といい、最もエネルギーが低い状態を基底状態、最も高いエネルギー状態を励起状態といいます。電子軌道はそれぞれ、K、L、M、N殻とあり、電子の入ることのできる個数は $2n^2$ となります。

原子や分子は安定しているほど原子核と電子間の結びつきが強く（クーロン力は大きく）、不安定なほどこの結びつきは弱くなり、また位置エネルギーは安定なほど小さくなり、不安定なほど大きくなります（これは高いところにある物体の位置エネルギーが大きく運動エネルギーが小さく、低くなるにつれて位置エネルギーが減少して、運動エネルギーが大きくなることと同じ）。化学で重要な結合エネルギーとは、この原子核と電子を結び付けている力を引き離すのに必要なエネルギーのことをいいます。化学反応とは、さまざまな物質のエネルギーの組み換えといえます。

10.2 電子の授受によるイオン化エネルギーと電子親和力

(1) イオン化エネルギー：電子を放出するときのエネルギー、陽イオンになりやすさ

原子は電子を放出したり、受け入れたりしてイオンになります。原子Aから電子が1個放出されると＋電荷となり、陽イオン A^+ となります。イオン化エネルギーは、気体状態の原子から電子1個を取り去って、1個の陽イオンにするのに必要なエネルギーのことをいいます。原子にエネルギーを加え、原子核に束縛された軌道に入っている電子を飛び出させて自由電子（高い位置エネルギー）にするために、電子が束縛されている軌道電子間のエネルギー差以上のエネルギー ΔI_p を与えなければなりません（図10-3(a)）。その値が「小さい」ほど、1価の陽イオンになりやすくなります。イオン化エネルギー［kJ/mol］は金属では小さく、非金属では大きな値となります。イオン化エネルギーが大きい原子は陽イオンになりにくいということになります。図(b)を見ると1族のLi、Na、Kのイオン化エネルギーは小さく、18族の不活性ガスを含

めて非金属（He、Ne、Ar）は大きい値を示しています。
　例：ネオン Ne（気体）のイオン化エネルギー
　　　気体原子1モルからそれぞれ1個の電子を取り去って、1価の陽イオンにするのに必要なエネルギーは次のようになります。

$$Ne（気体）-e^- + 2000 [kJ] = Ne^+（気体）$$

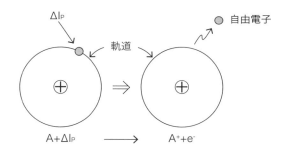

(a) ΔI_P を受けて自由電子を放出

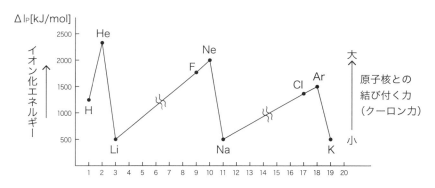

(b) 物質（原子番号）とイオン化エネルギー

図10-3　イオン化エネルギー ΔI_P

⑵ 電子親和力：電子を軌道に受け入れるときのエネルギー、陰イオンになりやすさ

イオン化エネルギーに対して原子が電子を受け入れることは自由電子が軌道に入ることを意味しています。電子が軌道に入ると、電子が持っていたエネルギーが失われ、その差に相当するΔEが放出されます（図10-4(a)）。このエネルギーを電子親和力といいます。電子親和力が大きい原子は陰イオンになりやすく、その値が「大きい」ほど、1価の陰イオンになりやすくなります。金属の場合は、この電子親和力の値は小さく、非金属の場合は大きく、貴ガスの場合は極めて小さくなります（図(b)）。

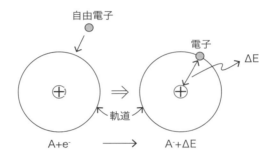

（a）自由電子を受け入れ、エネルギーΔEを放出

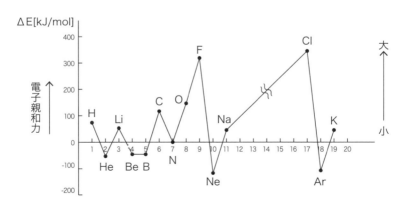

（b）物質（原子番号）と電子親和力

図10-4　電子親和力 ΔE

例：塩素 Cl（気体）の電子親和力
　　気体状の原子1モルがそれぞれ1個の電子を受け取って、1価の陰イオンになるときに放出するエネルギー

　　　　Cl（気体）＋e^- ＝ Cl^-＋354 kJ（放出）

⑶ 電気陰性度：電子を引きつける強さ
　電気陰性度とは、原子が結合するとき、その結合に関する電子を引き付ける強さの指標です。イオン化エネルギーの大きさ ΔI_p と電子親和力 ΔE の平均値に比例して、その値が大きいほど、電子を強く引きつけます。周期律表では18族の元素を除いて、右で上の方（原子番号が大きく、周期が小さい）ほど電気陰性度の値は大きく、左で下の方（原子番号が小さく、周期が大きい）ほど小さくなります（図10-5）。フッ素 F（3.98）、酸素 O（3.44）、窒素 N（3.04）、塩素 Cl（3.16）が大きな値となります。この電気陰性度は結合のイオン性や分子の極性に大きな影響を与えるものです。

⑷ 周期律表：元素にとって重要な秘密をもっている
　最初の周期律表はロシアの化学者メンデレーエフ（1834～1907）が

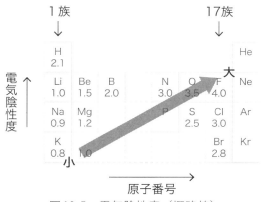
図10-5　電気陰性度（概略値）

1869年頃作りました。その頃は63個の元素が発見されていました。

周期律表は図10-6に示すように横軸方向は族と呼ばれ、原子核の陽子の数、すなわち原子番号の順に並んでいます。縦軸は周期と呼ばれ、電子が占めることができる殻の順にK殻（2個）、L殻（8個）、M殻（18個）となっています。電子が入ることができる殻は原子に近い方から$2n^2$個となっています。例えば、原子番号11のナトリウムNaでは、K殻に2個、L殻に8個、残りのM殻に1個ということになります。また、族の方では1、2、13〜18族では最外殻に入ることのできる電子が1から8までということになります。名前のついている元素のグループについては水素Hを除く1族が「アルカリ金属元素」と呼ばれ、この元素の特徴は反応が激しく短時間で進むことです。これは最外殻の電子を他の原子に渡しやすくなっていることによります。ベリリウムBeとマグネシウムMgを除く2族の元素は「アルカリ土類金属元素」と呼ばれています。17族は「ハロゲン元素」と呼ばれ1族の元素と異なり1個の電子をもらって安定になろうとする性質があります。18族は「貴ガス元素」と呼ばれ最外殻に電子が定員いっぱいであるために安定な状態で他の原子と結びつきにくい性質をもっています（化学反応が起こりにくい）。3〜11族の元素は「遷移元素」と呼ばれ、遷移元素同士はみな電子の数が違います。しかし最外殻の電子の数は1〜2個でほとんど同じです。従って、最外殻の電子の数がほとんど変わらない元素同士は似たような性質をもっていると言えます。

10.3　化学結合（組み換えの仕方）

化学の中で最も重要な役割を演じるエネルギーの形態は、原子を結び付けて分子にする力、つまり化学結合をするエネルギー（化学結合エネルギーという）となります。

分子間を結びつける結合を分子間力と呼び、その化学結合には金属結合、イオン結合、共有結合の3種類があります。

第10章　化学の基礎

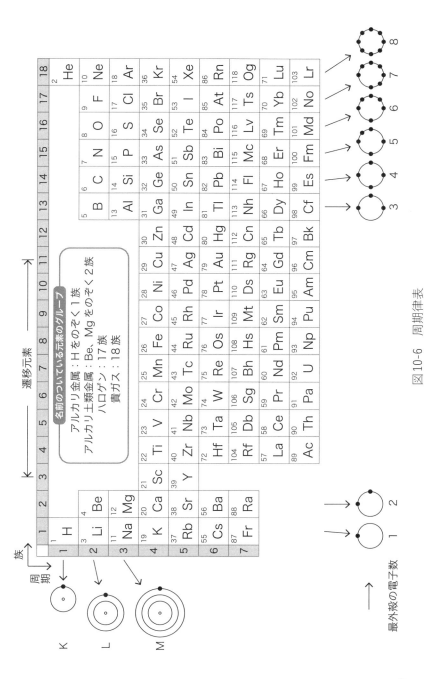

図10-6　周期律表

(1) 化学結合エネルギー（化学結合が持つエネルギー）

　水素Hでは2つの電子が共有されると安定します。安定するとそこにはエネルギーが蓄積されます（原子核と電子間のクーロン力）。液化天然ガスの主成分であるメタンCH_4も共有結合に蓄積された化学結合エネルギーが燃焼によって熱エネルギーの形で放出されます。このように化学結合エネルギーは溜めておいて後で使うことができるため、石炭や石油などの燃焼エネルギーはまさに化学結合エネルギーが蓄積されたものです。気体分子の2原子間の1モル分の結合を切断するのに必要なエネルギーを結合エネルギーと呼びます。また気体分子を構成している原子間の結合エネルギーの総和を解離エネルギーといいます。図10-7のメタンCH_4のC–H結合エネルギーQ_0が411 kJ/molなので4つのC–H結合を切断するのに必要な解離エネルギーQは$4Q_0$ = 1644 kJ/molとなります。プロパンC_3H_8はC–H結合が8個あるので解離エネルギーQは$8Q_0$ = 3288 kJ/molと大きくなります。

　人間の体の中でもATP（アデノシン三リン酸）はエネルギーが高く、このリン酸結合が1本切れてADP（アデノシン二リン酸）になるとき

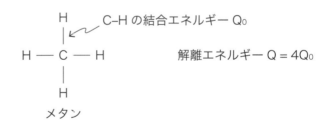

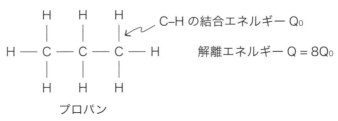

図10-7　結合エネルギーと解離エネルギー

第10章　化学の基礎

に、約31 kJ/mol のエネルギーを放出します。この化学エネルギーが体温を維持するための分子の運動エネルギーに、筋肉の運動エネルギーに、また電気信号にかえて情報の伝達へと利用されています。

例：Cl_2（気体）の結合エネルギー

気体状の分子内にある共有結合1モルを切って、原子1個ずつに分けるのに必要なエネルギー〈塩素分子から2個の塩素原子に分解〉

$$Cl_2（気体）+ 242\,kJ = 2Cl（気体）$$

⑵　金属結合：金属が電子を放出してイオンとなる

金属結合は＋の金属イオンとその周りを取り囲む－の自由電子（金属の最外殻の電子で価電子、自由に動くことができる）とのクーロン力によって結合ができたものです。このように金属原子を結合する力を金属結合といいます。金属原子 M は結合するときに最外殻の価電子を放出して金属イオン M^+ となり、放出した電子は自由電子 e^- となって（$M → M^+ + e^-$）、どの原子にも束縛されることなく自由に動くことができます。この自由電子が移動することによって熱伝導率や電気伝導率が大きくなります。金属に力を加えてもこの自由電子がつながっているために薄く広げたり（展性）、線状に伸ばしたり（延性）することができます。また金属結晶の表面に多く存在する自由電子が光を反射して金属光沢（光によって影響を受け）を出します。このように金属の性質は自由電子によって大きく影響を受けることになります。

⑶　イオン結合：プラスイオンとマイナスイオンの結び付きの大きさ

イオン結合は、陽イオンと陰イオンとの間にクーロン力が働いて結合を生じたものです。陽イオンになりやすい金属と電子を取り入れて陰イオンになりやすい非金属との結合がイオン結合となります（図10–8）。金属の酸化物や水酸化物がイオン結合でできている物質の代表と考えられます（他の例：硫酸バリウム $BaSO_4$、水酸化マグネシウム $Mg(OH)_2$、酢酸ナトリウム CH_3COONa）。

269

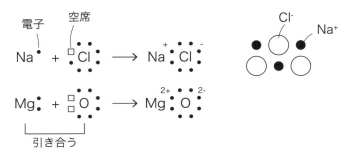

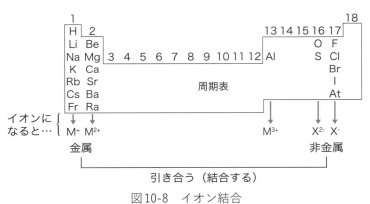

図 10-8　イオン結合

　イオンの価数（Na^+、Ca^{2+}、Al^{3+} など）が大きいほど、イオン結合が強く、融解する（結合を切り離す）のに必要なエネルギーが多くなるので融点が高くなります。また、イオン間の距離が小さいほどイオン結合力が強く融点が高くなります（融点の例：NaCl：801℃、MgO：2800℃、CaO：2572℃）。イオン結合は図に示すように金属と非金属の結合となります。

⑷　共有結合：電子対による結合

　共有結合は、2つの原子が互いに同じ数の電子を出し合って電子対をつくり、電子雲を共有して結びつく結合です。非金属どうしの結合は共有結合となります。図10-9には水素分子の共有結合を示しています。水分子では酸素がマイナス、水素がプラスに電荷を帯びています。この

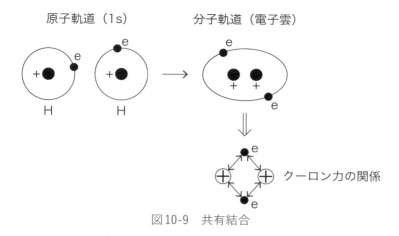

図10-9　共有結合

結果、隣り合った2個の水分子の間には酸素と水素間にクーロン力が生じます。これが水素結合といわれる分子間力です。分子間力の中で強い結合をもつのが水素結合で水は水素H（電気陰性度2.1）と酸素O（電気陰性度3.5）の結合で、Hはプラスに、Oはマイナスに荷電し、これらの間にはクーロン力による引力が働いて結合を強くしています。そのため、この結合を引き離すには、比熱（4.2 kJ/kg·K）が大きいので多くの熱エネルギーを必要とします。これが水による消火で蒸発するまでに、大量の水を使用すると大きな燃焼エネルギーを奪うことができる理由です。

⑸ ファンデルワールス力：分子間に働く力

分子間力とは分子間に働いて分子を引き付ける力で、原子を結合する化学結合（クーロン力）に比べて弱い力です。ファンデルワールス力とは、中性の分子間に働く力で、これは分子の電子雲の揺らぎ（位置が不明、雲のよう〈電子雲〉）によって一時的な電荷の偏り（電荷δ⁺と電荷δ⁻の静電気力）による静電気力が生じて引力が発生します。この力がファンデルワールス力です。図10-10には水の分子結合（水素結合）に働くファンデルワールス力を示しています。水の様々な性質はこのファンデルワールス力によるものが多くあります。また、水がいろいろなも

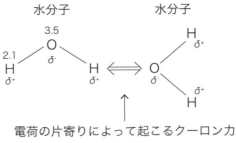
図10-10　ファンデルワールス力

のと結合することができるのも、例えば溶かすことができるのもこの力によるものと考えられます。

10.4　物質の3つの状態とプラズマ

　水は冷やすと0℃以下では氷（固体）になり、氷を温めると0℃の液体になり、さらに熱を加えると温度が上昇して100℃で蒸発して水蒸気（気体）となり、いずれの状態でも化学式は H_2O です。一般的に物質は圧力、温度（いずれもエネルギー）によって固体、液体、気体と異なる状態となり、これを物質の3態といいます。つまり、この3態は圧力と温度、すなわちエネルギーによって変化することになります。

(1) 3態（固体、液体、気体）
- 固体 —— 物質を構成している分子間の距離が短く、分子間の束縛力が強い状態です。粒子が規則正しく配列していて、その温度に応じた熱エネルギーによって熱振動や回転運動をしています。
- 液体 —— 粒子の規則正しい配列がくずれ、粒子が自由に位置を変えられるようになります。これが固体から液体に変化するということです。
- 気体 —— 気体の特色は粒子間に働く分子力がなくなって自由に動く

ことができるということです。そのため粒子の速度は気体の圧力、温度、気体の分子量によって決まります。粒子の速度は窒素分子の場合、1気圧、20℃で約2000km/hになり（速度は分子量Mと温度Tによって決まり$\sqrt{\dfrac{T}{M}}$に比例）、軽い分子ほど速く、温度が高いほど気体分子1個あたりの運動エネルギー$\dfrac{3}{2}kT$（$k = 1.38 \times 10^{-23}$ [J/K]：ボルツマン定数）が大きくなり、この分子の運動エネルギーが気体の圧力となります。

⑵ 3態が変化するときに出入りする潜熱（エネルギー）

　熱エネルギーを加えて固体が液体に状態変化（融解）するときには、分子の配列がくずれて分子が自由に運動する液体状態となりますが、温度は変化しません。このとき外部から加えるエネルギーを融解熱と呼びます。次に液体が気体になるときには外部から蒸発熱が必要となります。逆に気体から液体になるときには凝縮熱を、液体から固体になるときには凝固熱を外部に放出します。

　「潜熱」とは、物質の3態が外部から熱を加えないで、物質の相（状態）が変化するときに必要とされる熱エネルギーのことをいいます。物質固有の潜熱Lは物質の質量をmとし、相が変化するときに放出又は吸収される熱エネルギーをqとすれば、L = $\dfrac{q}{m}$ [J/kg]と単位質量あたりのエネルギーとなります。図10-11には水の3態による潜熱を示しています。潜熱はそれぞれ、水が固体（氷）から液体（水）に変化するときの熱の出入り（融解熱と凝固熱は等しく潜熱q_1は334kJ/kg）、液体（水）から気体（水蒸気）に変化するときの熱の出入り（蒸発熱と液化熱は等しく潜熱q_2は約2250kJ/kg）となります。水1モルは18gなので1kgをモルに換算すると$q_1 = 6.0$ kJ/mol、$q_2 \fallingdotseq 44$ kJ/molとなります。ここで液体と気体間の潜熱は固体と液体間の潜熱の約7倍（2250/334）大きくなります。このことが液体の水は大きな熱エネルギーを吸収することができることを示しています（火災の消火に水を使う、日本人の知恵である「打ち水」による涼み〈ひんやり感〉など）。潜熱とは相の状

273

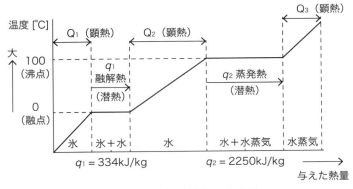

図10-11　与えた熱量と温度変化

態が変化するとき吸収又は放出される熱量で状態の温度変化（0℃の氷と0℃の水、100℃の水と100℃の水蒸気）がないものです。温度変化（20℃の水を90℃のお湯にする）を引き起こすのに加える熱を「顕熱」と呼びます。

(3) 固体から液体、液体から気体への変化に必要な熱量

図10-11から0℃の固体（氷）から0℃の液体（水）、100℃の水及び水蒸気、さらに100℃以上の蒸気に変化するときに必要な熱量は次のように求めることができます。固体である氷に熱を加えて、氷と水の混じった状態、さらには0℃の液体（水）にするには、加熱に必要な顕熱と融解に必要な潜熱があり、次のようになります。

- 固体の加熱に必要な熱量＝顕熱量 Q_1 ＋融解に伴う潜熱量 q_1
  同じように、液体（水）に熱を加えて、気体である水蒸気にするのに加える熱量は次のようになります。
- 液体の加熱に必要な熱量＝顕熱量 Q_2 ＋蒸発に伴う潜熱量 q_2
- 100℃の水蒸気の温度を上昇させるための顕熱＝ Q_3
- 物質（液体と気体）の加熱に要する熱量
  物質の質量を m [kg]、比熱 c [kJ/(kg·K)] とすれば、これを温度

T_1[K]から融解又は蒸発する温度T_2[K]までの加熱に必要な顕熱量QはQ＝mc（T_2-T_1）[kJ]（水の比熱$c ≒ 4.2$[kJ/(kg·K)]）
- 状態が変化するのに必要な熱量（固体が融解、液体が蒸発）
固体（質量m_1）の融解熱（潜熱）をq[kJ/kg]、潜熱量をq_1、液体（質量m_2）の蒸発熱をq[kJ/kg]、潜熱量q_2とすれば、

潜熱量 $q_1 = m_1 \cdot q$
潜熱量 $q_2 = m_2 \cdot q$

固体から液体、液体から気体（100℃の水蒸気）へと変化するなかで、顕熱量と潜熱量の総和は次のようになります。
- 総熱量Q＝顕熱量Q_1＋潜熱量q_1＋顕熱量Q_2＋潜熱量q_2＋顕熱量Q_3

⑷ プラズマ

　物質の3態では固体から液体、さらには気体と状態が変化しますが、さらに気体に高周波などのエネルギーを加えると、気体の分子は原子核の周りを回転していた電子が原子から離れ（電離）て、プラスのイオンと電子に分かれます。このように電離によって生じた電荷をもった気体をプラズマと呼びます（図10-12）。通常の気体が接近すると分子間力を持つのに対して荷電粒子間にはクーロン力が働きます。
　プラズマを発生させるには原子核に束縛されている電子を引き離さないといけない、アルゴンのように安定した原子を引き離すには大きなエネルギー（例えば、高周波の高電圧）を印加することにより発生させることができます。このようにプラズマとなった分子はエネルギーを多く持っているので、金属や半導体の

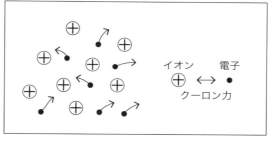

図10-12　プラズマ状態

表面処理などの加工に利用することができます。高周波源であるために使用周波数や電力の大きさによって高周波設備としての届出対象となります。また高周波漏れは、地域周辺環境の電波状況の悪化や人体への悪影響となる可能性があります。

(5) 蒸気圧と沸点

　液体と気体の境では液体の蒸発と液面からの蒸気とが入り混じっています。液面は大気から1気圧の圧力で押されていますが、この1気圧より蒸気の分子の圧力が高ければ、分子は液面から空気中に飛び出すことになります。この空中へ飛び出した分子が示している圧力を蒸気圧と呼びます。この蒸気圧が大気中の圧力に等しくなったときの液面の温度を液体の沸点と呼びます。2種類の液体（AとB）の混合液を考えるときに、その蒸気圧 P_T を全圧、AとBの示す圧力 P_A と P_B を分圧といい、全圧 P_T はそれぞれの分圧の和となります（$P_T = P_A + P_B$）。これをダルトンの法則といいます。

(6) 希薄溶液の蒸気圧降下（ラウールの法則）

　ある温度の純溶媒（例えば、水）の蒸気圧を P_0 とし、同じ溶液に不揮発性の溶質粒子を溶解させた溶液の蒸気圧を P とします。純溶媒に

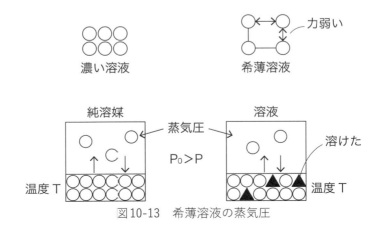

図10-13　希薄溶液の蒸気圧

比べると、溶液表面から蒸発する溶媒分子の数が、溶質粒子が存在するために減少し、蒸気圧は $P_0 > P$ となります（図10-13）。

このことは、同じ温度では分子数が減るので熱エネルギーが減少し、蒸気圧の低下となります。希薄溶液の蒸気圧 P はフランスの科学者ラウールによって次のように表すことができます。

$P = P_0 \cdot Xm$ （Xm は溶媒のモル分率）

Xm は溶媒分子の物質量を A、溶質粒子の物質量を a とすれば $Xm = \dfrac{A}{A+a}$ となります。溶媒のモル分率が $\dfrac{5}{6}$ なら、蒸発可能な溶媒分子数が $\dfrac{5}{6}$ となり、蒸気圧は純溶媒のときの $\dfrac{5}{6}$ 倍になることになります。

(7) 沸点上昇と融点降下

水に塩化ナトリウムの水溶液が溶けた溶液の融点は純水溶媒（水）の融点より低くなります（融点降下）。このことは純水溶媒に比べて溶けている溶媒の分子力によって固まりにくくなっているためです。これに対して不揮発性の溶質を含んだ溶液の沸点は純水溶媒の沸点より高くなります（沸点上昇）。このことは溶媒表面の不揮発性の分子が空気中に出ようとする分子を妨げるためです。この融点降下も沸点上昇も溶質のモル数に比例します（図10-14）。

(8) 半透膜と浸透圧

図10-15のように濃度の異なる溶液を半透膜で仕切ると、高濃度溶液

図10-14　沸点上昇と融点降下

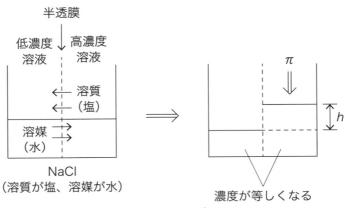

図10-15　浸透圧

からは溶質（塩）が低濃度側に移動し、低濃度側溶液からは溶媒（水）が高濃度側に移動し、最終的に両方の濃度が等しくなります。その結果、高濃度側の溶液が高さ h だけ上昇し、この上昇した溶液に圧力 π をかけてもとの状態に戻したときの圧力を浸透圧といいます。浸透圧は初めの高濃度側の溶液の濃度に比例します（濃い液を薄い液に平均化するのにたくさんの水溶液が必要）。この浸透圧 π は溶質の物質量 n ［モル］／溶液の体積 V ［L］に比例して $\pi \propto \dfrac{n}{V}$ となり、最終的には気体の状態方程式と同じ形になり、ファントホッフ（1852〜1911）によって次のようになることがわかりました。

$$\pi V = nRT \quad (n：モル濃度、R：気体定数、T：絶対温度)$$

高濃度物質を低濃度に変換することを必要とする分野などに使用されます。

例えば、排水処理の分野で高度処理（膜分離）によって懸濁物質を処理する（薄める）のに応用されています。

10.5 気体の状態方程式 PV = nRT（気体に関するエネルギーの基本式）

気体の状態方程式は気体の圧力、体積、温度を結び付けた気体の状態を表すとともにエネルギーを表す基本式を示しています。

(1) 気体の状態方程式を求める

気体の圧力は第2章で述べたように一定面積の壁にあたる分子の個数によって決まります。ある体積 V[m³] の中にある分子の個数を n [mol] とすれば分子の密度 C は $C = \dfrac{n}{V}$ [mol/m³] となります。壁に当たる分子の力は分子数が多いほど、また温度 T[K] が高いほど運動エネルギーが大きくなり壁に強く当たり、気体の圧力 P は分子密度 C と温度 T に比例するので P ∝ CT となります。ここで気体定数を R とすれば $P = C \cdot R \cdot T = \dfrac{n}{V} \cdot R \cdot T$ となり、気体の状態方程式 PV = nRT が得られます（図10-16）。気体定数 R の単位は [Pa·m³/mol·K = J/mol·K] となります。右辺は物質量 n [mol]、温度 T[K] によって決まるエネルギーの値ということになります。左辺 PV もエネルギーの次元 [N/m²×m³ = N·m = J] となります。この気体の状態方程式は理想気体に関するもので、理想気体とは分子の大きさがない、気体中で分子間に働く力をゼロとしています。気体の状態方程式は気体の圧力、体積、温度との関係を表し、熱力学や気体を扱うときに使用する基本式となります。それぞれの単位は次のようになります。

P：圧力 [Pa]、V：体積 [m³]、n：物質量 [mol]、R：気体定数

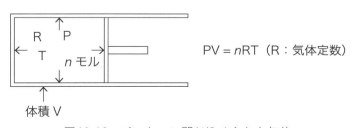

図10-16　ピストンに閉じ込められた気体

［J/K·mol］、T：絶対温度［K］。

　気体定数 R を求めるには、1 モルの気体は 0 ℃（273 K）、1 気圧（1013 hPa）で 22.4 ℓ（リットル）の体積を占めるので、R＝22.4×1013×10^2/273＝8.31［kJ/mol·K］と求めることができます。実在の気体は分子の大きさがあり、分子間力が働くときにはこの状態から外れていきます。この実在の気体（体積有限、分子間引力）に対する状態方程式をファンデルワールス力と呼びます。

⑵ 気体に関する法則
- ボイルの法則：温度一定のとき、一定質量の気体の体積 V はその圧力に反比例（PV＝一定）
- シャルルの法則：圧力一定のとき、一定質量の気体の体積 V は絶対温度に比例 $\left(\dfrac{V}{T}＝一定\right)$
- アボガドロの法則：温度と圧力が一定のとき、同じ体積 V の気体には同じ分子数（物質量 n）が含まれ、分子数が 2 倍になれば体積も 2 倍になる $\left(\dfrac{V}{n}＝一定\right)$

⑶ 混合気体の圧力と体積（それぞれの和となる）
　図 10–17 ⒜のようにある容器の体積 V と温度 T を一定にして、n_1 モルの圧力 P_1 の気体と n_2 モルの圧力 P_2 の気体を混合したときの全圧力を P_T とすれば、モル数は合計となるので全モル数は $n＝n_1＋n_2$、気体の状態方程式から全圧は $P_T＝P_1＋P_2$ となり、混合気体の全圧はそれぞれの気体の分圧の和に等しくなります。また、図⒝のように圧力 P と温度 T を一定として、混合気体の体積を V_T、それぞれの気体の体積を V_1、V_2 とすれば気体の状態方程式から混合気体の体積はそれぞれの気体の体積の和、$V_T＝V_1＋V_2$ となります。

第10章　化学の基礎

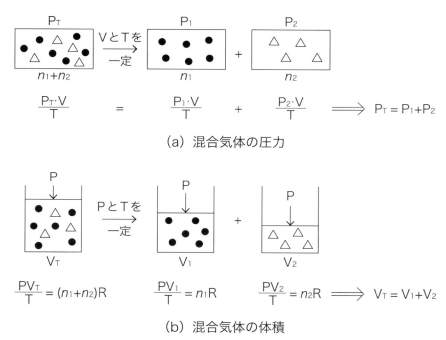

図10-17　混合気体の圧力と体積

10.6　化学量、化学反応式

(1) 原子量と分子量

　質量数12の炭素原子は $^{12}_{6}C$ で表し、質量数12の炭素原子の1個の質量を12（単位はない）として、原子量を相対的に表すようにしました。例えば、水素原子は炭素原子の $\frac{1}{12}$ の質量なので、原子量は1となります。分子量は分子を構成する原子量の総和のことをいいます。これに対して、物質量は、化学では 6.02×10^{23} 個（アボガドロ数）の集団を1モル（mol）と決めました。1モルの分子量、原子量にグラム（g）をつけると質量になります。気体の体積は、1 mol がどんな種類の気体でも標準状態（0℃、1気圧〈1×10^5 Pa〉）では 22.4 ℓ を占めます。

　例：1 mol の水 $H_2O = 1 \times 2 + 16 = 18 g$

281

(2) 溶液・固体の溶解度

　化学反応は、水溶液のような溶液中で行うことが多いため、溶液中のある成分の物質量を求めるために濃度が必要となります。濃度は一定量の溶液又は溶媒に含まれる溶質の量を表しています。以下は濃度の求め方を示しています。

- 溶液の濃度
　液体に物質が均一に溶けてできたものを「溶液」と呼び、溶液は溶かしている液体である「溶媒」とその溶けている物質である「溶質」からなります。つまり、
　　溶液＝溶媒＋溶質

　　例：食塩水は、溶媒が水、溶質が食塩、溶液が食塩水となります。
　　　　塩酸は、溶媒が水、溶質が塩化水素、溶液が塩酸となります。
　溶液の濃度を表す尺度に質量パーセント濃度、モル濃度、質量モル濃度の3つがあります（図10-18）。

- 質量パーセント濃度は溶液100gに溶けている溶質（g）の割合。
　質量パーセント濃度（％）＝溶質の質量（g）／溶液（＝溶媒＋溶質）100g

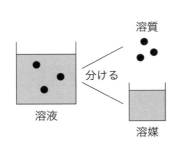

図10-18　濃度の求め方

第10章　化学の基礎

- モル濃度は、溶液 1 ℓ あたりに溶けている溶質の物質量（mol）。
  モル濃度（mol/ℓ）＝溶質の物質量（mol）／溶液の体積（ℓ）
- 質量モル濃度は、溶媒 1 kg あたりに溶けている溶質の物質量（mol）。
  質量モル濃度（mol/kg）＝溶質の物質量（mol）／溶媒の質量（kg）
- 固体の溶解度

  一定量の溶媒に溶ける溶質の量には一定の限度があり、この限度を溶解度といい、固体の溶解度は一般に、溶媒100 g に溶ける溶質の質量を g 単位で表します。これに対して飽和溶液とは、溶質が溶解度に達するまで溶けていて、これ以上溶質が溶けなくなった溶液をいいます（限度いっぱいに溶けた溶液を飽和溶液という）。一般に気体の溶解度は温度が上がると溶けにくくなります（分子運動が活発になり溶けようとする分子に衝突する回数が増えるため）。水に溶けている酸素の量のことを溶存酸素といい、この値が低いと水中生物の生存に悪影響を与えます。

  溶媒に溶ける気体の質量は圧力に比例します（ヘンリーの法則）。溶けるということは、水の分子が分離したイオンを取り囲むことです。例えば、NaCl は Na^+ イオンと Cl^- イオンを水分子のクーロン力（電荷 $\delta+$ と電荷 $\delta-$）で引きつけて分離します。水は水素結合の力によって多くの物質を溶かします。

⑶ 化学反応式の表す意味

窒素 N と水素 H が反応してアンモニア NH_3 が生じる化学反応式から物質量、分子数、気体の体積、質量は反応式の係数比に等しく次のようになります。

	N_2	+	$3H_2$	→	$2NH_3$
物質量	1 mol		3 mol		2 mol
分子数	$6×10^{23}$		$3×6×10^{23}$		$2×6×10^{23}$
気体の体積	22.4 ℓ		3×22.4 ℓ		2×22.4 ℓ
質量	14×2 g		3×2 g		2×17 g

283

ブタン C_4H_{10} の燃焼反応を考えると、

$$2C_4H_{10}+13O_2 \;\rightarrow\; 8CO_2+10H_2O$$

発生する二酸化炭素 CO_2 の物質量は燃焼に使用されるブタンの $\dfrac{8}{2} =$ 4倍となります。

10.7 酸と塩基、酸化と還元の考え方

⑴ 酸化還元の考え方の変化（広義の解釈）

これまでの酸化の定義によれば、水中で電離して水素イオン H^+ を生成する物質、また、塩基の定義によれば、水中で分離して水酸化物イオン OH^- を生成する物質とされていました。

酸の例：水に溶かしたとき水素イオン H^+ を電離する（電子を失うとプラス電荷となる）。

$$HCl \rightarrow H^++Cl^-、H_2SO_4 \rightarrow 2H^++SO_4{}^-、HNO_3 \rightarrow H^++NO_3{}^-$$

水に溶けた水素イオン H^+ は水の分子と結合してオキソニウムイオン H_3O^+ となります（$H^++H_2O \rightarrow H_3O^+$）。硝酸でいえば、$HNO_3+H_2O \rightarrow H_3O^-+NO_3{}^-$ となります。

塩基の例：水に溶かしたときに水酸イオン OH^- を放出する（電子を得るとマイナスの電荷となる）。

$$NaOH \rightarrow Na^++OH^-、Ca(OH)_2 \rightarrow Ca^{2+}+2OH^-、KOH \rightarrow K^++OH^-$$

また、酸素と化合することを酸化と呼び、酸素が奪われることを還元といいました。

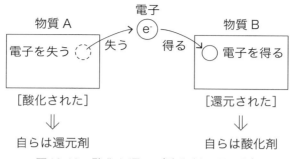

図10-19 酸化と還元（酸化剤、還元剤）

　現在では、化学反応で電子が重要な役割を果たすため、電子の授受で酸化還元を定義しています。酸化されるとは「電子を失うこと」で、還元されるとは「電子を得ること」です。相手を酸化して電子を奪う物質を酸化剤（自らは電子を得る）、相手を還元して電子を与える物質を還元剤（自らは電子を失う）といいます（図10-19）。

(2) 酸化剤と還元剤

　酸化されやすい物質は電子を失うことで酸化され、自らは還元剤として働きます。また、還元されやすい物質は電子を受け取って還元され、自らは酸化剤として働きます。このことから酸化剤は電子を受け取り、還元剤は電子を失うことになります。酸化と還元は同時に起こります（一方が酸化されれば、他方は還元される）。

　酸化剤となる物質は、陰性の強い非金属元素の単体、又は酸化数が大きい原子を含む物質（例：塩素Cl_2、オゾンO_3、二酸化硫黄SO_2、過酸化水素H_2O_2、過マンガン酸カリウム、硝酸、硫酸、ニクロム酸カリウムなど）、還元剤となる物質は、陽性の強い金属元素又は、水素、炭素などの非金属の単体、又は酸化数が低い状態の原子、イオンを含む化合物です（例：水素H_2、硫化水素H_2S、ナトリウムNa、マグネシウムMgなど）。

⑶ 電離度

　水に溶かした物質量に対して、そこから電離した物質量を表した割合を電離度といいます。電離度 α ＝電離した物質量（mol）／水に溶かした物質量（mol）（$0 \leqq \alpha \leqq 1$）。

　一般に α が 1 に近い物質が強電解質（強酸や強塩基）、α が 1 より十分小さい場合は弱電解質（弱酸や弱塩基）となります。

⑷ イオン化傾向

　金属が水又は水溶液と接しているときに、陽イオン（＋イオン）になろうとする性質を金属のイオン化傾向といいます。金属のイオン化列を大きい順に左から示すと下記のようになります。

　　　大　K Ca Na Mg Al Zn Fe Ni Sn Pb Cu Hg Ag Pt Au　小

　例えば、電解液（硫酸 H_2SO_4）の中に亜鉛電極 Zn と銅電極 Cu を入れて、双方を配線で接続すると、イオン化傾向が大きい亜鉛電極が亜鉛イオン Zn^{2+} となって溶け出し（$Zn \rightarrow Zn^{2+}+2e^-$）、電子 e^- が Zn 電極から銅電極 Cu に流れ（電流の流れる方向は電子の移動と逆）、両電極間には電位差が生じます。これが電池の原理となります。

⑸ 酸と塩基による中和反応

　酸が電離した水素イオンを塩基がすべて受け取り、余分な酸や塩基が残らない状態になったとき、酸と塩基が中和したといいます。より簡単に考えると酸が与える水素イオンと塩基が与える水酸イオンが等量ずつ反応して水ができる反応（終点）を中和と考えることができます。

第10章　化学の基礎

例：1価の酸と塩基の反応

酸		塩基		水		塩

$$HA + B(OH) \rightarrow H_2O + BA(B^+ + A^-)$$

$$HCl + NaOH \rightarrow H_2O + NaCl(Na^+ + Cl^-)$$

$$HCl + KOH \rightarrow H_2O + KCl(K^+ + Cl^-)$$

⑹ 水素イオン濃度指数 pH

　1分子の水は、電離すると1個ずつの H^+ と OH^- を出します。それぞれの濃度を H^+ [mol/ℓ]、OH^- [mol/ℓ] と表すと、その積である水のイオン積 K_w は次のようになります。

$$K_w = [H^+] \cdot [OH^-] = 10^{-14} \, [mol/\ell]^2 \quad ([H^+] = [OH^-] = 10^{-7} \, [mol/\ell])$$

　水のイオン積 K_w は温度によって異なり、次のようになります。

温度 10℃　　$K_w = 0.3 \times 10^{-14}$

温度 25℃　　$K_w = 1.0 \times 10^{-14}$

温度 40℃　　$K_w = 3.0 \times 10^{-14}$

　水素イオン濃度は非常に小さいので、対数で表し、さらに−をつけるとプラスの値となって好都合となるので水素イオン濃度 pH を次のように表します。

$$pH = -\log[H^+]$$

　pH が 1 〜 7 未満は酸性、7 〜14超は塩基性となります。

　濃度が1桁異なる（濃度が $\dfrac{1}{10}$ 又は10倍）と pH の値は1変化し、pH 値が小さいほど水素イオン H^+ の濃度は大きく酸性が強くなり、水酸イオン濃度 OH^- は小さくなります。

例：[H⁺] = 10⁻³ [mol/ℓ]、[OH⁻] = 10⁻¹¹ [mol/ℓ] のとき、
pH = −log[H⁺] = 3

例：酢酸水溶液の水素イオン濃度を求める。
1.0×10⁻² [mol/ℓ] の酢酸水溶液中では、電離度 $α$ = 0.04であるとする。
酢酸の電離 1.0×10⁻²×0.04 [mol/ℓ] = 4.0×10⁻⁴ [mol/ℓ] となり、水素イオン濃度 [H⁺] は −log[4.0×10⁻⁴] = 4log4 となるので、
pH = −log[H⁺] ≒ 2.4

10.8 化学反応の起こり方

(1) 分子衝突、分子速度、反応速度

　分子が持つ内部エネルギーには結合の伸び縮み、回転、振動、原子間結合、電子の軌道エネルギーなどがあります。分子の平均速度は絶対温度と分子量に依存しているので分子量の小さな気体は大きな速度をもち、毎秒多数の分子衝突を起こすため、その結果速い速度で反応することが予想されます。また、温度を上げれば分子の衝突回数も増加して、化学反応の速度も増加します。分子の速度が速くなることは、同時に衝突の仕方も激しくなります。こうしたことから化学反応というものは、分子間の引力によって化学結合ができたり、切れたりすることに関連しているので、衝突している分子の受ける力が反応の起こりやすさに影響すると考えられます。

　図10-20はある分子速度をもつ分子の数がどれだけあるかを示すマクスウェルとボルツマンの予想図を示しており、温度Tで分子速度 v_0 を持つ分子数が n_0

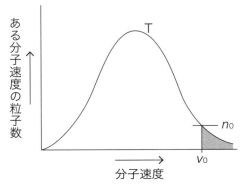

図10-20　マクスウェル・ボルツマン予想図

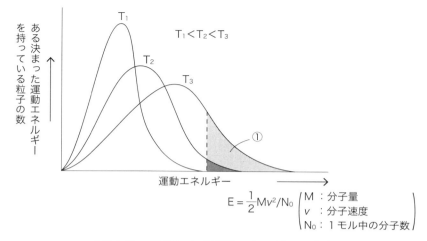

図10-21　温度による運動エネルギーの分布

であり、分子速度が速くなるとそれに対応した粒子数も減少していくことになります。異なる3つの温度（T_1、T_2、T_3）における分子の運動エネルギーの分布は図10-21のようになり、温度が高くなると（図のT_3）、図の①の領域のように大きな運動エネルギーを持っている粒子数が多くなることがわかります。

　強い衝突は弱い衝突よりもさらに化学結合を切ったり、くっつけたりしやすくなります。ここである最低限の衝突力が必要であれば、この力を及ぼすのに十分なエネルギーを持っていない分子は反応しないことが考えられます。

(2) 活性化エネルギー

　分子を反応できる程度に活性化するのに必要なエネルギー量を活性化エネルギーと呼んでいます。これは例えてみると高い位置にある不安定な状態では外部からちょっと力を加えるだけで落ちてしまうが、低い位置にある安定した状態では大きな力を加えないと動かすことができない状態と考えることができます。

　化学反応について図10-22(a)に示すエネルギー図で考えると活性化

エネルギーを E_a とすれば、A＋B の化学反応が起こるためには活性化エネルギー E_a を超える必要があり、生成物がC＋D であれば、反応前と反応後では反応エネルギー ΔE だけの差ができています。従って、化学反応式は A＋B→C＋D＋Q［J］ となり Q がプラスのときが発熱反応、マイナスのときが吸熱反応となります。このことから反応物質（A＋B）は反応生成物（C＋D）よりエネルギーを多く持っており、それが反応によって Q を熱エネルギーとして放出したものと考えることができます。活性化エネルギー E_a が大きい反応は進行しにくく（大きなエネル

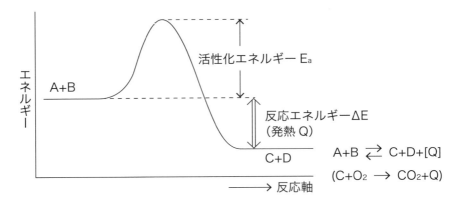

（a）活性化エネルギー

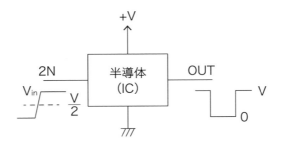

（b）半導体（IC）の閾値

図10-22　活性化エネルギー

ギーを必要とするため、例えば、高い圧力、高温など）、反応速度も遅くなります。こうしたことから反応の促進、反応速度を速める働きをする触媒を使用します。触媒とは化学反応式に表れず、しかもその存在（分子間力によって解離エネルギーを低減する）によって化学反応が促進されるような働きを持つ物質のことをいいます。このことは図(a)の活性化エネルギー E_a の山の大きさを小さくして化学反応の速度を速めていると言えます。これはちょうど図(b)に示す半導体 IC が動作するためには、電気的なエネルギーである電源電圧 V の半分の閾値電圧（この閾値電圧が活性化エネルギーに相当）以上の入力をしないと IC が動作（反応）しないことによく似ています。

(3) 化学反応とは

　化学反応とは、その前後で化学結合の組み換えを伴うような状態変化であり、反応前に存在した「反応物」と、反応後に生じる「生成物」は一般に異なります。化学反応を表現する標準的な方法として、化学反応式があります。左辺に反応物を、右辺に生成物をそれぞれ書いて矢印で結びます。それぞれの係数は質量保存の法則（ラボアジェ、フランスの化学者〈1743〜1794〉によって発見）を満たすように決めます。

　　例：プロパン C_3H_8 の燃焼反応

　　　　$C_3H_8 + 5O_2 \rightarrow 3CO_2 + 4H_2O$

　　　　これらの係数は $aC_3H_8 + bO_2 \rightarrow cCO_2 + dH_2O$ として左辺＝右辺から炭素 C について $3a = c$、水素 H について $8a = 2d$、酸素 O について $2b = 2c+d$、ここで $a = 1$ と決めると、$c = 3$、$d = 4$、$b = 5$ のように決まり、上記の反応式となります。

　　＊ 1モルのプロパンを燃焼させるのに 5モルの酸素が必要となります。

　　＊ 1モルのプロパンを燃焼させると 3モルの二酸化炭素 CO_2 が発生し、4モルの水（72 g）が発生します。

　　＊酸素の供給が不十分（4モルと3モル）なときの反応式は次のようになります。

$$C_3H_8 + 4O_2 \rightarrow CO_2 + \underline{2CO} + 4H_2O \quad (\text{酸素4モル})$$
$$C_3H_8 + 3O_2 \rightarrow \underline{C} + \underline{2CO} + 4H_2O \quad (\text{酸素3モル})$$

　すす（炭素 C）や一酸化炭素 CO（毒性）が発生することになるので、換気が不十分なところや密閉されたところでは要注意ということになります。

10.9　熱化学反応式

⑴ 熱化学反応式

　炭素 C が酸素中 O_2 で完全燃焼して二酸化炭素 CO_2 と熱が発生します。このように化学反応は結合の変化、組み換えによる物質の変化（CO_2）と熱というエネルギーの発生、さらに反応速度が速いのか、遅いのかという3つの側面を持っています。従って、化学反応についてはこの3つの側面が何によって生じるのかといった根本的な原理原則の理解が必要となります。

　化学反応式に熱量を含むものを熱化学反応式と呼びます。反応熱にはいくつかの種類があり、一般に［kJ/mol］の単位で表し、反応熱が＋の場合は発熱、－の場合は吸熱を表します。メタン CH_4 の燃焼熱は890 kJ/mol、プロパンの燃焼熱は2220 kJ/mol なので熱化学反応式は次のように書くことができます。

$$CH_4 + 2O_2 \leftrightharpoons CO_2 + 2H_2O + 890\,kJ$$
$$C_3H_8 + O_2 \rightarrow CO_2 + H_2O + 2220\,kJ$$

（1モルあたりの燃焼熱の例：エタノール1370 kJ、エタン1560 kJ、水素286 kJ、一酸化炭素283 kJ）

　C、H 又は C、H、O からなる化合物を完全燃焼すると、必ず二酸化炭素 CO_2（気体）と水 H_2O（液体）ができます。

燃焼熱の計算例：25℃の水10リットルを100℃まで温度上昇させる

第10章　化学の基礎

ときに必要なエネルギーを計算すると、水の比熱 c は $4.2\,[\mathrm{J/gK}]$、水 10 リットルの重さは比重を 1 として 10 kg となるので必要な熱量 $\mathrm{W}\,[\mathrm{J}]$ は $\mathrm{W} = mc\Delta t = 10000 \times 4.2 \times 75 = 3{,}150\,\mathrm{kJ}$ となります。1.5 モルのメタン（33.6 リットル）を燃焼させれば十分（燃焼熱 3330 kJ）であることがわかります。

(2) 化学反応で発生する熱

▪ 生成熱とは

化合物 1 mol が成分元素の単体から生成するとき、発生又は吸収する熱量です。

二酸化炭素の生成熱は 394 kJ/mol、メタンの生成熱は 74.9 kJ/mol なので、反応式は次のようになります。

$$\mathrm{C}\,（固体）+O_2 = CO_2 + 394\,kJ$$
$$\mathrm{C} + 2H_2\,（気体）= CH_4 + 74.9\,kJ$$

▪ 溶解熱とは

溶質 1 mol を多量の溶媒に溶かすとき、発生又は吸収する熱量です。多量の溶媒は普通、水（aq：アクア）となります。

水酸化ナトリウムの水への溶解熱は 42.3 kJ/mol、硝酸ナトリウムの溶解熱は -20.5 kJ/mol なので、

$$\mathrm{NaOH}\,（固体）+H_2O\,（aq）= NaOH\,aq + 42.3\,kJ$$
$$\mathrm{NaNO_3}\,（固体）+aq\,（多量の水）= NaNO_3\,（aq）-20.5\,kJ$$

（溶解熱の例：塩化水素 74.9 kJ、アンモニア 34.2 kJ、エタノール 10.5 kJ）

▪ 中和熱とは

酸と塩基が反応して、水 1 mol を生じるときに発生する熱量で

す。希塩酸と水酸化ナトリウム水溶液を混合したときの、中和熱は 57.4 kJ/mol なので、

$$HCl\,aq + NaOH\,aq = NaCl\,aq + H_2O + 57.4\,kJ$$

化学反応（物質の組み換え）、物理変化（相変化）、化学結合の変化、電子の移動による化学変化はすべてエネルギーの出入りを伴います。

⑶ 状態変化に伴う熱
状態の変化に伴って出入りする熱量は次のようになります。

- 蒸発熱：物質1モルが液体から気体に変化するときに吸収する熱量
- 凝縮熱：物質1モルが気体から液体に変化するときに放出する熱量
- 融解熱：物質1モルが固体から液体に変化するときに吸収する熱量
- 凝固熱：物質1モルが液体から固体に変化するときに放出する熱量
- 昇華熱：物質1モルが気体から固体に変化するときに放出する、固体から液体に変化するときに吸収する熱量

例えば、融解熱（1 kg を溶かすのに必要な熱）を q [J/kg] とすれば、m [kg] の物質では $Q = m \times q$ [J] だけの熱量が必要ということになります。凝固熱は逆に Q の熱量を放出する（$-Q$）ことになります。

第11章

排水処理と大気処理の基礎

11.1 排水処理の基本

　排水処理の基本プロセスは、はじめに汚濁物質を比重の違いで沈殿分離することにあります。次に沈殿できない浮遊物質を様々な方法で沈殿分離させることです。その他にも有機物を微生物により処理させ汚泥として処理する（汚泥の乾燥、廃棄）、有害な物質を処理する場合は、有害物質を化学反応させて無害化する、又は有害物質を化合物として沈殿させ、処理するなどの方法があります。酸性廃液や塩基性廃液は中和処理によって沈殿物として処理、さらに排水のpH調整をして最終排水で水質が規制されている基準値を満たすようにしなければなりません。排水処理施設全体を見ると汚水の除去率は図11–1のように、汚水である原水の濃度をA[mg/ℓ]、処理後の濃度をB[mg/ℓ]とすれば、排水処理施設の汚水の除去率[％]は$\frac{A-B}{A}\times100$[％]となります。排水処理の主要プロセスの流れを図11–2に示します。はじめに物理化学処理プロセスで懸濁物質を処理します。有害物質を含む場合は酸化・還元、pH調整による化学処理を行い、その処理液が基準値を超えた場合は、吸着、イオン交換、膜分離などの高度処理を行います。排水処理プロセスを大きく分けると次のようになります。

　①比重を用いて懸濁物質を分離する（浮上と沈降）
　②ろ過膜により懸濁物質を除去する
　③pH調整によって金属イオン（重金属など）の有害物質を分離処理する
　④微生物の酸化作用、嫌気性微生物による分解作用によって浄化する

295

図11-1 排水処理施設の汚水処理能力

図11-2 排水処理プロセスの流れ

11.2 排水処理関連の指標

　水質汚濁の問題は、有機物による汚濁によって水中の酸素が消費されることによります。水中における酸素消費量は、微生物が有機物を酸化分解してエネルギーを取り出すために必要な酸素を水中から消費することによって生じます。この消費可能な量が有機汚濁指数で、水中の有機物量の指標にはBOD、COD、TOCの3つがあります。

(1) 溶存酸素量DO (Dissolved Oxygen)

　溶存酸素量とは、採取された水にどれだけの濃度で酸素が溶存しているかを示し、単位は mg/ℓ となります。水域における水質の指標として用いられ、溶存酸素量が高いほど、水質は良好とされます（水中の生物にとっては酸素が必要不可欠となります）。従って、酸素量が少ないと水中の魚類や水生生物に悪影響を与えることになります。酸素の溶解度は1気圧、20℃で約8.8 mg/ℓ です。気体は水温が上昇すると溶解度が低下します（水の分子運動が激しくなり、溶け込もうとすると邪魔され

第11章　排水処理と大気処理の基礎

てしまうため）。

⑵ BOD（生物化学的酸素要求量Bio-chemical Oxygen Demand）

　生物が分解可能な有機物量としての指標であり、汚水に好気性微生物を加え、20℃で5日間培養し、消費される酸素量で表します。水中の酸素は溶解度が低く、水温20℃のときの純水の飽和酸素濃度は8.84 mg/ℓ（1 ℓ = 10^6 mg、8.84 ppm）です。BOD が9 mg/ℓ の汚濁水なら、その中の酸素は5日間でほぼ消費されることになります（1884年デュプレという人がイギリスのテムズ川で上流の水が海に達するまでに約5日かかり、その間にどれくらいの酸素が消費されるか調査してBOD5という指標を提唱）。

⑶ COD（化学的酸素要求量Chemical Oxygen Demand）

　酸化剤を用いて水中の有機物を化学的に酸化したときに消費される酸化剤の量を、消費された酸素の量で表したものです（酸化還元反応）。いずれも100℃で30分～2時間煮沸して酸化します。酸化剤に過マンガン酸カリウムを用いる場合はCOD（Mn）、重クロム酸カリウムを用いる場合はCOD（Cr）と表記します。重クロム酸カリウムは過マンガン酸カリウムより酸化力が強いので大きな値となるため、COD（Cr）が主流となっています。BOD が河川で、COD は湖沼と海で評価されます。湖沼と海では水が滞留しているので植物プランクトンがたくさん生息しています。微生物も酸素を消費しますが、植物プランクトン（光があると炭酸同化作用によって二酸化炭素を吸収して酸素を放出）による酸素の消費を考えて海域とした経緯があります。

⑷ TOC（全有機炭素Total Organic Carbon）

　TOC は酸化される水中の有機物の全量を炭素の量（有機物を酸化分解すると二酸化炭素が発生する）で示したもので、BOD や COD の値が生物や酸化剤の能力の影響を受けるのに対して、TOC は発生した二酸化炭素の量を測定することによって有機物量が直接に定量化されます。TOC

の測定には短時間で測定することができる測定器が必要となります。

⑸ 浮遊物質 SS（Suspended Solids、mg/ℓ）

　水中に懸濁している直径 2 mm 以下の不溶解性物質（懸濁物質とも呼ばれる）で、懸濁物質が多くなると SS の値は大きくなり、濁りや透明度の低下、光の透過が遮られ藻類の光合成ができなくなる、堆積分解して腐敗する（悪臭）、他の土壌に悪影響を与えるなど様々な悪影響が生じます。透視度（どのくらいの深さまで透明かを cm で表す）の逆数（1/cm）と SS（mg/ℓ）とは比例します。透視度計を使って透視度を測定すれば、SS の概略の値を知ることができます。

⑹ 溶解度（気体や液体）

　溶解度は酸素が水に溶けているときの状態を示し、極めて重要となります。

　1 気圧、25 ℃で 8.26 mg/ℓ なので 1 kg には 8.26 mg 溶けていることになります。8.26 mg をモル数で表すと酸素 1 モルが 32 g なので 1 ℓ 中に溶けている酸素は 2.6×10^{-4} mol/ℓ となります。

11.3　物理・化学的処理

⑴ 懸濁物質の大きさ

　懸濁物質（浮遊物質、SS〈Suspended Solid〉は密度、形状はさまざまで、大きさは直径 2 mm 以下 1 μm 以上の粒子状物質（有機物や金属の沈殿物）で大きさの比は 2000 倍と広い範囲に及んでいます。

　コロイド溶液とはコロイド粒子と呼ばれる溶質が溶媒中に浮遊したもので、コロイド粒子は分子の集合体であり、体積的に大きいことが特徴です。流動性のあるコロイドをゾルと呼び、流動性のないコロイドをゲルといいます。コロイド粒子が電荷に帯電していると互いに反発して凝集しません。こうしたときに塩などイオン性の化合物を加えると電荷が中和されてコロイド粒子が凝集・沈殿して溶媒と溶質に分離することが

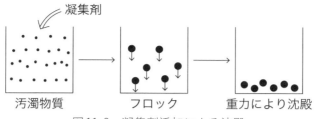

図11-3　凝集剤添加による沈殿

できます。この現象を「凝析」と呼びます。

(2) 凝集分離処理

　図11-3に示すように水中の汚濁物質に凝集剤を添加して、汚濁物質の粒子を凝集させて大きな塊（フロック）にして、重力による沈降速度を大きくして沈殿効果を上げることができます。凝集剤の種類には無機系の凝集剤（アルミニウム系と鉄系）と有機系の高分子凝集剤があります。鉄系では硫酸第一鉄、塩化第二鉄、硫酸第二鉄などがありますが、鉄系では沈殿効果が現れるpHが9～10のアルカリ側となっているので、沈殿処理後にpH調整して中性付近に戻すことが必要となります。アルミニウム系では硫酸アルミニウム（硫酸ばん土、バンド）やPACと呼ばれるポリ塩化アルミニウムが代表的です。このアルミニウム系ではpHが6～8くらいで凝集効果が良好に得られます。

　有機系の高分子凝集剤は分子量が100万以上と大きく、架橋作用（分子同士を橋を架けるように連結〈共有結合〉して、物理的、化学的性質を変化〈例：粘性が増す〉させる）を利用して大きなフロックを作り沈殿させます。

(3) 加圧浮上分離

　ヘンリーの法則によると「圧力と溶媒に溶ける溶質の量は比例関係にある」、このことは圧力を高くして空気を水中に溶かし込むと（加圧槽を設けて加圧して空気を下方から溶かし込む）、懸濁物質に微細な気泡

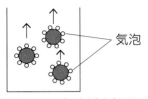

図11-4　加上浮上処理

が付着して、懸濁物質が上の方に浮上して固体と液体を分離することができます（図11-4）。

(4) 懸濁物質の沈降速度（沈降と浮上に適用できるストークスの式）

　懸濁物質の沈降速度v(cm/s)は下降でも上昇でもレイノルズ数Re（慣性力／粘性力、第2章2.12を参照）が1より小さい場合（排水処理はRe≦1で水の流れは乱流でなく層流）にはストークスの式 $v=\dfrac{g(\rho_s-\rho)d^2}{8\mu}$（図11-5）を使うことができます。沈降速度$v$は、懸濁物質の粘度$\mu$に反比例するので水温が高くなると粘度は小さくなり沈降速度は速くなり、粒子の密度ρ_sと水の密度ρの差に比例するので、粒子の密度が大きくなれば沈降速度は速くなり水の密度より小さくなれば、負の値となり沈降しないで浮上します。また沈降速度は粒子の直径dの2乗に比例するので直径が2倍になれば、沈降速度は4倍と大きくなります。フロックを作り、直径を大きくすれば沈降速度は大きくなることを示しています。

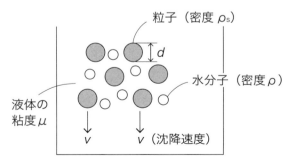

図11-5　沈降速度（ストークスの式）

第11章　排水処理と大気処理の基礎

(5) 清澄ろ過

清澄ろ過は、砂などのろ過材を敷き詰めたろ過槽に原水を通すことにより、水中の懸濁物質を取り除くだけでなく、凝集効果、沈殿作用、付着作用により分離できることもあります。

(6) 活性炭吸着

活性炭は吸着効率を高めるために物理化学的な処理（活性化、賦活）をした多孔質の炭素を主な成分とした物質で、特定な物質を選択的に分離、除去、精製することを目的として用いられます。

活性炭は炭を多孔質にしたもので有機物の分離に用いられ粒状のものと粉末状のものがあります。材質は石炭系や木質系でミクロからマクロまで幅広く 0.1 nm～10 nm、100 nm～10 μm、比表面積が700～1400 m²/g と非常に大きくなっています。従って、この表面に有機物や金属を吸着させることによって水質を向上させることができます。

(7) 膜分離法（浸透圧と逆浸透膜RO：Reverse Osmosis）

逆浸透の原理を図11–6に示します。細胞膜でできた半透膜は、溶媒の水分子は通過させますが、溶け込んでいる無機塩や有機物などの溶質は通過させない性質を持っています。図(a)に示すように、この半透膜を用いて水分子と溶質を分離しておくと濃度を均一にしようとして水分子が溶質側へ移動して溶質側を持ち上げ、浸透圧が生じます。ここで溶質側に圧力をかけると、溶媒側から水分子の移動が止まり平衡状態となったときの圧力が浸透圧 π となります（図(b)）。この圧力よりさらに大きな圧力をかけると溶質側の水分が溶媒側に浸透していきます。この現象を逆浸透現象と呼び、この原理を利用したものが逆浸透膜（RO）と呼ばれています。逆浸透膜は様々な物質が溶け込んでいる水から水分子だけを通過させることができます。こうして不純物を含んだ水から純粋な水を取り出すことができます（図(c)）。

この浸透圧に関してファントホッフ（1852～1911）が気体の状態方程式 $PV = nRT$ と同じ形になることを発見しました。浸透圧を π[Pa]、溶

301

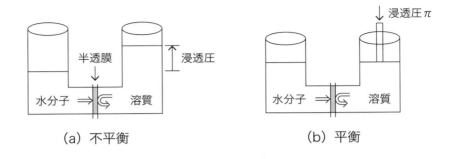

(a) 不平衡　　　　　(b) 平衡

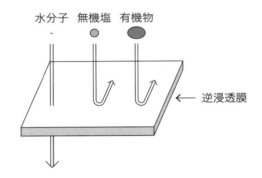

(c) 逆浸透膜の働き

図11-6　逆浸透の原理

液の体積 V [ℓ]、n：溶質の物質量 [mol]、R：気体定数 8.31×10^3 [Pa·ℓ/mol·K]、T：絶対温度（$273 + t$ ℃）[K] とすれば、$\pi V = nRT$ となります。従って浸透圧 π は $\pi = \dfrac{nRT}{V}$ となり、$\dfrac{n}{V}$ は（溶質の物質量 [mol] ÷ 溶液の体積 [ℓ]）なのでモル濃度を表しています。このモル濃度を C とおくと、浸透圧 π は $\pi = CRT$ となり、モル濃度と絶対温度に比例することになります。

(8) イオン交換

　図11-7に示すイオン交換の原理は、陽イオン交換樹脂が塩酸の塩素イオン Cl^- を吸着して、水酸イオン OH^- を排出します。この水酸イオン

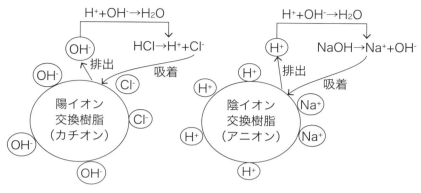

図11-7　イオン交換樹脂

OH⁻は塩酸の水素イオン H⁺ と結合して水分子 H_2O となります。一方、陰イオン交換樹脂は水酸化ナトリウム NaOH のナトリウムイオン Na⁺ を吸着して、水素イオン H⁺ を排出します。この水素イオン H⁺ と水酸イオン OH⁻ が結合して水分子となります。このように物質がイオン成分を取り込み、代わりにその物質が持っている他のイオン成分を放出する現象をイオン交換（電気的に等量交換）といい、陽イオンを交換する場合を陽イオン交換（カチオン）、陰イオンを交換する場合を陰イオン交換（アニオン）と呼びます。イオン交換によって、純水の製造、排水に含まれる不要物質の除去や回収をすることができます。

11.4　酸化と還元、酸化剤と還元剤

(1) 酸化と還元

　酸化とは「酸素と結合する」、「水素を失う」、「原子価が増える」ということであり、還元とは酸化とは逆に、「酸素を失う」、「水素と結合する」、「原子価が減る」ことであると定義されてきましたが、もっと広義には化学結合が電子の移動によって行われるので「電子の移動」によって電子を失うことを「酸化」、電子を得ることを「還元」と定義されています。図11-8は n モルの電子の移動について酸化剤Aと還元剤Bと

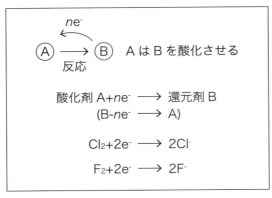

図11-8　酸化と還元

の関係を示したものです。酸化剤Aは相手の物質Bから電子 ne^- を奪って「相手を酸化させる」ことであり、自らは電子を得て還元されます。一方、還元剤Bは相手の物質Aに電子を与えて「相手を還元させる」ことであり、自らは電子を失って酸化されます。ある反応系で酸化と還元は同時に起こることになります。

(2) 酸化還元電位ORP (Oxidation Reduction Potential)

　酸化還元電位とは、ある反応にあずかる物質の電子の放出しやすさ、又は受け取りやすさを定量的に評価するための指標で、その物質が他の物質を酸化させる力と還元させる力との差を電位差で表したものです。酸化はプラスで還元はマイナスで表され単位はmVです。+1000mVは+100mVより酸化力（酸化を促進する力）が強く、−500mVは−100mVより還元力が強くなります。酸化還元電位が低い（−の値が大きい）ということは、還元力（酸化を抑制する力）が強いということになります。例えば、水質が良好で溶存酸素濃度（DO）が高い場合は酸化性が強い状態にあり、水質が悪く溶存酸素濃度が低い場合は還元性が強い状態となっています。

　酸化還元電位の測定は溶液の中に比較電極と白金電極が対になったORP計によって測定されます。酸化還元電位の測定によって還元力の

強さがわかり、有害物質の排水などを酸化還元処理するときには反応が終了しているかも判断することができます。

(3) 酸化還元反応の例

塩素は水処理に不可欠な酸化剤であり、殺菌剤として水中の有機物やシアンの酸化分解に用いられます。塩素を水に溶かすと次のようになります。

$Cl_2 + H_2O \rightarrow HClO + H^+ + Cl^-$

$HClO \rightarrow H^+ + ClO^-$

次亜塩素酸 HClO、次亜塩素酸イオン ClO⁻ による殺菌力が生じ次亜塩素酸 HClO は次亜塩素酸イオン ClO⁻ よりも酸化力は強くなります。塩素の酸化力は pH の値が低い（濃度が濃い）ほど、次亜塩素酸 HClO の生成が多くなります。

11.5 有害物質を含む排水処理

(1) pH（ピーエッチ）調整（金属イオンを含む排水の処理）

pH 調整の目的は、排水基準への適合、金属イオンを含む排水の処理、凝集沈殿や生物処理の予備処理などがあります。図11-9は金属イオン M^+ を含む排水の pH 調整による処理の概要を示したものです。重金属を含む金属イオンの排水は一般的に酸性の場合が多く、アルカリ（水酸

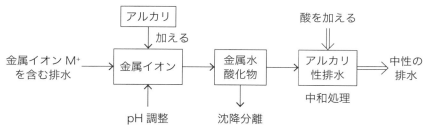

図11-9　pH 調整による金属イオンの処理

化ナトリウムや水酸化カルシウムなど）を加えて pH を大きくしてアルカリ側に調整していくと水酸化物イオン OH⁻ と反応して水に溶けにくい水酸化物の沈殿が生じるので、水と分離することができます。

今、n 価の金属イオンを M^{n+} とすれば、金属の水酸化物は次のようになります。

　　金属の水酸化物　　　$M^{n+} + nOH^- \rightarrow [M(OH)]_n$
　　溶解度積 K_s　　　　$K_s = [M^{n+}] \times [OH^-]^n$

溶解度積 K_s は水酸化物の種類によって一定値となります。

ここで水素イオン［H⁺］と水酸化物イオン［OH⁻］の溶解度積を K_w とすれば、温度が同じであれば pH と関係なく一定値となります。

　　$[H^+][OH^-] = K_w \ (1 \times 10^{-14})$

溶解度積 K_s と K_w から次の式が得られます。

　　$\log[M^{n+}] = \log K_s - n\log K_w - n \cdot pH$、ここで $pH = -\log[H^+]$ なので pH と $\log[M^{n+}]$ の関係は図11-10のように直線となります。図から金属イオ

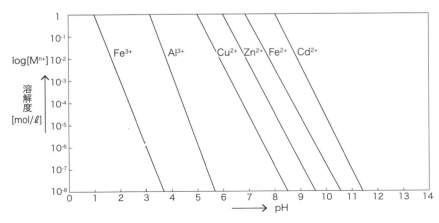

図11-10　金属イオンの溶解度と pH の関係

ンはpHが大きくなるほど溶解度が小さくなり、水酸化物が沈殿となって除去されます。3価のFeイオンはpH4程度で処理できますが、2価のFeイオンはpHを10程度まで上げないと処理することはできなくなります。アルミ、鉛、亜鉛、クロムなどの水酸化物は両性化合物であるので、金属錯イオンを形成するため溶解度が大きくなって溶けてしまいます。溶解度積が小さいほど水に溶けにくいことになります。

11.6 標準活性汚泥法

(1) 微生物の働き

図11-11は微生物の働きを示したもので、微生物は有機物を分解して有機物が持っている結合エネルギーを微生物のエネルギーとして取り入れていると同時に体内の生体細菌などに変換して活動を維持しています。これは人間が食物からエネルギーを取り入れ筋肉を動かす、体温を維持する、細胞を機能させることと同じことになります。また、有機物（C、H、O）を分解する過程で酸素 O_2 を利用することによって炭素成分Cから二酸化炭素 CO_2 を、水素成分Hから水 H_2O を排出しています。排水処理に使用されている酸素下で活動する微生物（好気性）には必要な酸素を供給しなければなりません。空気を送ること曝気といい、排水処理では水中に溶け込んだ酸素量（溶存酸素DO）の値が重要となります。

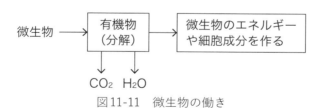

図11-11　微生物の働き

(2) 標準活性汚泥処理（生物処理）

　生物処理の流れは図11-12のようになり、有機物を含んだ排水汚泥は沈殿池で浮遊物質が除去され（ここでは微生物によって分解できない液や固形物、無機物などが除去される）、調整槽では微生物が生息できる範囲のpHに調整（例6.0〜8.0）し、また、微生物が最適に活動するための栄養源（BODと窒素Nとリン Pの適切な比率）を補給します。曝気槽では好気性微生物が十分に酸素呼吸できるよう空気を送ることによってBOD成分を含む有機物を分解することができます。この分解の過程で酸素が必要なため、水中に溶けている酸素の濃度（溶存酸素濃度DO）を微生物が活動するのに必要な濃度以上に保持しなければなりません。曝気槽から微生物を含んだ活性汚泥と水が分離され、分離された活性汚泥の一部は曝気槽に返送され、それ以外は余剰汚泥として汚泥処理されて処分されます。ここで活性汚泥処理の指標として、BOD負荷（kg-BOD/日）は1日あたり汚水処理施設に流入するBOD量（kg）の値です。BOD汚泥負荷（kg-BOD/日）/kgは、BOD負荷を曝気槽内の好気性微生物量（kg）で除した値で活性汚泥処理の除去能力を示す指標となるものです。今、汚水処理施設への流入量を Q（m³/日）、流入BOD

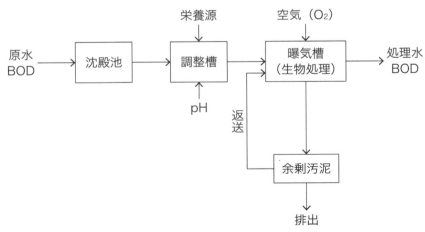

図11-12　標準活性汚泥処理（生物処理）

濃度を B (kg/m³) とすれば BOD 負荷は Q·B (kg/日) となります。

11.7 大気汚染防止の基礎

図11-13は大気処理プロセスの概要を示したものです。燃焼すべき燃料を投入して完全燃焼させるなど燃焼プロセスでは燃焼の管理を適切に行う必要があります。燃焼によって生じた有害ガスなどをガス処理して無害化し、粒子状物質などのばいじんは集じんしてクリーンな空気を排出することが、大気処理のプロセスの目的となります。

大気を汚染する物質として次のようなものがあります。

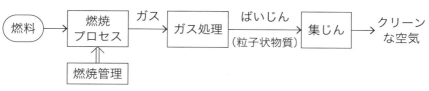

図11-13 大気処理プロセスの概要

(1) 硫黄酸化物 SOx

硫黄 S を含む燃料を燃焼すると二酸化硫黄 SO_2、さらに酸化され三酸化硫黄 SO_3 となります。この三酸化硫黄が燃焼ガス中の水蒸気と反応して硫酸 H_2SO_4 の蒸気を作ります。これらは次の反応によって生成されます。

$$S + O_2 \rightarrow SO_2$$
$$SO_2 + \frac{1}{2}O_2 \rightarrow SO_3$$
$$SO_3 + H_2O \rightarrow H_2SO_4$$

この硫酸ミストは燃焼炉を腐食する原因となるだけでなく、大気に放出され大気汚染を引き起こします。

硫黄分が少ない LNG、ナフサ、低硫黄油など良質な燃料を用いるこ

とで SO_x を少なくすることができます。

⑵ 窒素酸化物 NO_x

　燃焼によって生成する窒素酸化物 NO_x は90％以上が一酸化窒素 NO
です。一酸化窒素の生成機構にはサーマル NO_x とフューエル NO_x があ
ります。

▪ サーマル NO_x

　燃焼用空気中に含まれている窒素 N_2 と酸素 O_2 が高温の状態で反
応して生成するサーマル NO があります。これは燃焼温度が高いほ
ど発生しやすく、逆に高温燃焼域での酸素濃度が低いほど、また滞
留時間が短いほど発生しにくくなります。

$$N_2+O \leftrightarrows NO+N$$
$$N+O_2 \leftrightarrows NO+O$$

▪ フューエル NO_x

　燃料中に含まれる窒素分 N が燃焼中に酸化されて生成する NO
をフューエル NO といいます。燃料中の窒素成分が多いほど多くな
ります。

▪ NO_x 発生の抑制

　運転条件の変更や燃焼装置の変更があります。運転条件変更とし
て、燃焼温度を下げる、酸素濃度を下げる、滞留時間を短くする、
燃料変更としては、低窒素分の燃料を使用することが考えられま
す。

⑶ 二酸化炭素 CO_2

　使用する燃料中の炭素含有量が多いものほど CO_2 の発生量は多くな
ります。

第11章　排水処理と大気処理の基礎

また、炭素量が多いものほど燃焼に必要な酸素の量は多くなります。

例：メタンの燃焼とプロパンの燃焼（プロパンはメタンの2.5倍の酸素量が必要）

メタン	CH_4	+	$2O_2$	→	CO_2	+	H_2O	+Q（890 kJ/mol）
質量	16 kg		2×32 kg		44 kg		36 kg	
体積	22.4		2×22.4		22.4		22.4	単位 m³N
モル	1 kmol		2 kmol		1 kmol		1 kmol	

プロパン	C_3H_8	+	$5O_2$	→	$3CO_2$	+	$4H_2O$	+Q（2220 kJ/mol）
質量	44 kg		5×32 kg		3×44 kg		4×36 kg	
体積	22.4		5×22.4		3×22.4		4×22.4	単位 m³N
モル	1 kmol		5 kmol		3 kmol		4 kmol	

　発熱量が多い順に、石炭、A重油、プロパン、メタンガスとなります。

　ボイラーや工業炉では燃料に天然ガス、A重油、灯油などが用いられます。

　燃料は炭素と水素が結合しており、燃焼に酸素を使用すると燃料の炭素成分は酸素と結合して二酸化炭素 CO_2 となり、また燃料中の水素成分は酸素と結合して水（水蒸気）H_2O となります。この燃焼過程で酸素が不足（空気比が1より小さい）すると不完全燃焼により一酸化炭素 CO が排出されます。

　水素の熱伝導率は0.167［W/m·K］、空気に含まれる窒素は0.0234［W/m·K］（酸素もほぼ同じ）、二酸化炭素0.1140［W/m·K］となっており水素の熱伝導率は大きな値（空気の8倍程度）であることがわかります。

(4) ばいじん

　燃焼によって発生する固体微粒子には、すすやダストがあり、これらが

311

ばいじんと呼ばれています。不完全燃焼によって発生した固形物や灰分が固形物として排出されます。ばいじんを取り除くには遠心力を利用したサイクロン方式（機械式集じん装置）や放電電極と集じん電極の間に直流高電圧を印加して、静電気力（クーロン力）によって排ガス中のばいじんを吸収させて取り除く電気式集じん方式など多くの方式があります。

(5) VOC（揮発性有機化合物、Volatile Organic Compounds）

　VOCとは揮発性を有し、大気中で気体状となる揮発性有機化合物の総称で、塗料（塗装施設と塗装後の乾燥・焼付施設など）、印刷インキ（印刷施設の印刷後の乾燥・焼付施設など）、接着剤（接着剤使用施設における乾燥・焼付施設など）、洗浄剤（工業用洗浄施設や洗浄後の乾燥装置など）、ガソリンやシンナー（化学製品製造工程の乾燥設備など）などに含まれるトルエン、キシレン、酢酸エチル、メタノール、ジクロロメタンなど多くの種類の物質があります。

　VOC処理技術には、活性炭吸着法、触媒酸化法（VOCを200〜300℃の低温で燃焼させる）、直接燃焼法（バーナーで直接燃焼）、蓄熱燃焼法（VOCを800℃以上の高温下で滞留・燃焼させ二酸化炭素と水に分解する）などがあります。これらVOCは大気中の浮遊物質（SPM）及び光化学オキシダントとなり人の粘膜、呼吸器系への健康、及び植物に有害な影響を与えます。

(6) 有害物質

　環境基準が設定されている有害物質には、ベンゼン、トリクロロエチレン、テトラクロロエチレン、ジクロロメタンなどがあります。

11.8　燃料の種類と特徴

(1) 気体燃料の成分と性状

- 天然ガス

　　地下から産出される可燃性ガスで、炭化水素を主成分とし、性

状によって乾性天然ガスと湿性天然ガスに大別されます。乾性天
然ガスはほとんどメタン（95％）からなり、多少の二酸化炭素を
含み、高発熱量は約40 MJ/m³N です。湿性天然ガスはメタン（約
75％）の他に、エタン、プロパン、ブタンなど含み、高発熱量は約
50 MJ/m³N です。気体の天然ガスを−162℃以下に冷却して液化し
たものを「液化天然ガス（LNG）」といいます。

▪ 液化石油ガス（LPG）

　常温で加圧すると容易に液化する石油系炭化水素をいい、一般的
に LPG と略し、プロパン、プロピレン、ブタン、ブチレンを主成
分としています。

　気体燃料の主成分は、メタン CH_4、エタン C_2H_6、プロパン C_3H_8
などで成分、比重、発熱量は下記のようになっています。

名称	化学式	比重（空気＝1）	発熱量［MJ/m³N］
水素	H_2	0.07	12.8
メタン	CH_4	0.554	39.7
エタン	C_2H_6	1.049	69.6
プロパン	C_3H_8	1.55	101.0
ブタン	C_4H_{10}	2.067	132.0
天然ガス	C_nH_{2n+2}		36〜48
液化石油ガス（LPG）	C_mH_n		80〜134

　単位重量あたりの発熱量の多い順は、水素＞メタン＞プロパン
（単位体積当たりの発熱量では逆）となり、メタン系炭化水素の一
般化学式は C_nH_{2n+2}、エチレン系炭化水素の化学式は C_nH_{2n} で表し、
表11-1には $n = 5$ までの物質名を示しています。

表11-1　メタン系炭化水素とエチレン系炭化水素

n の値	メタン系炭化水素 C_nH_{2n+2}	エチレン系炭化水素 C_nH_{2n}
$n = 1$	メタン	メチレン
$n = 2$	エタン	エチレン
$n = 3$	プロパン	プロピレン
$n = 4$	ブタン	ブチレン
$n = 5$	ペンタン	アミレン
構造式	$-\overset{\mid}{\underset{\mid}{C}}-$	$\diagdown C = C \diagup$ 2重結合

⑵ 気体燃料の燃焼計算（必要な空気量）

　燃焼計算においては、空気の組成は窒素79％、酸素21％として扱います。

　炭素Cと水素Hから構成される一般炭素系を C_nH_m とすると必要な酸素量は次の化学反応式（左辺と右辺で炭素Cの係数、水素Hの係数、酸素Oの係数を等しくする）によって求めることができます。

$$C_nH_m + \left(n + \frac{m}{4}\right)O_2 = nCO_2 + \left(\frac{m}{2}\right)H_2O$$

　この一般式によって、メタン CH_4、エタン C_2H_6、エチレン C_2H_4、プロパン C_3H_8、ブタン C_4H_{10} などすべて必要な酸素量 $\left(n + \frac{m}{4}\right)$ モルを求めることができます。

⑶ 液体燃料

　液体燃料は原油の蒸留によって、ガソリン、灯油、軽油、重油に分けられます。

　ガソリン、灯油、軽油はいずれも純物質ではなく混合物なので密度

［g/cm³］（大体0.72〜0.85の範囲でガソリン、灯油、軽油の順に密度は大きくなる）や沸点は一定値でなく、ある範囲の値をとります（30〜350℃、ガソリンがもっとも低く、灯油、軽油の順に高くなる）。

- ガソリンは自動車や航空機やその他で使用されオクタン価90程度の2号（レギュラーガソリンで89以上、1号はプレミアムガソリンで96以上）が使用されています。オクタン価とは、火花着火式エンジン用燃料のアンチノック性を表す尺度であり、オクタン価が高いほどエンジン内で生じる異常燃焼（ノッキング）が起きにくくなります。ガソリンの特性は引火点−40℃、沸点30〜200℃、高発熱量48MJ/m³N です。

- 灯油は1号が灯火や暖房用燃料、2号が石油発動機燃料、溶剤、洗浄用で、灯油の特性は引火点40℃以上、沸点180〜300℃、高発熱量は46MJ/m³N です。

- 軽油はディーゼル機関の燃料として使用されています。着火の良否はセタン価によって評価され、45（引火点45〜50℃、セタン価50では引火点50℃以上）以上が望ましいとされており、大気汚染への制限から硫黄分0.001質量％以下（10ppm）と JIS で規定されています。セタン価（セタン指数）とは、軽油の着火性を表す指標で、高いほど自己着火しやすく、燃料としてよい軽油であるといえます。軽油の特性は引火点50℃以上、沸点200〜350℃、高発熱量44〜46MJ/m³N です。

- 重油は JIS の動粘度（流体の移動しやすさの指標［m²/s］）によって、1種（A重油）、2種（B重油）、3種（C重油）の3種類に分類されています。1種は硫黄分によって1号、2号の2種類、3種は動粘度によって1号〜3号まで3種類あります。

(4) 固体燃料
- 石炭
  植物が地中の高温高圧の影響を受けながら、長い時間をかけて石炭に変化していく過程を得ています。石炭化が進むに従って、可燃分

のうち揮発分が減少し不揮発分（固定炭素）が増大します。石炭化が最も進んだ無煙炭では、炭素含有量が90％以上になります。石炭化が進むほど、発熱量、燃料比も増大します。燃料比は揮発分に対する固定炭素の比（固定炭素／揮発分）のことです。揮発分が少なくなるほど、揮発ガス成分が少なくなるので固体表面での着火となり、着火温度は高くなります。

- コークス

石炭を約1000℃の高温で乾留して得られる二次燃料をコークスといいます。主成分は炭素であり（酸化鉄を炭素で還元して鉄を分離するときコークスが使われます）、揮発分が少ないため、燃やしても煙を発生しません。

⑸ 高発熱量と低発熱量

燃焼ガス中の水蒸気分の潜熱を発熱量に含めた場合を高発熱量（高位発熱量）と呼び（「燃料中の水分」及び「燃焼により生成される水分」の蒸発潜熱を含む燃料単位量あたりの発熱量）、潜熱を発熱量に含めない場合を低発熱量（低位発熱量）といいます。

11.9 燃焼管理

⑴ 燃焼管理とは

燃焼とは、燃料と酸素とが化学反応を起こし、光と熱を発する現象をいいます。

燃料には気体燃料、液体燃料、固体燃料があり、使用する燃料中の炭素含有量が多いものほど、二酸化炭素 CO_2 の発生量は多くなります。A重油、プロパンガス、メタンの順に CO_2 発生量は少なくなります。燃料を燃焼させると、炭素 C は酸素 O_2 と結びついて二酸化炭素 CO_2 が、水素 H は酸素と結びついて水 H_2O（水蒸気）ができます。燃焼過程において、空気比（実際の空気量／理論空気量）が１より小さい（酸素不足）と一酸化炭素 CO が発生します。水素の熱伝導率0.167 ［W/$(m \cdot K)$］

第11章 排水処理と大気処理の基礎

は空気（0.0237）に比べ8倍ほど大きくなります。燃焼管理とは、適切な燃料を使用して完全燃焼させること、有害物質を大気中には排出させない、最小燃料使用による燃焼効率を最大にする、省エネを図る、クリーンな空気を排出する、燃焼装置の故障をなくすなど、環境や安全面で最良となるよう管理することです。

⑵ 空気比と過剰空気量

- 理論空気量

  単位量 1 m^3N の気体燃料を、また単位量 1 kg の液体・固体燃料を完全燃焼させるために必要な最少空気量のことを理論空気量といいます。完全燃焼とは燃料中の炭素、水素、硫黄の成分がすべて二酸化炭素、水蒸気、二酸化硫黄に変換されることをいいます。

- 空気比

  図11-14に基づいた燃焼プロセスで考えると、実際に供給する空気量を A、燃焼プロセスに必要な理論空気量を A_0、燃焼により排ガスに含まれる酸素濃度 O_2 とすれば、空気比は $a = \dfrac{A}{A_0}$ $(\geqq 1)$ となり、空気比を1に近づけて完全燃焼させると最高の燃焼状態（効率最大）となります。

- 過剰空気量

  過剰空気量は実際に供給した空気量 A から理論空気量 A_0 を引いたもので $A - A_0 = a \cdot A_0 - A_0 = (a-1)A_0$ で表すことができます。

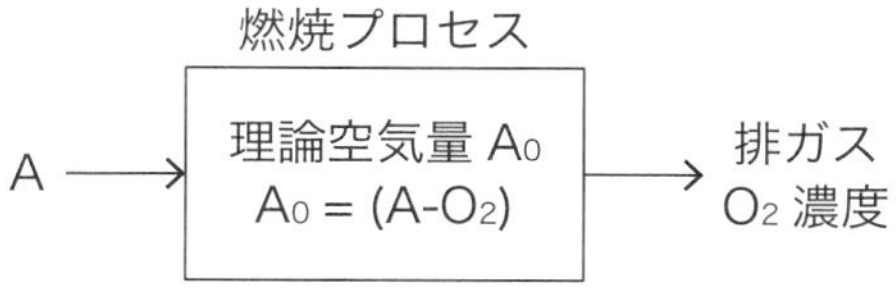

$$
\text{燃焼プロセス}
$$

$$
A \longrightarrow \boxed{\begin{array}{c}\text{理論空気量 } A_0 \\ A_0 = (A - O_2)\end{array}} \longrightarrow \begin{array}{c}\text{排ガス} \\ O_2 \text{ 濃度}\end{array}
$$

$$
\left(\begin{array}{l} a = \dfrac{A}{A_0} = \dfrac{A}{A - O_2} \ (\text{空気比}) \\ \text{有効に使われた酸素 } \dfrac{A_0}{A} = \dfrac{1}{a} \end{array}\right)
$$

図11-14 空気比の求め方

ここで空気中の酸素の体積比率は21％で、燃焼した排ガスに含まれる酸素濃度4％（0.04）とすれば、空気比 $a = \dfrac{0.21}{0.21-0.04} ≒ 1.23$ となり、燃焼プロセスで有効に使われた酸素 O_2 は $\dfrac{1}{a} = \dfrac{0.17}{0.21} ≒ 81\%$ となります。

(3) 気体燃料の燃焼計算

どんな物質でも0℃、1気圧の標準状態では1モル（mol）は22.4ℓ、従って1 kmolは22.4 kℓ（1 kℓ = 1 m³N）となるので1 kmolは22.4 m³Nとなります。

例えば、次のプロパン C_3H_8 の燃焼式から図11-15に従って、酸素量、空気量、ガスなどを計算することができます。

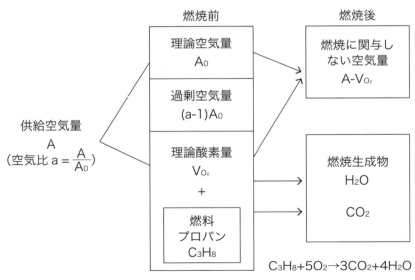

図11-15　燃焼空気と燃焼生成物

第11章　排水処理と大気処理の基礎

プロパン燃焼の化学反応式

	C_3H_8	+	$5O_2$	$\rightarrow$	$3CO_2$	+	$4H_2O$	
質量	16 kg		5×32 kg		3×44 kg		4×36 kg	
体積	22.4		5×22.4		3×22.4		4×22.4	単位 m^3N

⑷ 液体・固体燃料の燃焼計算

　燃料の単位質量（1 kg）あたり、燃料中の可燃成分である炭素 C、水素 H、硫黄 S の燃焼を計算（＊の 1 kg への変換）します。

$$C \quad + \quad O_2 \quad = \quad CO_2$$

$$12\,g \qquad 22.4\,(\ell) \qquad 22.4\,(\ell)$$

$$*\,1\,kg \qquad 1.87\,m^3N \qquad 1.87\,m^3N$$

$$H \quad + \quad \frac{1}{4}O_2 \quad = \quad \frac{1}{2}H_2O$$

$$1\,g \quad + \quad \frac{22.4}{4}(\ell) \qquad \frac{22.4}{2}(\ell)$$

$$*\,1\,kg \qquad 5.6\,m^3N \qquad 11.2\,m^3N$$

$$S \quad + \quad O_2 \quad = \quad SO_2$$

$$32\,g \qquad 22.4\,(\ell) \qquad 22.4\,(\ell)$$

$$*\,1\,kg \qquad 0.7\,m^3N \qquad 0.7\,m^3N$$

　発熱量とは、単位燃料量（気体では 1 m^3N、液体と固体では 1 kg）が完全燃焼するときに発生する熱量のことです。

11.10　ボイラープロセス

　ボイラーの基本構成を図11-16に示します。ボイラーには「蒸気ボイ

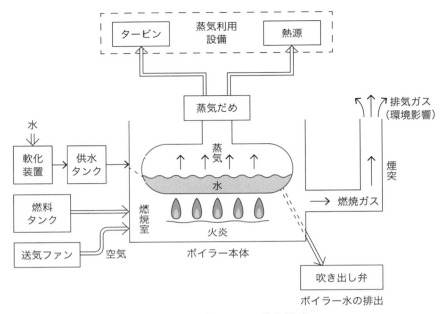

図11-16　ボイラーの基本構成

ラー」と「温水ボイラー」があり、熱源によって燃料を燃焼させ、大気圧を超える蒸気や温水を作る装置であり、基本的には大気処理プロセスと共通するところも多いですが、下記の項目が主とした管理項目となります。

　①燃料（排出ガスの成分）　②燃焼管理（不完全燃焼によるばいじんやすすなどの発生、一酸化炭素、完全燃焼でも二酸化炭素〈温室効果ガス〉）　③蒸気発生（容量、効率）及び水蒸気の管理　④給水の管理（配管の腐食防止、装置の故障の予防保全）　⑤熱の伝導や伝達、放射　⑥排出ガス測定（基準値、良好な排出ガス、クリーンな空気）

第11章　排水処理と大気処理の基礎

⑴ ボイラーの主要特性は

▪ ボイラー容量

　ボイラーの容量は、単位時間あたりに発生する実際の蒸気量 Q（kg/h）で表されます。与えた熱量が同じでも、蒸気の温度、圧力、給水の温度によって発生する蒸気量が異なるので、次のような換算蒸気量（kg/h）で表します。

> 換算蒸気量＝大気圧（0.1 MPa）において100℃の飽和水を100℃の乾き飽和蒸気にした場合の蒸気量（kg/h）

▪ ボイラー効率（%）

　ボイラー効率＝［（有効出熱）／（入熱合計）］×100
　　　　　　　＝［（入熱合計－熱損失）／入熱合計］×100
　　　　　　　＝［（1－熱損失／入熱合計）］×100
　入熱合計（MJ/h）＝ 燃料消費量（kg/h）×使用燃料の低発熱量（MJ/kg）
　有効出熱（kJ/h）＝ 蒸発量（kg/h）×［（発生蒸気の比エンタルピー）－（給水の比エンタルピー）］（kJ/kg）

▪ ボイラーの燃料消費量（kg/h）

　燃料消費量＝（実際蒸発量〈kg/h〉）×（発生蒸気の比エンタルピー－給水の比エンタルピー〈kJ/kg〉）÷（燃料の低発熱量［kJ/kg]）×ボイラー効率

▪ ボイラー水の水質管理の重要性

　ボイラーは、多量の水を使用するため、水質が悪化すると金属の腐食が発生します。

　　例：ボイラー水の pH が低く、酸性の場合、酸素が溶けている場合（溶存酸素が多い）、アルカリ腐食の発生。

▪ 蒸気配管

　蒸気配管は、蒸気設備からの蒸気が温度、圧力を満たし、できるだけ短距離、小口径（放熱面積小さい）にして放熱損失、圧力損失

を最小にすることが必要となります。配管内を流れる蒸気の質量流量は次の式で計算できます。

質量流量［kg/h］＝配管断面積［m²］×流速［m/h］×比重量［密度 kg/m³］

配管の圧力損失（エネルギー損失）Δp は $\Delta p = \lambda \cdot \dfrac{L}{D} \cdot \dfrac{1}{2} \rho v^2$ で表されます。ここで Δp：圧力損失 (Pa)、λ：管摩擦係数、L：配管長 (m)、v：管内流速 (m/s)、D：配管内径 (m)、ρ：流体の密度（蒸気密度）。これより配管の圧力損失は配管長と管内流速の2乗に比例し、配管内径に反比例することになります。

この配管は圧力損失の最小化、放熱損失（D が大きい程、大きい）を最適化する必要があります。

11.11　集じん装置

集じんとは、気流中に含まれている粒子を分離する操作をいい、処理ガスからダストやミストを分離捕集する装置を集じん装置といいます。よく使われるバグフィルターと電気集じんフィルターの例を挙げます。

⑴ ダストの特性

ダストとは 1 μm 以上の固体粒子で濃度と粒形分布を持ち、粒形分布が集じん装置の集じん効率に最も影響を与えます。

⑵ 電気集じんの原理

図11–17は電気集じん装置の原理を示したものです。ダストやミストを含んだガス分子（排気ガス）は、電極 A（マイナス）と電極 B に印加された高電圧によって電極 A からマイナスイオンが放出され、電極間はマイナスイオンで満たされた状態（コロナ放電）となっています。この領域にガス分子が侵入してくるとマイナスの電荷に帯電します。こ

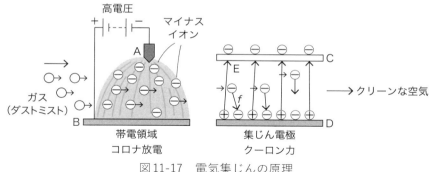

図11-17　電気集じんの原理

の帯電したガス分子は次の集じん電極（CD間）に向かいます。この集じん領域では電極C側がマイナス、電極D側がプラス電圧に印加されているために電極Dから電極Cに向かって電界Eが生じています。この電界領域にマイナスの電荷を帯びたガス分子（電荷をe^-とする）がくると、下方にクーロン力f（$f = e \cdot E$）を受けてマイナスに帯電したガス分子は集じん電極Dに集められてプラス電荷＋によって中和されます。この集じんされたガス分子は所定の場所にふるい落とされて集められます。こうしてダストやミストが取り除かれクリーンな空気が排出されることになります。

(3) バグフィルターの原理

　図11-18はバグフィルターの構造を示しています。ダストを含んだ排ガスをフィルター（ろ布）でろ過してきれいになったガスだけが排出されるようにすることです。バグフィルターは掃除機と同じような原理で、多くの分野で使用されています。ろ材には、不織布、木綿などの繊維、ポリエステルなどの各種合成繊維などがあります。ろ材の表面に大量のダストが付着すると集じん能力が落ちてしまうので逆洗（空気を吹き付け）によって、付着したダストを払い落とすことができます。払い落とされたダストはダストボックスに集じんされ定期的に取り出します。この払い落とす方式には、逆洗方式、パルスジェット方式、振動を

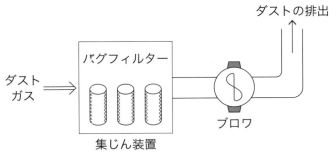

図11-18　バグフィルターの構造

与える方式などがあります。バグフィルターのろ布はダスト集じん能力が落ちると交換する必要があります。用途や粉じんの種類によって寿命期間は異なります。バグフィルターの排ガス側にダストモニタを設けてダストの漏れ量や濃度を常時監視することにより交換時期を予測することができます。

第12章

環境・安全リスクアセスメントとマネジメントシステム

12.1 環境・安全を構築するための体系

　さまざまな産業分野には多くの種類の業務プロセスがあり、それぞれが固有の技術や領域を持っています。製造業やサービス業を問わず、それぞれの業務プロセスは環境影響と何らかの関わりを持っています。環境側面と環境影響の用語は ISO14001: 2015 の 3.2.2 環境側面及び 3.2.4 環境影響に定義されています。ここで「環境側面」は環境影響を及ぼす「源」のことをいいます（環境側面と環境影響の特定例：A 配管のつなぎが劣化して液体 B が漏れて〈環境側面〉、水質汚濁が発生する〈有害な環境影響〉）。

　このように特定すると、具体的にどのような対策（管理策という）をすればよいか判断することができます。さまざまな企業は業務をさらに進歩させて目的とするパフォーマンスを継続的に向上させていくことを実践しています。こうした中、新規事業への展開、業務内容の変更、新規の業務やシステムの導入、業務改善など、また業務の失敗、インフラ故障などによる有害な環境影響の発生（環境リスク）など環境影響は良い面も悪い面も変化します。これを環境側面と環境影響として特定していくことが環境マネジメントシステムのスタートとなります。また、安全分野では危険な状況に遭遇することを含めて、人間が作業する姿勢と仕事には関係があり、作業が楽な場合もあり、作業がしにくい場合もあります。作業がしにくい状況が長く続くと人間に何らかの負担がかかり、それが安全や衛生面で心配される状況となります。このような人とマシンとの関わりを追究する「人間工学」（第 3 章参照）はあらゆる産業と関わりを持ちます。そこでそれぞれの産業分野における環境を含め

325

た安全なシステムを構築する論理的な方法に「バリュー（価値、機会など好ましい影響）and リスク（有害な状況など好ましくない影響）」をマネジメントする手法（リスクマネジメント手法と呼ばれている）があります。この手法は価値を追求することや創造することを目的として、それに伴って生じるリスク（大きな課題や心配ごと）を最小にするためのマネジメントシステムです。現在、広く普及している品質マネジメントシステム、環境マネジメントシステム、労働安全衛生マネジメントシステムなどにはこうしたリスクマネジメントの考え方が根幹に組み込まれています。

12.2　産業分野に共通する品質管理と環境・安全リスク管理のプロセスの考え方

(1) 品質管理プロセスの考え方

さまざまな産業分野において品質管理を実施するプロセスは図12-1のようになっています。プロセスをある作業と考え、プロセスのインプットM0には材料や資源、サービスが入力され、プロセスを経てアウトプットには適合した製品やサービスが出力されます。このプロセスを実行するためには力量（力量とは知識を使って組織が目的とすることを成し遂げる能力のことです）を持った人（M1）、プロセスに必要なハー

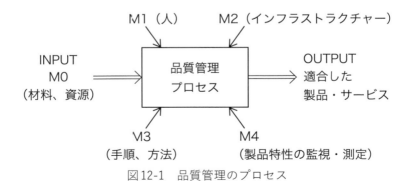

図12-1　品質管理のプロセス

ド的な設備やソフト的なシステムソフトウエアなどのインフラストラクチャー M2、プロセスをどのような手順で実行するかを決めた方法 M3、さらには実行したプロセスがアウトプットに適合しているかを判断するための製品やサービスの性質の特性を監視・測定する M4 が必要となります。インプット M0 及びこれら M1 から M4 のいずれかが欠けてもアウトプットは不適合となる可能性があります。

(2) リスク管理(品質、環境、安全管理)のプロセスの考え方

　図12-1の品質管理のプロセスと同様に、図12-2はリスクを低減するプロセスで、環境や安全に関するリスクアセスメント RA 手法によって特定されたリスク源(重要な危険源、重要環境側面)に関連するプロセスが特定されます。このプロセスのリスクを低減するためには、リスク源やリスクに関する教育を受けた力量をもった人 MR1、リスクに関するインフラストラクチャー MR2、リスクを低減又は管理するための方法 MR3、リスク源の主要特性に関する定量的な指標や状況を監視・測定する MR4 から構成されたプロセスが管理され、プロセスのアウトプットはリスクが生じない適合した状態にしなければなりません。

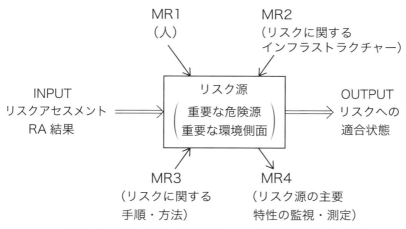

図12-2　リスク源の管理プロセス(環境側面と危険源)

12.3 環境適合設計（製品やサービスのライフサイクルを考慮した環境側面と環境影響のとらえ方）

　環境適合設計とはライフサイクルの環境影響を考慮して、この環境影響を最小にする開発・設計です。ライフサイクルの段階とは、原材料やサービスが生まれてから、役割を終える段階、つまり大きく分けて、①資源を使用する段階、②資源を使って製品・サービスを生み出す段階、③製品・サービスが使われる場所に移動する段階、④製品・サービスを使用する段階、⑤製品・サービスが目的を終了して処分や廃棄をする段階（リユースやリサイクルを含む）における環境影響をいいます。従って、この5段階のそれぞれの段階における環境側面と環境影響の関係を特定して、何が重要な環境側面（著しい環境側面）となるのか、特定しなければなりません。今、形ある製品を考えると、製品のライフサイクルには次の5段階があります。①資源の利用（設計）、②製造（製品を作る）、③輸送（製品梱包を含めて製品を輸送する）、④ユーザが製品を使用する、⑤使用後の廃棄を含めた処理です。この各段階を考慮した製品設計を環境適合設計といいます。①の段階では省資源化（小型化、軽量化）、省エネ化など、②の段階では製造による環境影響の低減、生産性向上や製造エネルギー低減など、③段階では輸送による CO_2 排出量の削減など、④段階ではユーザ使用時のエネルギー低減（装置自体や顧客使用時を含む）、メンテナンス性能向上など、⑤段階では、再利用、再使用、リサイクル性能の向上、有害物質レスなど、多くの項目に及びます（指針 ISO/TR14062 環境適合設計参照）。

　評価手法は、環境影響の大きさを考慮してシンプルにします。

　（評価例：大きい－3点〈又は◎〉、中程度－2点〈又は○〉、小さい－1点〈×〉）

　3点（◎）を著しい環境側面として、目標・計画へと展開します。

　＊製品開発・設計部門及びサービス開発部門が取り組むテーマは次のような内容になります。

第12章　環境・安全リスクアセスメントとマネジメントシステム

①の段階
- 使用材料の最小化
- 小型・軽量化（製品や梱包資材）
- 電気や燃料などの省エネ化
- 低騒音化
- 有害物質を含まない材料の選定
- 材料の再利用、繰り返し使用など
- メンテナンス容易化、メンテナンス時の環境影響の最小化

②の段階
- 生産時の環境影響の最小化（生産に使用する資源・エネルギーの最小化など）

③の段階
- 輸送時の環境影響の最小化（CO_2排出量の最小化）

④の段階
- 製品やサービス使用時の環境影響の最小化（省エネ）

⑤の段階
- 製品やサービスの使用後の処理段階の環境影響の最小化（製品に含まれる有害物質が環境中に漏洩する可能性がある）

12.4　産業分野の環境側面及びリスク源の見方

　ある産業分野のプロセスでは、材料などのような有形なものをプロセスにインプットしてプロセス処理（加工・処理）して適合した加工品をアウトプットする形態となっています。このプロセスには人が関わり、人とマシン間のインターフェースが存在します（人間工学）。すべてのマシンはエネルギーを使用して、不要なエネルギーも排出、放出します。マシンプロセスでは化学物質が使用されることも多く、場合によっては材料の化学・物理的性質、処理された加工物においても同様に物理・化学的性質を持ちます。またプロセスを取り巻く環境に支配されています。このように基本プロセスで整理していくと、環境影響を生じる

329

又は生じる可能性がある環境側面、及びリスクを生じる可能性のある危険源の種類が下記のAからHのように分類できます。このようにすることにより環境側面と危険源（ハザード）を特定することができ、それによって生じるリスクを明らかにすることができます。

(1) 環境側面（有害な面と有益な面）と危険源
  A　エネルギー
    ▪ 通常時の環境側面：エネルギーの使用
    ▪ 非定常時の環境側面（リスク）：設備異常によるエネルギーの使用量増大
    ▪ 有益な環境側面（機会）：エネルギーの再利用（別用途に利用）、熱エネルギーの利用

  エネルギーには下記のようなものが含まれます。
    ▪ 電気（充電部、絶縁部、帯電部、熱放射など）
    電気・電子的エネルギー：静電気エネルギー、電気エネルギー（低圧、高圧）、電磁波的なエネルギー（放射：電界エネルギー、磁界エネルギー、高周波エネルギー）
    ▪ 熱（熱源、火災、爆発、高温作業、低温作業など）
    ▪ 熱的エネルギー、爆発のエネルギー（爆発限界）
    ▪ 圧力（通常、容器の破損などによる非定常）
    ▪ 音圧（騒音）、振動：騒音・振動のエネルギー
    ▪ 機械的なエネルギー（圧力エネルギー、真空エネルギー、熱的なエネルギー）
    ▪ 電離放射（低周波、中波、マイクロ波、赤外線、可視光線、紫外線、レーザ放射、X線、γ線、α線、β線、電子ビーム、イオンビーム、中性子など）：光学的エネルギー、レーザ光のエネルギー、放射線のエネルギー
    ▪ 可動部分（意図しない運動〈非定常〉も含めて）：運動エネルギー、回転エネルギー

第12章　環境・安全リスクアセスメントとマネジメントシステム

- その他、高所：位置エネルギー（位置エネルギーが運動エネルギーに変換される）

　エネルギーは顕在又は潜在する環境側面と危険源となり、環境影響やリスク（人に対する危害）の大きさを左右します。定常状態のほか、非定常状態、例えば、ある条件で過大となる、異常状態となる、エネルギーが漏れる（漏電、光の漏れなど）、意図しない動作などをよく見る必要があります。エネルギーを持った非定常の結果事象には、破裂、漏洩、噴出、腐食、爆発、火災などがあり、それらは環境影響やリスクとなる可能性があります。

B　機能・性能の故障、保守及び老朽化から生じる現象（プロセスマシン）
- 非定常時の環境側面（リスク）：設備故障による廃棄物や排出物の発生
- 有益な環境側面（機会）：特定のメンテナンス方法による設備安定と長寿命化

　危険源や環境側面には下記の項目が考えられます。

- 装置の故障や破損（エネルギーが外部に流出する可能性）
- データの誤伝送（ソフトウエアのエラーからプロセスの誤動作）
- 保守仕様の欠如（危険が生じる可能性がある、保守基準を明確にする）
- 不十分な保守（危険が生じる可能性がある、保守仕様、保守基準を明確にする）
- 寿命が定められていない（老朽化による危険が生じる可能性）
- 安全性能の喪失（電気的、機械的、その他）
- 不適切な包装（危険源に対する包装が十分であるか）
- 再使用、不適切な再使用（誤使用による危険の発生の可能性）

特にハードウエア（設備等）は長年の使用による性能や機能の低下、摩擦、消耗、腐食などにより環境や安全性能に影響を及ぼすようになります。こうしたときにアセスメントの定期的な見直し、それに基づいた計画的な保守管理が必要となります。

C　材料及び物質使用による側面（中間生成物、加工物、使用化学物質）
  ▪定常時の環境側面：化学物質の使用
  ▪非定常時の環境側面（リスク）：事故や取り扱いミス、配管の劣化などによる流出
  ▪有益な環境側面（機会）：化学物質の代替、使用物質の再生利用など

材料、物質による事象には次のようなことが考えられます。

  ▪材料及び物質の危険性（有害性、毒性、腐食性、発がん性、流体、ガス、煙、繊維、粉じんなど）、特に化学物質の作用とエネルギーの特徴
  ▪火災・爆発（爆発限界、エネルギーの大きさはどのように表現できるか）
  ▪化学反応によるエネルギーの大きさ（化学エネルギー）

化学エネルギーとは、化学物質の結合によって内部に蓄えられているエネルギーであり、この結合が化学変化によって、熱、光、電気などのエネルギーに変換されます。環境側面となるとともに危険源にもなります。

D　生物学的なハザード（衛生面での危険源）
  ▪細菌汚染（生物〈カビなど〉及び微生物〈ウイルスや細菌など〉）

細菌が発生しやすい場所、環境等に対する細菌発生条件の把握と予

第12章　環境・安全リスクアセスメントとマネジメントシステム

防管理（主要特性の管理）や清浄な環境条件を準備することが必要です。

E　物理的なハザード
- すべり、つまづき、墜落、挟まれ、打撲、切創、衝突

　ハザードが物理的に特有な形状（とがっている、鋭利な状態）、摩擦状況、歩行に対する障害物、人と物との接近など、起こる症状は極めて短時間的なのでハザードを取り除く方法が最も考えやすいでしょう。

F　環境的なハザード
- 電磁界の放射、電磁界を受ける
- 電源の異常
- 不適切な環境条件（温度、湿度）、基準の環境条件からの逸脱（温度、風、雪、落雷など）、偶発的な機械故障、他の装置からの汚染など

G　人間工学的な要因（操作や使用）
- 不適切なラベルや表示
- 不適切な姿勢での操作
- 複雑な取り扱いや作業
- ハザードに関する不適切な警告
- 計測学的な側面（不正確な測定、不正確なデータの表示）
- 他のシステムとのミスマッチング

H　人間工学的要因（ユーザインターフェースに関するハザード要因〈不適切さ、複雑さ、マンマシン間の意思の疎通〉）
- 誤解や判断ミス
- 複雑な制御システム

333

- 結果の誤表示
- 見えにくい、聞こえにくい、触りにくい
- 既存の装置との対応付けが薄い
- 不明瞭な表示や機器の状態
- 不自然な姿勢、ストレスによる心理・生理的な影響

　人間工学的な要因によって、作業ミス（誤操作、判断ミス、見間違い、ストレスなど）による環境影響やリスク、長時間作業による疲労、人体の一部に過剰な負荷がかかるなどが生じ、その影響は大きくなります。

⑵ 環境側面と危険源に対する管理策の優先順位
　環境影響及びリスク低減の考え方の優先順位は、①環境側面や危険源の除去、代替、低減、②発生の可能性の低減（工学的管理策〈環境側面、危険源の分離〉）、作業頻度の低減、環境側面や危険源に接近する頻度の低減、③指令的管理策（環境管理手順、安全管理手順、保護具使用、注意喚起を含む）などとなります。

12.5　ISOマネジメントシステムにおける「リスク」と「機会」

⑴ リスクの考え方
　リスクマネジメントシステムの指針であるISO3100の「用語の定義」にはリスクとは目的に対する不確かさの影響と定義されています、つまり、目的が設定されて初めて定義されるもので、組織の多くは戦略を立て価値創造を求めています。その目的を達成する上で、不確かさ（確実でない）の起こりやすさはどのくらいあるのか（例：高い、中程度、小さいなど）、不確かさが起こったときへの影響の大きさはどのくらいか（例：大きな価値を得る、中程度の価値、価値が少ない又は失う）など、このようにリスクは、起こり得る事象、結果又はこれらの組み合わせについて述べることによって、その特徴が記述されることが多いとされて

第12章　環境・安全リスクアセスメントとマネジメントシステム

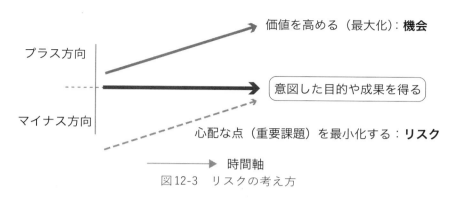

図12-3　リスクの考え方

います。「結果」とは事象から生じること、目的に影響を与える事象の結末であり、確かなことも不確かなこともあり、目的に対して好ましい影響又は好ましくない影響を与えることもあるとされています。結果は、定性的にも定量的にも表現されることがあります。また、目的達成（価値創造）を阻害するような心配事（課題など）が存在します。このようにリスクはプラスの好ましい面とマイナスの好ましくない面の両方を言いますが、一般的にリスクというとマイナスな側面ととらえられています。この両面のリスクをマネジメントすることがリスクマネジメントであり、プラスの影響（ISOでは機会という）を増大して、マイナスの影響（リスク）を最小にすることです（図12-3）。経済・経営の分野で「機会費用」という用語があります。これは機会を得るために失った費用のことをいいます。まさしく機会を得る（プラス）、それによる費用（得たであろうコスト）を失う（リスク）、機会が費用より大きければ、実行すると判断するでしょう。この考え方がリスクマネジメントです。

(2) リスクと機会

　ISO9001（品質マネジメントシステム）もISO14001（環境マネジメントシステム）もISO45001（労働安全衛生マネジメントシステム）もすべてPDCAのプロセス（Plan、Do、Check、Act）が同じ構造で、リス

クマネジメントの考え方を取り入れているところに特徴があります。ここでリスクとは目的を定めたときに初めて特定されるものであり、目的を達成するには大きな心配事（懸念事項、重要課題など）の有害な影響（リスク）と目的を達成（途中経過で発見されるものも含む）することによる有益なもの（大きなメリット、大きな価値、戦略など）があり「好ましくない影響」と「好ましい影響」の2つをいうと定義されています。ここで混乱を避けるために「好ましくない影響」は「リスク」として、「好ましい影響」を「機会」としています。そこで事業経営ではグローバルの環境の中で変化する状況に対応していくためには「リスク」を優先することが重要であろうと考え、「リスク及び機会」としてマネジメントシステムのスタートに位置づけています。

　ここで詳しく、機会とは「好ましい影響」のことで、品質マネジメント、環境マネジメント、労働安全衛生マネジメントにおいて、製品品質向上、製品やサービスのプロセス向上、組織における製品戦略、○○の価値創造、○○メリット創出など、環境製品戦略、環境人材育成、有害化学物質の代替、環境保全技術に関わる人材育成、特定環境保全技術の開発、業務やプロセス改善による環境影響の低減（これは組織のすべての部門に当てはまる）、安全文化や安全土壌の育成、安全関係の資格者増大、快適な作業環境の提供、癒やしの空間の創造など、それぞれ組織を取り巻く内外の状況や戦略、価値創造の方向性などによって様々です。これに対して、リスクとは「好ましくない影響」のことで、品質マネジメントの分野では、製品やサービスの品質に悪影響を与えるようなもの、品質に関する緊急事態（リコールや原料調達ができないなど）、設備故障による不良品の大量発生など、環境マネジメントでは「有害な環境影響」はすべて、労働安全衛生マネジメントの分野では「リスク」はすべて「好ましくない影響」となります。

⑶ 品質、環境、安全分野における「リスク」と「機会」の例
　業務において資格を必要とする場合や、製品の開発をする場合についての例を挙げます。

第12章　環境・安全リスクアセスメントとマネジメントシステム

- 品質マネジメントのリスクと機会：
  - 機　会：特定技術を開発、特定技術の知識、開発手法の効率化、新製品の売上拡大、新規市場の開拓など
  - リスク：知識・実務経験不足、開発計画の遅れ、技術力不足、販売不振、人材不足など
- 環境マネジメントのリスクと機会：
  - 機　会：環境適合製品（省エネ）、化学物質 H の使用廃止、化学物質 B の代替（安全性大幅向上）など
  - リスク：環境性能の未達、環境配慮製品の開発遅れなど
- 労働安全衛生マネジメントのリスクと機会：
  - 機　会：安全な設備設計（本質安全設計）、低騒音設計、人間工学を考慮した製品設計など
  - リスク：取り扱いにくい（筋肉を使う）、故障が多い（点検時に感電の可能性）、騒音が大きい

⑷ 有益な環境影響の例

　様々な業務プロセスは環境影響と何らかの関連を持っています。そのため、仕事の内容の改善・工夫（やり方を変えること）は環境影響（あらゆる資源、エネルギー、騒音、あらゆる排出物のすべて）の低減につながるものです。これらの指標を定めて継続的な改善を行っていくことになります。

《製造部門》
- 生産性向上（○○プロセス）による電気エネルギー、排出物の削減
- 設備稼働率向上（○○設備）による電気エネルギー、排出物の削減
- 段取り替え（納期、材料、板厚集約）による電気エネルギー、排出物の削減
- レイアウトによる環境影響の低減（電気エネルギー、排出物の最小化）
- ○○の再利用による資源の最小化、排出物の最小化

337

《営業部門》
- 新規製品受注時に環境配慮（省資源化、小型、軽量、作りやすさ、省エネなど）された部分の提案、積極販売
- 製品の分納を1回の納品にできるよう顧客にお願いすることによる環境影響の低減
- 作業指示書作成による製造部門の環境影響の最小化

《品質保証部門》
- 外注先への品質管理教育による環境影響の最小化
- 製造部門への品質データ分析による工程内不良や流出不良の最小化
- 外注先回りを2回から1回にする
- 特定製品を検査なしにすることによる環境影響の最小化
- 検査項目の低減やサンプリング数の低減による環境影響の最小化

《技術部門》
- 環境配慮製品の開発設計
- 環境配慮設計ができる人材育成

《生産管理部門》
- 生産計画の工夫や納期短縮による環境影響の低減
- 外注先の環境影響の低減

12.6　環境及びリスクアセスメント手法とマネジメント

(1) リスクアセスメントの実施方法

　環境マネジメントシステムに関しては、環境側面（有益な機会につながる面と、有害なリスクにつながる面）と環境影響の特定、安全マネジメントシステムでは危険源とリスクの特定を行い、それぞれ環境影響とリスクの大きさを評価基準に基づいて決定します。決定した内容に対してどのように行動するか判断します。この判断には結果の大きさに応じて、関連するプロセスを管理手順や管理基準、監視基準を決めて実行する、マネジメントプログラムによって短期又は長期的に改善していく、緊急対応として特定・対応していく、一時中止するなど多くの方法

第12章　環境・安全リスクアセスメントとマネジメントシステム

の選択肢があります。このように、リスクアセスメントはマネジメント
システムを実施する上で、実践や行動を判断するために行うものである
ので、その評価方法等はシンプル（is best）でわかりやすくすることが
必要となります（作業を担当している人に理解できることが必要です）。
そうすることにより組織の多くの人に判断・理解されやすいものとなり
ます。リスクは「発生の状況（起こりそうな）」と起こったときの「結
果の大きさ」の組み合わせで表現されます（例えば、建物を倒壊するく
らいの大きな地震が近いうちに起こりそうだ）。

⑵ リスクアセスメントとリスク対応の流れ（下記①から⑤）

①環境影響及びリスク特定
　▪ 環境影響としてどのような影響が予想されるか（土壌汚染、水質
　　汚濁、大気汚染、化学物質の流出など）
　▪ リスク：高所から足を滑らせて転落・落下する

②環境側面・リスク源の特定
　リスクを生じさせる力を本来潜在的に持っている源。
　▪ 環境側面（有益）：Ａ業務プロセスの○○の改善（すべての組織
　　に適用）
　▪ 環境影響（有益）：廃熱の利用、排水の再利用
　▪ 環境側面（有害）：振動による配管の劣化
　▪ 環境影響（有害）：Ａ化学物質の流出による土壌汚染や水質汚濁
　▪ 危険源：配管劣化によるＡ化学物質の流出
　▪ リスク：化学物質に接触して皮膚損傷

③リスク分析
　分析のための基準や評価のための基準に基づいてリスクを算定する。
　例：起こりやすさ（発生の可能性、頻度、検知・予知の可能性、熟
　　　練度など）の基準を３段階（３、２、１）、結果の大きさの基準
　　　を３段階

339

> ④リスク評価
> - リスク分析の結果に基づいて、レベル I ～レベル III に分類する。リスクレベルのランクにより、重要度を決める。この評価結果に基づいてどのような行動をとるか判断する。
>   レベル III：大至急対応、レベル II：計画的に低減する、レベル I：許容できるので現状はそのまま。
>
> ⑤リスク対応（リスクアセスメントの結果からリスクを修正プロセス）
> - 優先順位を考慮（危険源、環境側面の除去や低減、工学的管理策、指令的管理策〈手順、注意など〉、保護具の使用）

⑶「起こりやすさ」とは何かが起こる可能性

　リスクマネジメント ISO31000: 2009 の用語において、何かが起こる可能性を表すには、その明確化、測定又は決定が客観的か若しくは主観的か、又は定性的か若しくは定量的かを問わず、"起こりやすさ" という言葉を使用しています。また、"起こりやすさ" は、一般的な用語を用いると（大きい、中程度、少ないなど）、また例えば、発生確率、所定期間内の頻度など数学的に示すこともできます。

⑷ 起こりやすさと事象の結果の組み合わせの考え方（図12-4）

　環境影響やリスクの大きさを決める方法には事象の発生の可能性と結果の重大性の組み合わせによっていくつかの方法があります。ここで発生の可能性（確率など）を限りなくゼロにすれば結果の重大性が大きくてもリスクはゼロに近づきます。また、環境側面や危険源を取り除いてそれによる影響をなくすことができれば、結果の重大性がなくなり、リスクは発生しないことになります。この発生の可能性や結果の重大性に注目することがリスクに対する対応策を講じるときの考え方となります。

⑸ リスク算出手法の例（「起こりやすさ」と「結果の重大性」を考慮）

　リスク（好ましくない影響）は評価点が少ないほどリスクは小さく、

第12章　環境・安全リスクアセスメントとマネジメントシステム

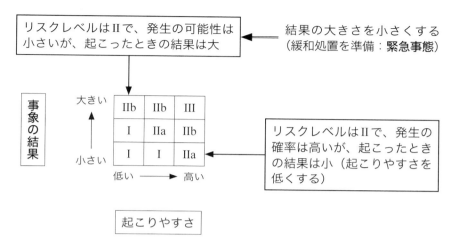

図12-4　事象の起こりやすさと事象の結果の組み合わせ（マトリクス方式）

機会（好ましい影響）は評価点が高いほど大きいとします。リスクRを発生の可能性A（起こりやすさ）と結果の重大性Bの組み合わせで表すと次のようになります。

$$リスクR = 発生の可能性A \times 結果の重大性B$$
$$= A \times B$$

(6) リスク評価基準

リスク評価基準を定めるときの各評価パラメータの意味は次のようになります。

[１] 発生の可能性A

　発生の可能性とは結果の重大性が発生する可能性であり、製造業でいえば、設備の新旧、管理の状態、人の知識や力量・教育訓練状況、業務頻度、リスク予知・検知手段の有無などによって異なります。特に、リスク予知・検知手段として、センサーで異常を監視（異常時に警報や自動停止など）、人が常時監視、定期的に監視、監視頻度が高

いなどによってリスクの発生の可能性が異なります。

表12-1　発生の可能性 A の評価基準

発生の可能性 A の基準	判断のための具体的な内容
可能性・確率が高い：3	リスク：リスクが認識されず、管理されていない（管理策がない） 機　会：実現できる確率が高い
可能性・確率が中程度：2	リスク：リスクが認識されているが、管理が不十分（指令的管理策〈手順書、注意、保護具の着用指示など人による〉） 機　会：実現できる確率が中程度である
可能性・確率が低い：1	リスク：リスクの管理が十分（本質安全策、工学的管理策、人によらない） 機　会：実現できる確率が低い

［2］結果の重大性 B ─（機会とリスクの大きさ）

　例えば、法規制からの逸脱による悪影響、品質面での悪影響、環境面であれば環境影響の大きさ（有害と有益）、利害関係者に与える影響、化学物質であれば有害性、人体蓄積性、毒性などによって影響の度合をランク付けすることができます。

表12-2　結果の重大性 B の評価基準

結果の重大性 B の基準	判断するための具体的な内容
重大である：3	リスク：目的に対して好ましくない影響が大きい（組織にとって判断できる具体的内容の記載） 機　会：価値や効果が大きい
中程度：2	リスク：目的に対して好ましくない影響が中程度（組織にとって判断できる具体的内容の記載） 機　会：価値や効果が中程度

第12章　環境・安全リスクアセスメントとマネジメントシステム

小さい：1	リスク：目的に対する乖離や影響は小さい（組織にとって判断できる具体的内容の記載） 機　会：価値や効果が小さい

⑺ リスクアセスメントの結果から行動すべきマネジメントの優先順位は

▪ 機　会：好ましい影響（価値や効果の大きさ）に対しては、価値の大きいものを優先に、その発生の可能性（確率）を最大にすることです。

▪ リスク：好ましくない影響に対しては、下記の順位を優先します。

①リスク源（環境側面、危険源）を除去・排除して結果の重大性B（影響）をなくす。

②リスク源のポテンシャルを低減して（代替などの手段）結果の重大性B（影響）を低減する。

以上①②はリスク源のポテンシャルが結果の重大性に直接かかわる。

③工学的な管理手段（保護手段又はリスク検知手段など）によって発生の可能性Aを最小にする。工学的管理手段を用いると管理の頻度が少なくなり、教育の程度も少なくて済む利点があります。

④指令的な管理手段（手順書、保護具の使用、警告、注意など）により発生の可能性Aを低減する。この場合は発生の可能性を低減するためのポイント、予知すべき内容、その適切性などを含めて手順書に重要ポイントが記載され、要員（作業者）がなぜ手順が必要なのか、自覚して、内容を理解して、実行できるようすることが重要となります。

⑤保護具は指令的管理手段（手順書）に基づいて、各個人が実行するところに特徴があり、関連する要員に最後の手段であることを認識させる必要性があります。これにより保護具を着用する必要性を理解することになります。

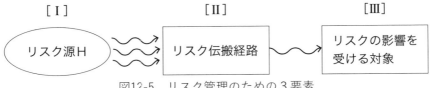

図12-5　リスク管理のための3要素

　図12-5はリスク源H（Hazard）を［Ⅰ］、リスク源による影響を受ける対象を［Ⅲ］（QMSでは製品・サービス、EMSでは環境〈大気、水質、土壌、騒音・振動など〉、OHSMSでは人）として、リスクが伝搬する経路（リスク源と対象物との間を分離する手段）［Ⅱ］の3つの要素として考えたときのリスクを低減するための対策内容は［Ⅰ］、［Ⅱ］、［Ⅲ］のそれぞれの要素に対応した手段となります。
　リスクアセスメントの実施は以下の点を考慮に入れて実施することが望まれます。

- 組織に合った、一貫した方法で、意思決定しやすいよう（評価基準も含めて）、わかりやすく、作業者も理解でき、また活用しやすい様式を工夫・使用することが望ましい。
- リスクアセスメント実施時点における管理策（過去から現在までの実施された内容）を考慮に入れて実施する。

12.7　プロセスから見つける「機会」と「リスク」

「機会」も「リスク」もすべて組織が目的とする活動を実行して意図した成果を得ることにあり、それを実現するためにマネジメントシステムの手法を使用することにあります。図12-6が組織の活動（プロセス、プロセスとは下記のようにINPUTを変換して別のOUTPUTを生み出す活動であり、わかりやすく言えば、工程と考えてもよい）で、インプットM1、人（M2）、設備やインフラストラクチャー（水、電気、ガスなど）M3を用いて、組織が決めた方法や手順M4によって実施し、プロ

第12章　環境・安全リスクアセスメントとマネジメントシステム

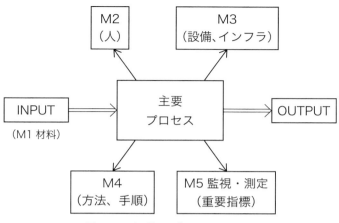

図12-6　組織のプロセスの運用

セスが正しく動作しているかを監視・測定するM5（温度や湿度、ガス流量が重要なら、これらが基準内であるかチェックしたり、測定したりする、またプロセスによって作成したものが検査基準に入っているか検査をする）があります。こうしたプロセスから「よい影響」も「悪い影響」も必ず生じます。それが、「機会」と「リスク」です。以下に、プロセスを考慮して、それぞれ「機会」と「リスク」を抽出する考え方の例を示しています。

(1) 機会の抽出のヒント

　ここでは、主要プロセスを会社内のある組織の業務と仮定したもので、機会についてプロセスの主要な要素（M1〜M5、OUTPUT）を考慮すると下記のような好ましいテーマが挙げられます。

　M1：材料の安定性、新規材料の採用、品質、コストなどのパフォーマンスの向上など
　M2：特定分野の人材の育成、特定能力の向上、技術開発力向上など
　M3：新規設備導入や設備更新による利点、インフラ変更による利点など

345

M4：方法の簡易化、新たな管理方法の実現、手順書の削減、手順・記録の電子化など

M5：測定精度の向上、測定効率の向上、検査レス、測定項目の大幅削減、検査員の能力向上など

OUTPUT：品質の安定、サービスの向上、顧客からの信頼・満足度向上など

⑵ リスクの抽出のヒント

M1：材料不良、ばらつき、その他

M2：人材不足、力量不足、変化に対応できない、ミスが多いなど

M3：設備故障、設備の老朽化による効率低下、インフラ故障など

M4：手順が不十分、手順が不適切、手順方法が複雑、記録が多すぎるなど

M5：重要特性を見逃す、管理値不足、基準値はずれ、校正ミス、検査不良など

OUTPUT：品質低下、サービス低下、不適合（大きい、小さい）、ばらつきがある、QCD の問題など

　この主要プロセスを会社全体の組織と考えて適用することができます。会社全体では会社を取り巻く内外の状況や利害関係者（顧客や協力会社など）も加えて抽出することが必要となります。

12.8　リスクマネジメントの必要性

　組織の目的に対して、さまざまに変化する状況が発生することにより、不確定な側面が多くなるので、これらの側面を管理（事前に予測・準備、対応）する必要性があります。その手法としてリスクマネジメントが有効となります。下記の項目が主とした目的となります。

　■ 企業の意図した価値や社会的価値を確実に高めるものである（機会

第12章　環境・安全リスクアセスメントとマネジメントシステム

の増大)

- 組織のすべてのプロセスには不確定な要素があり、顕在化して対応する必要がある。組織を取り巻く内外の状況に対応する（リスクに出会う、ヒヤリハット、アセスメント、内外の変化を取り入れる、年度ごとの見直しによる新たな取り組みなど）
- 不確かさに明確に対処する（不確かさが顕在して明確になる）意思決定の一部である。体系的かつ組織的で、組織全体でリスクが発生する前に予防するためのものである
- リスクアセスメントの結果に基づいて意思決定、判断し行動するためのものなので、複雑で理解できない評価手法を用いることが目的ではない。組織が使いやすく、わかりやすく、利用できるように作ることが望まれる。アセスメント手法のみならず手順、システムはいつも Simple is Best である。
- 組織の継続的改善を促進する（継続して機会の増大、リスクの低減、リスクマネジメントの有効性を図っていく）

参考文献

▪ 第1章

『エネルギー管理入門』（山本・加藤共著、オーム社）

▪ 第2章

『トコトンやさしい熱力学の本』（久保田浪之介著、日刊工業新聞社）

『JSME テキストシリーズ流体力学』（日本機械学会）

『JSME テキストシリーズ伝熱工学』（日本機械学会）

『トコトンやさしい流体力学の本』（久保田浪之介著、日刊工業新聞社）

『漆原晃の物理基礎・物理 ［力学・熱力学］が面白いほどわかる本』
（KADOKAWA）

『熱設計を考慮した EMC 設計の基礎知識』（鈴木茂夫著、日刊工業新聞社）

▪ 第3章

『人間工学の基礎』（石光、佐藤共著、養賢堂）

『デザイン工学の世界』（芝浦工業大学デザイン工学部編、三樹書房）

『人間工学』（坪内和夫著、日刊工業新聞社）

『人間工学』（正田亘著、恒星社厚生閣）

『デザイン人間工学の基本』（山岡俊樹編、武蔵野美術大学出版局）

『図説エルゴノミクス入門』（野呂影勇著、培風館）

『運動器の超入門書　筋肉と関節』（末吉、中田共著、永岡書店）

▪ 第4章

『機械設計技術者のための基礎知識』（機械設計技術者試験研究会編、日本理
工出版会）

『ISO12100-1、12100-2機械安全の国際規格』（日本規格協会）

『絵とき　機械材料基礎のきそ』（坂本卓著、日刊工業新聞社）

『絵とき　破壊工学基礎のきそ』（谷村康行著、日刊工業新聞社）

『加工材料の知識がやさしくわかる本』（西村仁著、日本能率協会マネジメントセンター）

『力学とは何か』（和田正信著、裳華房）

『絵とき機械の力学早わかり』（稲見辰夫著、オーム社）

- 第5章

『トコトンやさしい振動・騒音の本』（山田伸志著、日刊工業新聞社）

『図解雑学　音のしくみ』（中村健太郎著、ナツメ社）

『騒音・振動環境入門』（中野有朋著、オーム社）

『言語聴覚士の音響学入門』（吉田友敬著、海文堂）

- 第6章

『こう変わる！　化学物質管理』（城内博著、中央労働災害防止協会）

『特定化学物質・四アルキル鉛等作業主任者テキスト』（中央労働災害防止協会）

『乙種第4類危険物取扱者合格完全ガイド』（坪井、中野共著、日本文芸社）

『令和2年度版危険物取扱必携』（法令編、一般財団法人全国危険物安全協会）

『令和2年度版危険物取扱必携』（実務編、一般社団法人全国危険物安全協会）

『まるごと覚える毒物劇物取扱者ポイントレッスン』（森下宗夫著、新星出版社）

- 第7章

『図解静電気管理入門』（二澤正行著、森北出版）

『実務で使う静電気対策の理論と実践』（藤田、今高共著、浅野和俊監修、日本工業出版）

「静電気放電（ESD）とEMC」『月刊EMC』（2014.2.5〈No310〉、科学情報出版）

『ノイズ対策のための電磁気学再入門』（鈴木茂夫著、日刊工業新聞社）

- 第8章

『パワーエレクトロニクス』（堀孝正著、オーム社）

『熱設計を考慮したEMC設計の基礎知識』（鈴木茂夫著、日刊工業新聞社）

- 第9章

『トコトンやさしい色彩工学の本』（前田秀一著、日刊工業新聞社）

『わかりやすい色彩と配色の基礎知識　色彩能力検定2級』（長谷井、野瀬共
　著、永岡書店）

『カラーコーディネーター2級テキスト』（桜井輝子著、成美堂出版）

『色彩検定3級』（梶田清美著、高橋書店）

『レーザー技術入門講座』（谷腰欣司著、電波新聞社）

『絵とき　レーザ加工基礎のきそ』（新井武二著、日刊工業新聞社）

『放射線・放射能の基礎と測定の実際〜放射線・放射能を正しく理解するた
　めに〜』（公立鉱工業試験研究機関長協議会）

『エックス線作業主任者合格教本』（奥田真史著、技術評論社）

『知っておきたい放射能の基礎知識』（齋藤勝裕著、SBクリエイティブ）

『漆原晃の物理基礎・物理［波動・原子が面白いほどわかる本』
　（KADOKAWA）

- 第10章

『トコトンやさしい化学の本』（井沢省吾著、日刊工業新聞社）

『化学反応はなぜ起こるか　現代化学の基礎』（千原秀昭訳、東京化学同人）

『熱力学で理解する化学反応のしくみ』（平山令明著、講談社）

『やりなおし高校化学』（齋藤勝裕、筑摩書房）

『岡野の化学が初歩からしっかり身につく理論化学』（岡野雅司著、技術評論社）

『ニュートン別冊』「周期表」（ニュートンプレス）

『公害防止管理者になるための化学の基礎知識』（溝呂木昇著、産業環境管理
　協会）

『よくわかる物理基礎』（小牧研一郎監修、Gakken）

- 第11章

『公害防止管理者水質関係　超速マスター』（公害防止研究会編著、TAC出版）

『水処理技術　絵とき基本用語』（タクマ環境技術研究会編、オーム社）

『図解公害防止管理者国家試験合格基礎講座　大気編』（産業環境管理協会編

著、産業環境管理協会)

『図解公害防止管理者国家試験合格基礎講座 水質編』(産業環境管理協会編
　著、産業環境管理協会)

『環境理解のための基礎化学』(岩本振武訳、東京化学同人)

『最短合格２級ボイラー技士試験』(日本ボイラ協会)

『トコトンやさしいボイラーの本』(安田克彦・指宿宏文共著、日刊工業新聞社)

▪ 第12章

『品質マネジメントシステム ISO9001: 2015』

『環境マネジメントシステム ISO14001: 2015』

『労働安全衛生マネジメントシステム IS045001: 2018』

鈴木　茂夫（すずき　しげお）

1976年東京理科大学工学部電気工学科卒業。
フジノン㈱を経て㈲イーエスティー代表取締役
技術士（電気電子/総合技術監理部門）
労働安全コンサルタント（電気）
SGSジャパン㈱品質・環境・労働安全衛生マネジメントシステム主任審査員
（契約審査員）

【著書】
『EMCと基礎技術』（工学図書）
『主要EC指令とCEマーキング』（工学図書）
『CCDと応用技術』（工学図書）
『技術者のためのISO14001』（工学図書）
『ISO14001環境影響評価と環境マネージメントシステムの構築』（工学図書）
『ISO統合マネジメントシステム構築の進め方』（日刊工業新聞社）
『ノイズ対策のための電磁気学再入門』（日刊工業新聞社）
『デジタル回路のEMC設計技術入門』（日刊工業新聞社）
『わかりやすい高周波技術入門』（日刊工業新聞社）
『わかりやすいCCD/CMOSカメラ信号処理技術入門』（日刊工業新聞社）
『熱設計を考慮したEMC設計の基礎知識』（日刊工業新聞社）など、他多数。

環境・安全管理のための基礎知識
エネルギーの考え方を中心に

2025年1月23日　初版第1刷発行

著　　者　鈴木茂夫
発行者　中田典昭
発行所　東京図書出版
発行発売　株式会社 リフレ出版
　　　　　〒112-0001　東京都文京区白山5-4-1-2F
　　　　　電話 (03)6772-7906　FAX 0120-41-8080
印　　刷　株式会社 ブレイン

© Shigeo Suzuki
ISBN978-4-86641-797-4 C3040
Printed in Japan 2025

本書のコピー、スキャン、デジタル化等の無断複製は著作権法上
での例外を除き禁じられています。本書を代行業者等の第三者に
依頼してスキャンやデジタル化することは、たとえ個人や家庭内
での利用であっても著作権法上認められておりません。

落丁・乱丁はお取替えいたします。
ご意見、ご感想をお寄せ下さい。